U0178130

生长·涌现
GROWTH & EMERGENCE

ACHIEVEMENT COLLECTION OF THE "5+2" BIENNIAL EXHIBITION OF ENVIRONMENTAL ART DESIGN IN THE 6TH CSCEC CUP WESTERN IN 2023

2023
第六届中建杯西部"5+2"
环境艺术设计双年展成果集

广西艺术学院　编

林海　莫敷建　主编

潘召南　张宇锋　孙晓勇　莫媛媛　副主编

中国建筑工业出版社

前　言
PREFACE

中建杯西部"5+2"环境艺术设计双年展（以下简称"双年展"），是在新时代推进西部大开发新发展格局背景下，由中国中建设计研究院有限公司及四川美术学院、西安美术学院、云南艺术学院、广西艺术学院、四川大学等五所西部高校联合发起，中国建筑装饰协会和各省、市、自治区美术家协会共同主办，面向西部地区高等院校环境设计、建筑设计和风景园林专业师生，具有明确设计方向和创作要求，以环境艺术为主题的作品展览。双年展在立足新时代新西部、设计美丽西部、创新文化西部以及从艺术层面推动发展特色西部、促进西部地区积极参与和融入"一带一路"建设的办展愿景下，以"激发环境设计创造力、提升艺术设计创新水平、促进国内国际主题文化艺术交流合作"为宗旨，以设计竞赛和成果会展为载体，为改善西部地区生存与发展的空间条件、改善西部地区的人居环境面貌、进一步挖掘利用西部地区丰富的自然地理和历史人文资源，并将其运用于当代社会的建设发展需求当中作出积极探索，彰显国家推动新时代西部大开发形成新格局的重大成就，体现西部地区新时代设计水平和设计智慧。

自 2012 年以来，双年展已举办六届。本届双年展是在党的二十大顺利召开之后举办的西部环境艺术设计行业交流盛会。展会背景深刻而复杂，如我们如何面对我们所处的生态自然？如何构建安全而有韧性的城市？如何促进城乡融合与乡村振兴？如何推动城乡人居环境的高质量发展？如何为人类谋进步、为世界谋大同……我们人类的生存和发展问题重重交织、复杂交错。

适应性造就复杂性。美国"遗传算法之父"约翰·霍兰（John Holland）教授从简单的事物中观察到复杂现象的涌现，提出"适应性造就复杂性"的规律，为我们观察和研究社会发展提供了独特的理论视角，问题也从混沌逐渐变为有序。我们的中华祖先也早已探寻出世界发展的规律，《周易·系辞传》记载："天地之大德曰生"，又曰："生生之谓易"，意为：天地最大的美德，是孕育生命，并承载、维持和延续生命，有机体的生长，由最初的简单形式，逐渐生成一生二、二生三、三生万物的"生长涌现"，形成丰富多彩的生命形态；基于复杂涌现，社会不断生长交织，构成复杂而高级的社会生态系统，涌现出和合美好的社会形态。万物生长涌现出来的丰富性、多样性、复杂性和适应性，成为万物创新的机制。

设计，让生活更美好！我们处在一个创新的伟大时代，科技创新日新月异、社会创新层出不穷，让我们对美好生活的追求也变得丰富多彩、触手可及。设计，让我们的城乡空间、生存状态变得更加有趣和富有意义。同时，新时代中生生不息的"创新之道"，又使我们的设计得到创造性转化和创新性发展，走出一条面向涌现发展、创造参差多态的美好之路。从生长到涌现，已然成为我们这个时代最好的创新逻辑，研究、理解、掌握创新的底层逻辑，会使我们具有更加强有力的创造力，并在物质世界拥有更加和谐的掌控力和协调力，在审美世界拥有更加强大的理解力和感受力。

党的二十大更是为我们"全面建成社会主义现代化强国、实现第二个百年奋斗目标，以中国式现代化全面推进中华民族伟大复兴"明确了目标，指引了方向，作出了部署。

因此，本届双年展以党的二十大精神为引领，以"生长·涌现"为主题，以西部地区在全国发展大局中蒸蒸日上的"生长"活力及欣欣向荣的"涌现"成果为内容，开展了本次环境艺术设计竞赛，共同为加快西部地区环境设计专业发展、拓宽设计文化艺术国际空间，为进一步推动西部地区高质量发展、加深参与和融入"一带一路"建设作出新的贡献，谱写西部地区环境艺术设计新篇章。

广西艺术学院建筑艺术学院院长 林海

2023 年 7 月

建筑类
ARCHITECTURE

在碌碌生活之前重走漫长旅途——
基于城市人文主义的叙事性空间重构

作者 / 罗宝祺、干程昊、唐诚　　　　　　建筑类
指导老师 / 石丽、张豪　　　　　　　　　金奖
西安美术学院

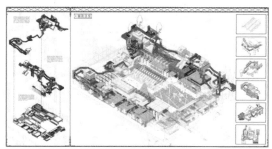

设计说明

　　本设计选址于西安老钢厂设计创意产业园，原是陕西钢厂。从更大的历史背景来看，随着我国产业结构的调整和现代化发展进程的加快，对承载着人类工业文明发展记忆的工业遗产进行更新利用，是解决城市发展与废旧工业厂区之间尖锐矛盾的有效解决方法，老钢厂设计创意产业园只是其中一个有代表性的缩影，从中可以看到改造时设计者的初心。快速的城市化销蚀了城市记忆，也改变了人们的生活方式和生活节奏，更是拆除了人与人之间的联系纽带，阻断了原有的社区文化。在这个步调越来越快、车轮严苛碾过一切不合格者的世界里，我们怎么用城市人文主义来呼唤我们与这个世界继续保持联系？本设计希望

面对时代强音、日新月异的社会变化，找到与社会保持联系的人经过我们设计的叙事性空间，找到重新回到生活的勇气与方式。设计内容以"人生历程"为概念对老钢厂设计创意产业园现有的空间和资源进行整合改造，为人们设计了 3 条反映陕西钢厂历史、人生历程、人文逐渐消失的叙事路线，并依据场地设计了"重塑""逃离"和"荒野"三个主题。希望借此反映并解决在当下城市化进程加快的时代，城市更新改造日益同质化、历史和记忆被遗忘、城市活力不足、人文逐渐丧失的问题。

"隧光时忆" 美术馆建筑设计

作者 / 李婷、 赖彦蓉、 陈海涛 、韩润　　　　建筑类
指导老师 / 李春　　　　　　　　　　　　　　银奖
广西艺术学院

设计说明

　　此项目的市民美术馆位于辽宁省大连市金州区哈尔滨路，基地在一个非常有历史意义的炮台山遗址旁。在城市里有这样一方土地，保留着世世代代许多珍贵的记忆。这里曾经是中国人英勇奋战的战场，拥有宝贵的历史意义。但随着时代变迁，昔日的黄金宝地荡然无存，这里逐渐成为居民随意散步并且无任何功能性的小公园。在此处借助炮台山的景，仿佛置身于一条浓缩城市近代历史的时光隧道。太多的历史文化元素激发了再建市民美术馆的初衷，让今天的人们与他们的过去产生联系，感受那段激情燃烧的岁月。打造一个城市中的公共活动空间，在休闲娱乐中丰富大众精神生活、再建市民美术馆，让这里再生为城市承载历史下，市民休闲活动、观赏艺术的大玩具。

　　项目以"隧光时忆"为主题，为市民美术馆建筑设计进行优化，提高空间利用率。寻找城市肌理颜色及元素特征，并运用在建筑上，让建筑与过去及当地的历史文化产生联系。美术馆有利于对大众的教育和引导、对艺术品的重新诠释以及区域化形象的塑造。美术馆建筑在日常生活中提升了城市文化品位，丰富了大众精神生活。

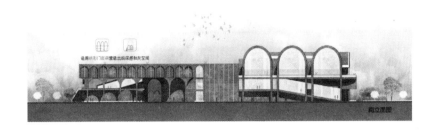

南立面图

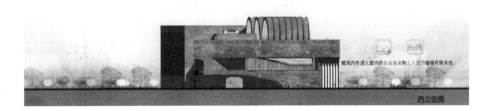

西立面图

美美与共八方之和——西安市终南美术馆设计

作者 / 王科、林龙杰、黄俊涌

指导老师 / 樊帆、吴文超、孙浩

西安美术学院

建筑类

银奖

设计说明

以"地域、文化、功能、生态"为出发点，演绎出"山、水、木、时、人文、艺术、历史、科技"为形态和灵魂，将美育理念融入其中，创造一个多元包容的公益美术馆，为公众提供一个丰富多彩、形式多样的空间集合。涵盖艺术体验、教育培训、文化展演和社交互动等多重体验的艺术综合体，引领人们踏上一段奇妙的艺术观览、精神体验之旅。

"纸"趣横生——基于折纸算法的南宁市华劲造纸厂叙事空间展馆改造设计

作者 / 李青美、韦婷婷、邹利荣

指导老师 / 邓雁

广西民族大学

建筑类

银奖

设计说明

本设计在充分分析场地周边环境的基础上，针对南宁华劲造纸厂工业遗产地存在的问题，提出有针对性的设计方案，以全新的"折叠视角"打开造纸厂的记忆，延续工业遗址文化的工业精神和活态传承，打破原有的墙体、楼板、地面和固定的建筑体系。

重新审视空间，通过 Grasshopper 折纸模拟，探索基于折纸算法下的工业遗址地改造的新可能性。"纸趣"寻求折纸的趣味，"横生"打造符合设计的折叠空间。基于原始场地良庆大桥的红色，延续"红"

的故事，对折进行转译和表达。以"纸张"故事串联纸厂前身，从简单的折纸线形到独特的折叠造型折廊，打造折叠空间装置，与建筑产生对话。置入的部分几何体提供了建筑的连贯性。设计着意于营造轻松的沉浸式空间体验氛围，力求将形式美融入功能需求，改造成满足多元丰富体验的叙事空间展馆。

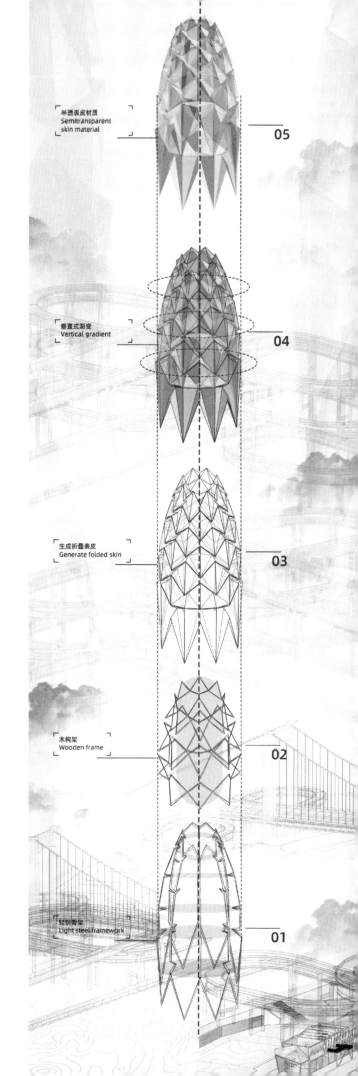

半透表皮材质
Semitransparent
skin material

05

垂直式渐变
Vertical gradient

04

生成折叠表皮
Generate folded skin

03

木构架
Wooden frame

02

轻钢骨架
Light steel framework

01

临汾于家咀营地游客中心概念设计

作者 / 崔守铭
指导老师 / 罗珂、万征
四川大学艺术学院

建筑类
银奖

设计说明

于家咀营地游客中心位于山西省临汾市永和县的于家咀村落，毗邻黄河，与延川清水湾景区隔河相望。于家咀将来作为旅居营地，在建筑功能上主要为黄河于家咀湾、渡口以及周边的景点游览提供餐饮、住宿、游览以及娱乐服务。集中游客中心主要由接待、餐饮和停车三大功能板块构成。

游客中心在建筑形式上通过对黄土高原土层结构和传统建造智慧进行同构和异化，实现对"黄河文化"这一概念的陌生化表达。对室外，纳入自然风景；对室内，通过对黄土风貌、云冈石窟、黄河九曲等地方形象进行陌生化引用，强调独特且富有变化的空间体验。设计从建筑体块、结构、细部构造到材料等方面，初步论证了陌生化理论介入建筑形式设计的可行性和必要性。

良苗怀新

作者 / 桑佳汇　　　　　　建筑类

指导老师 / 何浩　　　　　银奖

云南师范大学

总体鸟瞰图
Overall bird's eye view

村文化建筑重塑与空间更新设计

文旅融合视角下的小水井

良苗怀新

晋·陶渊明《癸卯岁始春怀古田舍》

吾读渊明诗，喜其有生趣。

时鸟变声喜，良苗怀新穗。

良苗怀新

设计说明

　　旧建筑重塑和空间更新改造中其实也就是在讲述着一段故事，它的过去、现在和未来，能够让人们感知到不同时代的文化与特征。新的建筑和新的空间不能抛开建筑的历史文化，从而去设计新的空间和建筑转换。我们在对旧建筑空间改造中，应当更好地去处理重塑、更新和融合的关系。因此，设计的出发点在于保留历史遗留建筑，对旧空间进行更新设计，使游客能够与村民更好地体验现代与历史的结合。

平面布局 Plane Layout

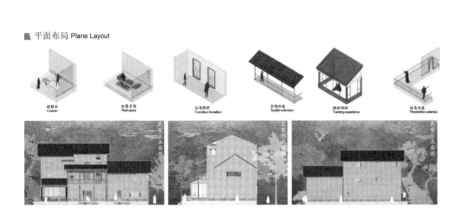

爆炸分析 Explosive Analysis

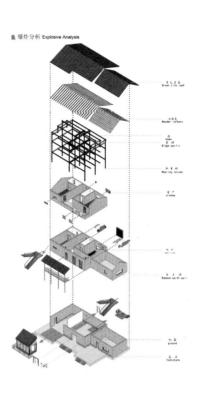

"腾"——中国公务机航站楼设计探索

作者 / 沈枫耘

指导老师 / 续昕

四川大学艺术学院

建筑类

铜奖

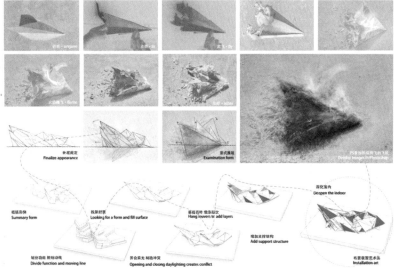

设计说明

公共卫生突发事件下，常穿梭于各国之间的商务人士、科研人员、运动员等常选择自由度高、安全性高的公务机出行。因此，本项目在航站楼内置入三合一安检系统、到达客房、网络会议室、专用核酸监测点等配套设施，打造"一站式"送、接机体验；同时别具一格的建筑造型与高低错落的空间体验，既能帮助时间极为珍贵的人群最大限度减少由特殊情况造成的损害，又能体验身心双重放松。

和邻·合里——基于城市更新背景下的未来社区新型邻里空间探索

作者 / 蔡文轩、叶静雯、骆东鸿、夏璨　　　建筑类

指导老师 / 周维娜、丁向磊　　　铜奖

西安美术学院

设计说明

　　本设计在城市更新的大背景和未来社区的大愿景下诞生。设计以"邻里"作为关键词，以共享开放作为着力点，着重塑造邻里之间的空间和功能，在保护社区居民私密性的同时又让社区具有开放、包容的特点。社区分为西北、东北、西南、东南四个部分，其中东北与西南仅做少量改造更新，设计的重点被放在西北和东南两大棚户区的完全升级上。社区的主要建筑群在垂直方向上分作三层：地面层是社区的开放区域，集中了社区的大部分功能；中间层是社区的二层平台以及空中廊道，连接起社区西北东南两大部分，除通行外还是居民散步运动的好去处；三层以上则是居民居住区，有大量居住单元和天台花园，属于社区中不对外开放的私密区域。基于垂直方向的建筑形态设计能有效且有层次地让社区由开放且动态的区域逐渐向私密且静态的区域过渡，在使得社区具有开放共享精神的同时，尊重了社区居民隐私方面的要求。

城市岛屿 Patchwork City Island

作者 / 赵紫祥、黄纬林、袁满、陈俊燚　　　　建筑类

指导老师 / 黎泳　　　　　　　　　　　　　　铜奖

广西艺术学院

设计说明

在现代化城市快速发展的背后，人与人或人与物之间的交流越来越少了，城乡之间想要寻求"交流纽带"，无疑是愈发困难，所谓的城市公共空间则成了城市的"失落空间"，或者是给予交流的空间场所缺失所造成的原因。

在这种情境下，希望以一个灵活的物理空间为中心，给当地居民带来丰富的文化生活。从情感上，交流的接触，促使城乡融合加速，也利用这个空间举办各种公共文化活动，比如讲座、品牌快闪等，为当地居民提供一个公共的文化交流平台。在一段时间后，拆解融入当地，从社会不同层面去影响，以此激发人们对于城乡无界的精神向往。

所用材料均为环保材料，可持续回收利用，施工简单，可以在不同城市巡回展出，唤醒交流，促进城乡融合。展陈结束后，可作为公共艺术装置等用于乡村建设、公共设施等。

制器尚象

作者 / 吕文贤 建筑类

指导老师 / 刘川 铜奖

四川美术学院

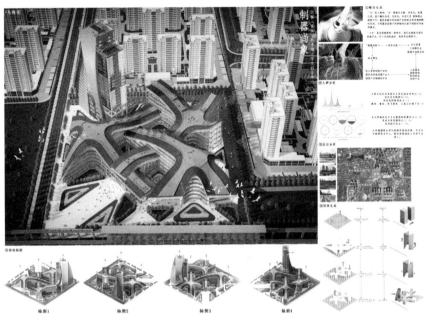

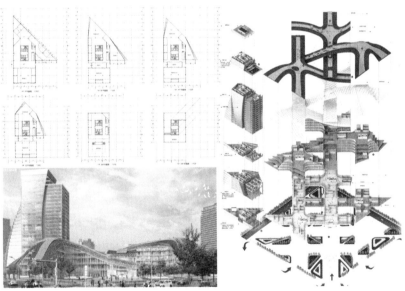

设计说明

　　"制"匠人精神；"器"埏埴以为器，当其无，有器之用。凿户牖以为室，当其无，有室之用。器体现在建筑之中，就是承接各类创意产业创造力和灵感的孵化空间。不同器具装填不同事物，对应着不同的空间使用模式。

　　"尚象"是自然物象的一种符号。方案结合现代创意产业，引入自然的流动、起伏等自然符号，也预示自然生长。

　　"制器尚象"结合功能，办公容器，工坊孵化仓，展销文创集合体。结合理念，引入多种创意产业所需空间，形成完整的销售产业链，继往开来。

彼岸"愈"之行

作者 / 张紫玲、凌丽梅　　　　　　　　建筑类
指导老师 / 聂君、王亚鑫　　　　　　　铜奖
广西艺术学院

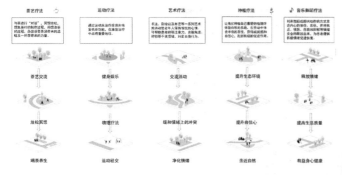

设计说明

　　由于人民生活水平提高，人们追求美好生活的向往亦引起社会各方面的压力，城市居民迫切需要身心的疗愈。为了使场地人群舒缓心情，释放压力，树立积极乐观的情绪，使心理与生理同步恢复愈合，场地遵循"以人为本"的设计原则满足人群对场地的需求，运用五感疗法扩建观演、休闲、娱乐、运动活动空间，建造一个多功能市民疗愈活动中心。

银河之窗——荣昌区银河村便民服务中心

作者 / 杨静黎、 王鑫、 李陈美子、
张丁月、 陈飞龙、 毕思琦
指导老师 / 赵一舟、 任洁
四川美术学院

建筑类
铜奖

设计说明

本设计地块位于重庆市荣昌区银河村，东面为农田，南面临山，北面为市政规划道路，地理位置优越，设计红线范围约 7000 平方米，规划设计银河村便民服务中心，总建筑面积为 1854 平方米。强调"以人为本"的设计思想，布局上综合考虑与现有便民服务中心关系，整体协同规划流线及空间，依据现有水塘高差，设银河堂、银河廊及银河台；功能上提供多功能大空间及灵活可变的组合空间，满足乡土生活、完善社区服务、丰富乡土产业、提供自在游憩、提升乡土形象；形式上提取巴渝传统民居特色建筑造型，与周围民居形式互动协调。并辅以一定的绿色设计策略，运用采光通风等被动式技术，打造集社、展、文、业、活、旅、拓为一体的多元绿色乡村便民服务中心。

"宿云浮竹色"林盘美术馆概念设计

作者 / 万立扬、刘威廷、周柳杉

指导老师 / 周炯焱

四川大学

建筑类

铜奖

设计说明

　　本次实践项目所设计的林盘美术馆是整个在地"川西林盘博物馆片区"总体规划的其中一个区域。美术馆介入乡建的方式在国内仍是一个较为前沿的理念，我们希望在恢复山顶台地型林盘的空间体验下，置入美术馆建筑，借助地形整体呈现一种"漂浮在山丘、田地之上的绿岛"状态。美术馆建筑开放通透，融入林盘的环境，处于不同层级的林木包围之内，给参与者深处林盘中的隐秘体验。同时，本次实践项目所打造的美术馆也是为艺术介入乡村，乡村美育提供土壤。以林盘美术馆为基地，开展关于林盘的艺术活动、艺术展览，聚焦于传统林盘的自然风貌之美、人文活动之美进行艺术创作。村民参与美术馆运营的过程中，乡村美育也在并行发生，潜移默化让村民接触艺术，在关于林盘的艺术品中了解林盘的价值，村里的孩子能够从小就参与到美术馆的活动中，从小培养艺术思维、艺术审美，丰富精神文化生活。

生生——山涧有鱼农庄模块化建筑设计

作者 / 谢晨宁、唐可欣、陈旭熙、姚磊　　　　建筑类

指导老师 / 彭颖　　　　　　　　　　　　　　铜奖

广西艺术学院

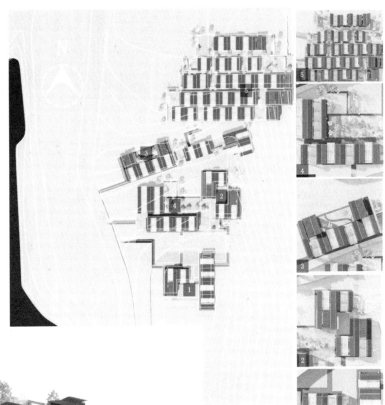

设计说明

本次设计地点位于广西南宁市西乡塘区卢仙山景区内，设计面积约 1.1 公顷，设计上采用模块化建筑设计，每一个模块为 5 米 ×5 米，两侧开口，便于功能组织、道路衔接的构建。模块的底部是由 28 块长 5 米、宽 14 厘米的宽板与长 5 米、宽 4 厘米的细木板夹合而成，两侧的墙体由 112 块高度不一的板材，分为 3 层夹合组成，最高处为 4 米，最低处为 2.4 米，顶部由 3 块隔板，29 块宽 4 厘米、长 5.1 米的木板以及与墙面衔接的 28 块长 5 米、宽 4 厘米的细木板组成。

板材的接合处，外框架采用开口贯通双榫、遮阳处运用直角槽榫、垂直墙面运用直角贯通双榫等方法。

本次方案设计中的模块建筑形体的概念来自于马头墙、镬耳墙、民居人字坡屋顶，在模块化建筑正面的布置上，运用镬儿墙堆叠的手法，进行空间意向。本次方案在功能组织上通过对风速、风向、太阳辐射、日照时长来分析建筑方案的排布合理性，全年风向集中在东北向与正东方向，风的方向在此次方案中可以有效缓解太阳辐射引起的建筑内环境过热情况，同时在方案的设计中对日照时长进行分析，使得建筑开口处避免长时间日照。

模块化建筑就是由最初的简单形式，逐渐生成一生二、二生三的"生长涌现"，建筑形式不变的基础上，建筑内部的功能在不断地变化，也是另一种一生二、二生三的不断涌现形式。

叠·空间——悬泉置古驿站文化博物馆设计

作者 / 张雅雯

指导老师 / 胡月文

西安美术学院

建筑类

铜奖

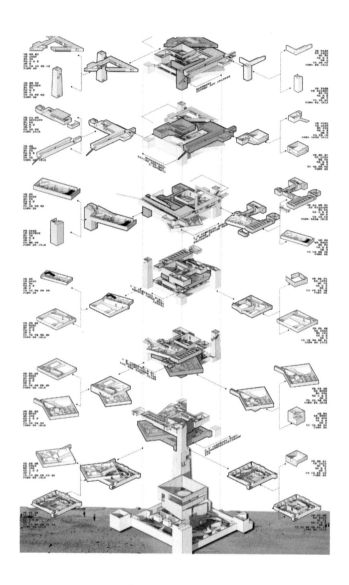

设计说明

　　设计以"博物馆"为依托,以"驿站记忆"为建筑语境和切入点,以"情境营造"作为设计手段,在确保遗址本体及其相关历史环境完整性、真实性、延续性原则的基础上,综合悬泉置遗址场所共识性记忆元素的表达方法与途径,营造具有文化认同的记忆场所。将驿站文化遗存提炼为文字表达,将文字语义化身为建筑形象。通过设计的"忆"、材料的"厚"、空间的"叠"以及对历史性空间场景的渲染,将低调的介入与内在的张力巧妙融合,引导参与者对空间产生相应的联想并积极地开展游览活动。

积木游筑

作者 / 周德玉、 伍振宏　　　　　建筑类
指导老师 / 彭颖、甘萍　　　　　铜奖
广西艺术学院

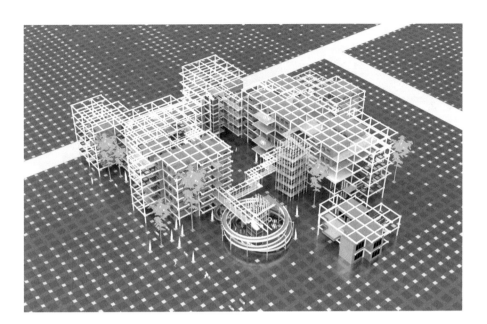

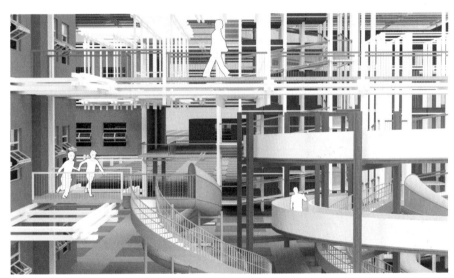

设计说明

苏卢村是广西南宁市主城区高建筑密度的城中村，面临城市更新的诸多困境。本案通过对苏卢村的空间形态溯源、社区现状和居民结构的调研分析，提出依循苏卢村空间肌理，提升城中村公共服务品质的"建筑功能模块化，社区服务共享"苏卢村社区公共建筑设计策略，探索城市更新活化解决之道。

方案以模块化理念，推演 6.4 米 ×6.4 米的基本单元"积木"块，排列组合集合功能体，构成功能单元"筑"空间，满足城中村留守儿童教育活动、各类社区公共服务功能；首层架空，对外开放，与周边社区共享日常文娱活动场所，以实现高建筑密度城市用地，空间功能优化提升。

西部（重庆）科学城大学生创业中心——"渡"

作者 / 李智

指导老师 / 刘川

四川美术学院

建筑类

优秀奖

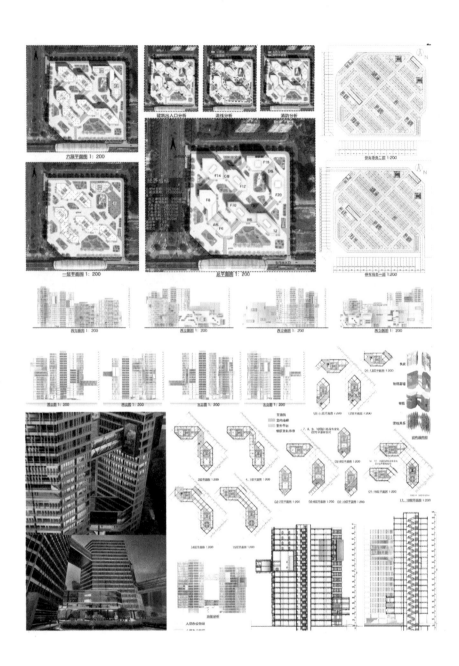

设计说明

此建筑设计为大学本科的课程设计，选址在重庆大学城站旁的一片空地，为满足周围大学生和居民的空间需求，概念意向提取自渡河，将渡的概念转化为建筑语言。河流弯曲，深浅莫测，我们走过的每一步道路就像是在渡不同的河流，每位大学生其实就是渡河人，他们心境曲折、道路艰难，抽取曲折的手法，将形体变化灵动。最终建造更舒适的办公空间，完善城市社区。

乡村产业空间设计创新——万宝村花椒工坊

作者 / 孔高成
指导老师 / 邓楠
四川美术学院

建筑类
优秀奖

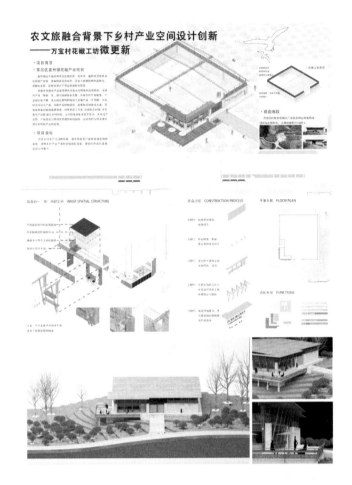

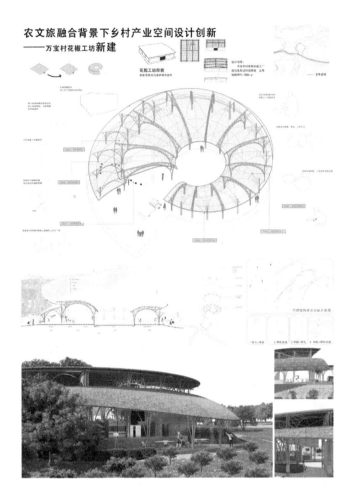

设计说明

直升镇万宝村位于重庆市荣昌区城东南，近年来，当地已建有多处花椒产业园、万宝村为其中一处，花椒种植日渐成熟，正由小规模散种向品种化规模化发展，且有效带动了周边百姓脱贫致富。但直升花椒在产业发展模式方面尚无鲜明的品牌特色，没有将产品"精品"化，缺乏品牌体系支撑；无健全的产业链条，产业融合层次低，多以供应原料和粗加工花椒产品（干花椒）为主，缺乏深加工产品，导致产品附加值低。在基础设施建设方面，花椒基地基础设施品质落后，材质感工艺差，空间形态封闭，仅具备生产功能，缺乏乡村特色，乡村价值功能开发不充分，未形成产业性、产品性及公共性质资源的有机衔接，以优质的乡村资源支撑乡村特色产业的发展。为了改善乡村生产空间的环境，提升花椒生产基地基础设施的品质，扭转乡村产业产品附加值低的局面，带动村民共同发展促进乡村振兴，花椒工坊改造与创新设计应运而生。

"一时·半刻" 艺术乡建直峪口村骑行服务驿站设计

作者 / 韩祎、顾睿、王一凡　　　　　建筑类

指导老师 / 胡月文　　　　　　　　　优秀奖

西安美术学院

设计说明

　　设计位于陕西省西安市鄠邑区直峪口村，是为路经鄠邑八号公路的骑行者提供日常休憩以及马拉松等赛事活动的补给场地，也为当地居民提供日常晒暖交谈和社交闲谈的公共活动场地；同时也为农忙收获季节提供临时售卖的之地，为艺术乡建提供小型文化活动展览宣传交流场域。建筑设计的思考点：

　　1. 针对不同的人群，建筑空间功能的多元化使用；

　　2. 在举行马拉松、自行车赛事时疏散以及外场地空间关系拓展；

　　3. 营建的半公共空间，建筑空间感受的通透敞亮性；

　　4. 在咖啡售卖的淡季期间，建筑的功能复合使用。

　　建筑灵感来源于村子里新加盖的建筑语言，同时也参考了关中地区山花女儿墙、坡屋顶等元素的融入，以及空间尺度关系、生土材料的介入。

　　设计内容涵盖：咖啡的制作以及售卖窗口、可休息的室内空间、门前休憩的公共座椅、基础设施卫生间以及洗手台，还有专为自行车停放的区域。二层"平台屋顶"的架构是为了观景的需求设置的，在顶层有序地排布了用来休息冥想的可移动装置，置身其中，可惬意的体验自然环境与身心的互融，满足了人群在自然中愉悦的休闲时光；以有限的尺度为各种来往人群提供舒适的条件。设计旨在构建实用与美学相平衡的空间设计，融通内外关系，促进共享生活的多元发生。

追寻红色血脉，赓续红树精神
——扎西水田寨红色文旅综合体设计

作者 / 胡克美、田青、黄润、谭智匀   建筑类

指导老师 / 李卫兵   优秀奖

云南艺术学院

设计说明

　　水田寨位于威信县东南面43公里处。地处云、贵、川三省交界处，素有"鸡鸣三省"之称。地理位置优越，红色文化、民族文化丰富，具有与生俱来的红色旅游产业优势，但其旅游设施较落后、乡村治理体系不完整，并没有发挥其本身的优越条件。本次设计以打造水田红色旅游区为入手点，拟建设构筑物——百年灯塔、红色文化展馆、创意度假综合体，打造成为红色文化遗址、主题生态旅游模式于一体的文化创意旅游区，活化红色文化遗址，带动周边经济的发展。根据原场地条件，我们将总体规划方向确定为"突出红色旅游和文化宣教"结合红色故事、当地民族文化和儒家"修身、齐家、治国、平天下"的家国情怀理论，以"山水田林路"立体开发旅游配套设施推进乡村全面振兴的开发思路，以发扬红色精神和民族文化为主题，加强文化和游乐两大特色的融合，从扎西会议的红军历程中提炼相关概念进行五大功能景区的建设。

破而后立，向阳而生

作者 / 张鑫、黎科成、廖乘弘　　　　　　　建筑类

指导老师 / 潘振皓、林雪琼　　　　　　　　优秀奖

广西艺术学院

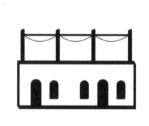

项目地址：山西阳泉平定县瓦岭村侯家大院
占地面积：1671.179m²
建筑面积：2714.874m²

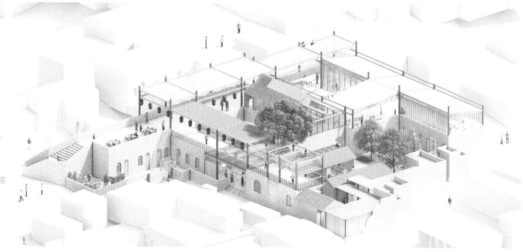

设计说明

侯家大院位于山西省阳泉市平定县瓦岭村，是建于清代的大院式建筑群。项目设计占地面积 1671.179 平方米，建筑面积 2714.874 平方米。

通过分析侯家大院原有的"井"字形建筑格局，利用轻量化的设计手段实施微小介入。保护侯家大院原有布局并保存了大部分残损的石墙砖墙。在建筑一层使用砖砌、玻璃等材料进行适当修补，并利用叙事性空间对院内动线进行优化，将现代展览方式融入古建筑。二层采用以木材为主的轻量化结构，在建筑原有轴线上划分全新的功能空

间，以新旧交织的方式延续瓦岭记忆的精神香火。

根据实地走访与调研，我们发现场地存在"建筑荒废""布局离散"与"动线阻塞"三大问题，对此，我们合并、打通一层建筑进行展厅设计，保存侯家大院的场景记忆；另利用新材料对破败的墙体和屋顶进行补充式设计；其次，利用木结构框架在建筑二层现有廊道上进行扩建，以帆布、玻璃、铝板多种材料覆顶，实现不同人群的空间需求；最后，对大院打通合并之后，按时间顺序将一层空间划分为"瓦岭故事""油坊记忆""红色印迹""崭新瓦岭"四个展厅。最终对应形成"古建新生""轻量架构"与"空间叙事"三大设计策略。

一间秸市——乡村集市可变模式探索

作者 / 杨静黎、李陈美子、王鑫、张丁月、陈飞龙、毕思琦

指导老师 / 赵一舟、任洁

四川美术学院

建筑类

优秀奖

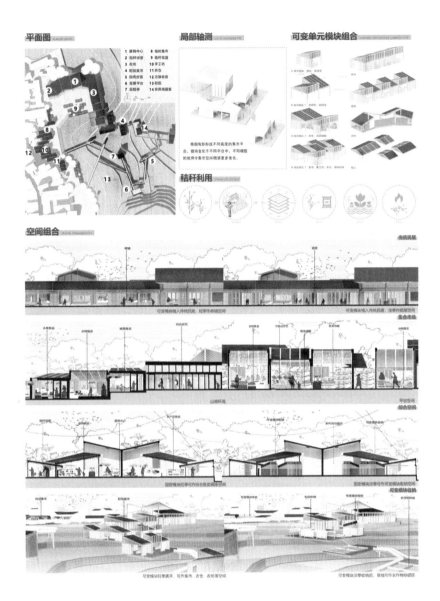

设计说明

方案选址于重庆市涪陵区蔺市古镇东侧农田，方案将老街与自然农田相连接，主要包括多个功能场地：农仓、手工坊、临时集市、秸秆讲堂、秸秆花园、展销中心、稻田集市等。方案利用场地资源，实现秸秆基料化、原料化等再利用。运用模块化设计，通过模块的不同组合和大小排列组成不同功能空间，满足不同人群和农业时段的场地需求，利用洞洞板的方式实现模块可折叠，以及个体空间的灵活组装和运用，探索乡村集市的可变模式。

回院市集——乡村社区公共集市空间营造设计

作者 / 何柯燃、文航　　　　　　建筑类

指导老师 / 潘召南、黄红春　　　　优秀奖

四川美术学院

设计说明

　　本项位于四川天府新区永兴街道南新村农贸市场，是以农贸集市为主要功能的社区综合体改造项目。

　　以传统的院落式建筑结构出发，将传统内向性的院落细胞组织放大转变为外向性的公共空间，以此赋能乡村社区公共空间营造，探索当代院里空间作为两面性的建构细胞可以发挥的创新作用。以模块化的空间与结构为乡村振兴提供更便利、快速的解决方式，又以西南地区的院坝文化作为设计手段提升乡村生活的品质，做到既保留了在地文化，又将艺术创新介入了乡村振兴。

长风·広厦——玉门老城小学·再更新·活动中心设计

作者 / 管戴赟
指导老师 / 胡月文
西安美术学院

建筑类
优秀奖

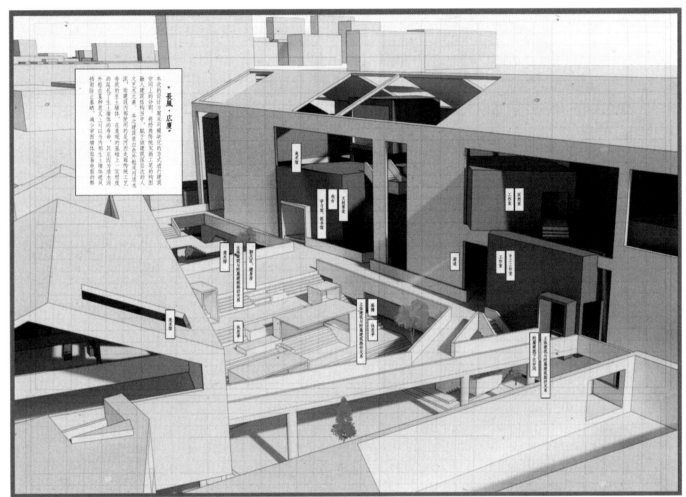

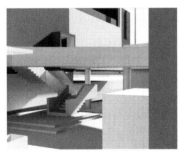

设计说明

　　创作以云南少数民族火崇拜为切入点，通过对于中国传统火文化等各方面研究分析，并运用于实践创作之中，达到传承文化价值的目的，具有一定的学术创作价值。该创作从宝鸡青铜器文化艺术的表现语言出发，对于该博物院的外部景观以及室内展陈空间和公共空间进行设计分析，达到理论和实践结合的目的。

　　人工制火，是原始时期一项重要的发明。火文化体验馆的建筑设计，从"燧人氏击石取火"这个典故中汲取了灵感。将燧石作为设计母题，提取了燧石石块具有贝壳状断口的形状，质地较密、坚硬，多为灰色、

黑色等物理性质。从建筑整体的形态来看，左右两个大小不一的建筑以交错的方式排开，左右交错象征着击打的动作，同时也隐喻着"击石取火"的主题。在建筑前侧，竖立的一尊高大火苗造型的雕塑，其形状与"击石取火"主题不谋而合。从彝族服饰纹样中提取出的"s"形的火镰纹作为园区游览路线设计的主要元素。随着流线型路网以及"s"形火镰纹游览路线设计展开铺装设计，并通过火镰纹两端串联园区中两个设计重点——"燧石"形的火文化体验馆建筑和"升火"火塘广场，也暗示着击"石"取火、引火入"火塘"的设计理念。

濞游之路

作者 / 吴春桃　　　　　　　　　　建筑类

云南农业职业技术学院云安产业学院　　优秀奖

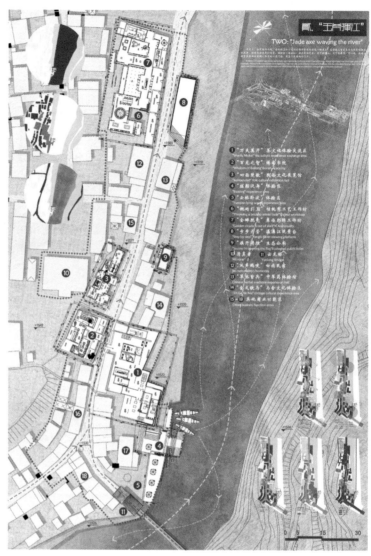

设计说明

在乡村振兴的浪潮下，应该如何保持一个乡村应有的历史深度与高度？当物质性的古道遗存已难觅踪影时，我们能否找到非物质层面上的精神内核去继续深挖与传承？历史保护既指向过去的物理遗存，也关乎着每一代的记忆，本设计从非物质层面出发，提出重塑历史与古道记忆的可能性。在此背景下，如何能够在尊重自然生态、因地制宜的基础上，提出一种创新性的解决策略，将具有更加现实的意义和社会价值。

本方案最大的特点是以情景再现和真实体验为主导，对其文化复活，记忆修复，在结构组织方面，以时间空间记忆相互交织为手段，有机地将历史文化遗留入整体设计，通过对博南古道的微改造和活化再生，以及对生态利用融入创新型现代建筑，产生共鸣的色彩，现代牵连着历史，历史映射着现代，通过古道呈现的片段可以支撑该场地的记忆，新型建筑丰富体验，在设计中产生了新时代下的独特记忆与交流。

迈向模糊建筑——碳硅合基城市背景下不确定性建筑空间的设计探索

作者 / 王海宇、郝家禾、张鑫、王宇欣　　　　建筑类

指导老师 / 丁向磊、周维娜、李华　　　　　　优秀奖

西安美术学院

设计说明

　　随着全球城市人口的增长和经济的发展，信息媒介主导的硅基文明的崛起，"硅基空间"将逐渐取代现实世界的"碳基空间"，导致城市的衰落。城市更新和对建筑功能需求的快速变化成为当代社会面临的重要挑战。为了适应快速变化的环境，传统意义上固定的建筑功能模式愈发不能满足人们对多样化、灵活性和可持续性的需求。我们

是否需要在建筑的设计之初，创造功能模糊（普适性）的建筑，以适应快速发展的城市环境，满足城市更新过程中不断变化的空间需求？设计在前人研究的基础上作出探索，并进行样本实验，对创造一个多样、灵活的建筑环境作出回应。

山水之间——浙江丽水坑根村古民居互助开放空间营建探索

作者 / 迟雪郡、陈沐阳、张淳、李洁茹　　　　建筑类
指导老师 / 周靓　　　　　　　　　　　　　　优秀奖
西安美术学院

设计说明

习近平总书记在党的二十大政府工作报告中重点提出乡村振兴战略，迎合了当前乡村建设发展需要，村落公共空间的重要性逐渐凸显。本作品以坑根村为研究对象，通过可持续发展，文化传承，乡村特色为主题展开，探索浙江丽水坑根村公共空间营造策略，旨在促进村落公共空间的建设和保护，满足村民文化、教育、娱乐等方面的需求，提高村民生活质量。

坑根村是一个典型的传统村落，其独特的历史和文化价值需要得到保护和传承。美丽乡村建设，需要充分了解当地人民的内在需求、顺应自然、因地制宜，更需要尊重乡村居民的生活方式和文化基础，坚持绿色可持续发展理念，发挥设计整合、协同创新的作用，以"拆、连、破、引"的策略方式进行重塑。"拆"，即拆除残院破损以及后期加建的原始墙面，保留一部分夯土砖墙的原始吉里巴，融于村庄。"连"，即分离的三栋残院，通过空间院落连为一体，使其关系更为紧密。"破"，即使院落空间更为宜人，采用艺术化手法，将南面空间开放出来。"引"，即将营造的景观空间纳入其半开放的檐下虚空间。通过就地取材泥、沙、砾石组成的夯土墙，构建朴素的外墙立面，通透的玻璃与青瓦相结合，形成了现代元素与传统元素的冲突与碰撞，但不脱离原始肌理，融于山水之间。

盒子生长记——叙事下的情绪空间设计

作者 / 曾于壮

指导老师 / 肖彬

广西艺术学院

建筑类

入围奖

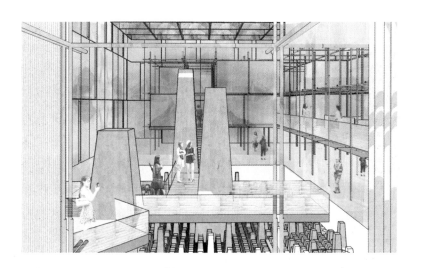

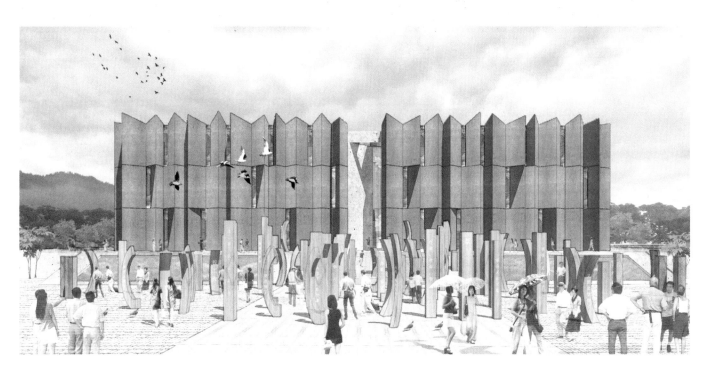

设计说明

　　此项目灵感来源于《肖申克的救赎》电影，主角安迪与"黑暗"对抗的"越狱"之路，积极乐观的心态影响了周围许多人。本着这样的出发点，针对现在社会人们压力值较高的问题，由此进行一个释压治愈空间的设计。监狱里的黑房间像一个个盒子排列开来，房间内形形色色的人物涌现，充斥着整个建筑。由小房间的形态来设计一个情绪释放盒子，大盒子里嵌套小盒子，蔓延生长，结合电影建筑叙事手法，将电影的励志作用映现于"盒子"的内部体验。当人进入不同的房间，不同的内容引发你不同的情绪，释放内心，让情绪涌现！

渔火船行．疍家传薪——广西南宁市良庆区邕江南岸江滨公园市民娱乐中心设计

作者 / 曹琬筝、姚磊、陈旭熙　　　　　　　建筑类
指导老师 / 陈建国、彭颖　　　　　　　　　入围奖
广西艺术学院

设计说明

　　根据上位规划，邕江南岸江滨公园的设计主题是疍家文化。疍家文化内容独特且丰富，疍家是我国福建、广东、广西沿海地区水上居民的统称，疍家人擅长水上作业，以船为家，以出海打鱼、采珠等职业为生，漂泊无定，也成为"海上的吉普赛人"。疍家人信奉龙王，说"咸水话"，唱"咸水歌"，疍家人在长期的生产生活中形成自己独特的风土文化，他们的穿戴、居住、饮食、婚嫁、娱乐、交往等习俗，都有着鲜明的我国南方沿海地域特色，是值得好好挖掘的民俗文化资源。

　　然而，疍家人在现代文明和城镇化的冲击下生产生活环境有所改变，加之人口迁移等原因导致目前疍家文化未能得到很好的宣传，疍家文化正渐渐地被淡忘、消融，甚至面临着消亡的危险。所以，本次建筑设计的目的以保护疍家文化为出发点，在建筑设计上融入疍家文化的特色，最终建筑主题定为"渔火船行"疍家传薪"，其意义在于宣传疍家文化，做好疍家文化的保护保存工作。

　　建筑整体占地 1998.26 平方米，拥有多个活动室，可以满足市民们的需求。整体的建筑设计为大家提供了舒适的活动空间，同时还可以眺望美丽的江景、欣赏热带植物造景。建筑整体有疍家文化元素，符合整个公园的设计基调，也起到了文化宣传的载体作用。

谷中寻境——眉山天府新区四水库公园景观建筑设计

作者 / 王云天、陈芮颖、杜明钊
指导老师 / 续昕
四川大学艺术学院

建筑类
入围奖

设计说明

　　本方案围绕公园"谷中寻境"的整体概念进行设计。建筑选址位于公园中间地带，树林与湖岸交界处，其中环湖栈道从中间穿过。建筑围绕观景、休憩、阅读等几大功能进行设计。其中，建筑外形以四周景点反推而出，建筑表皮则是模仿湖水景色。而阅读、休憩等功能则是搭配此公园运动属性出发，从实际需求出发，进行合理布局，推动眉山天府新区公园景观建设。

海畔方舟

作者 / 黄宇霞、 蓝煜翔　　　　　　　　　建筑类

指导老师 / 王瑾琦、刘付春婷　　　　　　　入围奖

南宁学院

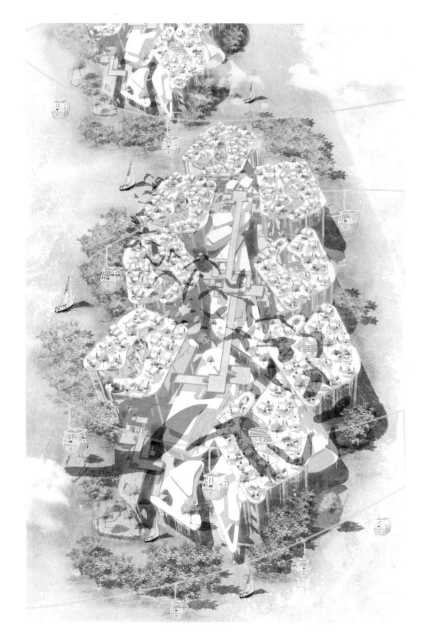

设计说明

　　项目位于广西壮族自治区北海市海城区金滩，旨在稳定海岸线的同时突破滨海地区的用地限制。建筑的灵感来自于树木，每个功能块区类似树木叶片穿插渗透此起彼伏，形成多孔结构，底部支撑由混凝土垒成，与底部的红树林群一起共同来降低海浪对海岸线的伤害。建筑主要分为四个部分，一是底部的生态岛屿和红树林群，为了鼓励海藻等软体动物的生长，为鱼类和甲壳类动物提供栖息地，减少近海岸的含沙量，并利用红树林与海藻以及海洋微生物进行固碳，以此达成"蓝碳"。二是社区公共空间，商业、文化、医疗、绿地公园都集中在此区域。三是整个 G 区的交通体系，不但承载交通功能，还为社区提供了更多公共活动空间。四是住宅，可根据用户需求进行个性化定制。建筑做了垂直绿化处理，以实现绿色固碳。整个建筑群将"蓝碳"与"泵碳"两种固碳形式结合，以此来稳定海岸线并拓展沿海城市用地。

田野生长

作者 / 王之育　　　　　　　　　建筑类
指导老师 / 黄红春　　　　　　　入围奖
四川美术学院

设计说明

　　作品立足于乡村振兴战略、助力教育扶贫，基于丘陵地区乡村景观与山地生态环境研究的大方向，以提升改善安顺地区留守儿童阅读素养和环境为目标，为贵州省安顺市乐平小学留守儿童设计"野间"书屋。方案采用安顺特有的"屯堡文化"，加之安顺一带多山、多树、多雨，选择石、木为主要建筑材料，读取当地屯堡建筑里的拱形形态与石头堆叠的形式。学校地处云贵高原东侧梯状斜坡的中段，北部多山，地势起伏较大，南部地势较为平坦，是典型的山间坝子，建筑依山而建，采用混砖结构的退台式形式。书屋有大面积的玻璃窗，可以保证良好的视野和光照，增设多个户外平台与室内相连，具有更多的观景方式。

　　室内采用阶梯式、座椅式、互动式、嵌入式的阅读空间和活动空间来激发学生阅读兴趣，通过多维度、多功能的空间设计，使人、书、生活、学习相互交融，使书屋、校园与地方特色文化和谐一致。

"智慧生态厕所"——重庆百塘园公共厕所改造概念方案

作者 / 李陈美子、张丁月、徐若芸　　　　建筑类

指导老师 / 方进　　　　　　　　　　　　入围奖

四川美术学院

设计说明

　　该项目位于重庆康庄百塘园园区，占地约 300 平方米。项目地旧有建筑为公园内的废水处理点，后被停用，一直处于修整状态。此次设计将其改造为公园内的休息驿站，功能包括卫生间、休息室、文旅宣传、信息展播等。以生态、绿化、可持续为公厕的设计理念，运用了雨水收集、屋顶花园、沼气净化池等绿色生态技术，进行废水处理

与再利用。室内空间布局上，将公厕分为男卫生间、女卫生间和第三卫生间，并在室内增加了生态绿化池，池内可养殖鱼类、藻类，并能透过墙面的玻璃观察到池内生物。将建筑顶面和后方的土坡连接在一起，形成具有休闲、娱乐功能的屋顶花园，同时屋顶的植物可以进行雨水收集，为底层的厕所提供用水。·

错位·重塑

作者 / 成宛泽   建筑类

指导老师 / 郭龙   入围奖

四川美术学院

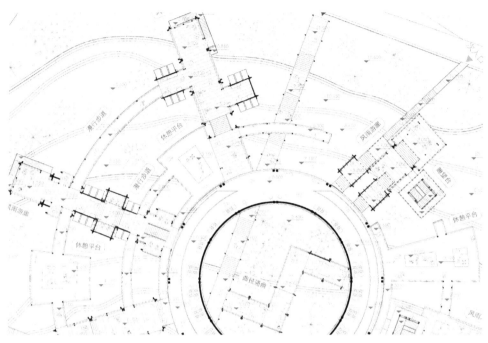

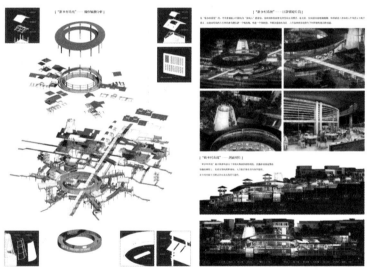

设计说明

随着中国城乡社会的发展，我们印象中的乡村早已不再是那个"日出而作、日落而息"的"世外桃源"。以农耕为主要生产方式的村民也逐渐向资源更为丰富的城市流动，乡村也随着人口的流失逐渐滑向空心化的边缘。在此历史背景下，国家实施"乡村振兴战略"，乡村发展开始出现转机。该项目位于重庆市丰都县栗子乡，该乡以栗子、大米为特色产业，同时具有优美的梯田风光与悠久的山寨文化。然而，由于该乡地势较为偏僻，人口流失较为严重，传统地域文化逐渐衰败、族群认同也逐渐弱化。地方政府希望借助当地产业与文化优势发展旅游产业，进而推动乡村发展。

设计理念受到康斯坦特"新巴比伦"城市乌托邦理论的启发，进而提出未来"新乡村"模型。设计上，推崇自主性"嬉戏乡村"，即主张创造自由的模糊空间，生活其间的人们可以将活动变为对环境有意识的创造。项目通过交通骨架结构串联起组合式建筑系统，重新思考自然与乡村、人与建筑之间的融合关系，建立一个自生长、自延展的新乡村系统，从而实现未来乡村的可持续发展。

红江印记——禄劝县皎平渡
红色文化展览馆设计

作者 / 周楠、郎慧、郑若璠、刘洋

指导老师 / 杨春锁、穆瑞杰、张一凡

云南艺术学院

建筑类

入围奖

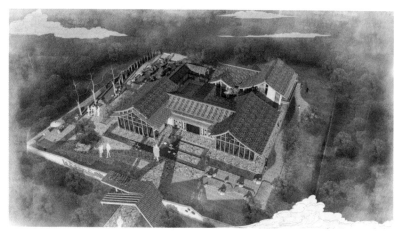

设计说明

　　以红军长征途经禄劝县发生的历史事件为依托，运用现代的设计手法重塑红色皎平渡，通过历史、人文与自然景观的有机融合，传承红色基因，创造高品质旅游体验，打造以弘扬船工精神和红色旅游为一体的红色旅游区。

林野净池

作者 / 李超、庞之尧、苏海伦　　　　　　　建筑类
指导老师 / 张丹萍、高小勇　　　　　　　入围奖
重庆文理学院

设计位于重庆市梁平区，"山、水、林、田、宅"五大要素为当地最显著的自然资源，从而以"原乡、原村、原野"三者营造天人合一的"灵"性空间，打造"舒适""自然""质朴""轻者"的归网湿地主题民宿。院落民宿整体有序而不失自由的形制，小巧而紧致有力的布局，营造出雅致拙朴的趣味田园湿地景观空向。建筑材料主要采用本土材料，局部运用钢材、玻璃等现代化材料，营造特色风味建筑，在黛瓦石墙之间，探寻朴素的建筑体验。

设计说明

　　设计位于重庆市梁平区，"山、水、林、田、宅"五大要素为当地最显著的自然资源，从而以"原乡、原村、原野"三者营造天人合一的"灵"性空间，打造"舒适""自然""质朴""轻"的归网湿地主题民宿。院落民宿整体有序而不失自由的形制，小巧而紧致有力的布局，营造出雅致拙朴的趣味田园湿地景观空向。建筑材料主要采用本土材料，局部运用钢材、玻璃等现代化材料，营造特色风格建筑，在黛瓦石墙之间，探寻朴素的建筑体验。

集——智慧农场新形态的研究与设计

作者 / 宋婧怡、陈秋怡、赵柯棋、张怡铭　　　　建筑类
指导老师 / 翁萌、刘晨晨、华承军　　　　　　　入围奖
西安美术学院

气培区域节点 Aerial culture area node

设计说明

　　我们的标题叫"集"，是对未来智慧农场新形态的研究与设计。设计选取了陕西西安张家巷村的废弃用地作为建筑选址，主要从两个方面对"生长·涌现"进行了阐释。

　　首先是设计理念。集、集会、聚集、集市，本身就有不断生长、交织的含义。场地位于汉长安城遗址区，都城是一个朝代物质文明和精神文明的集合地，丝绸之路的开辟使不同地域的文明相互碰撞、汇集，促进了世界文明的发展。

　　以农业为线索，建筑为载体，科技为动力，将智慧农业与农业集市、农耕文化结合起来，做出一个连接产业、经济、文化的大合集，寻找

出集提高居民生活质量、推动生态绿色发展、推进遗址区文化发展可持续为一体的新型农业模式，促进构建农业富强、产业多元、村民富裕、文化丰富、环境美丽的新乡村，重塑村庄集合力与生命力。

　　在建筑的流线设计上，我们以农作物生长为概念引入。从种子开始，到发芽，至生长，再到收获，正向看是对植物认知、技术发展的过程，反过来则是溯源的过程。我们对应地设立了种子塔、育苗室、栽培室和创意集市等，人们通过建筑的参观流线，既可以感受、体验智慧农业的发展进程，同时也是一个溯源的过程，让人们在游览中体会人与自然相融合、回归生命本源的历程。

景观类
LANDSCAPE

矿时

作者 / 王芷涵、罗欣雨、冯鑫琳 景观类
指导老师 / 潘召南、谭晖、赵一舟 金奖
四川美术学院

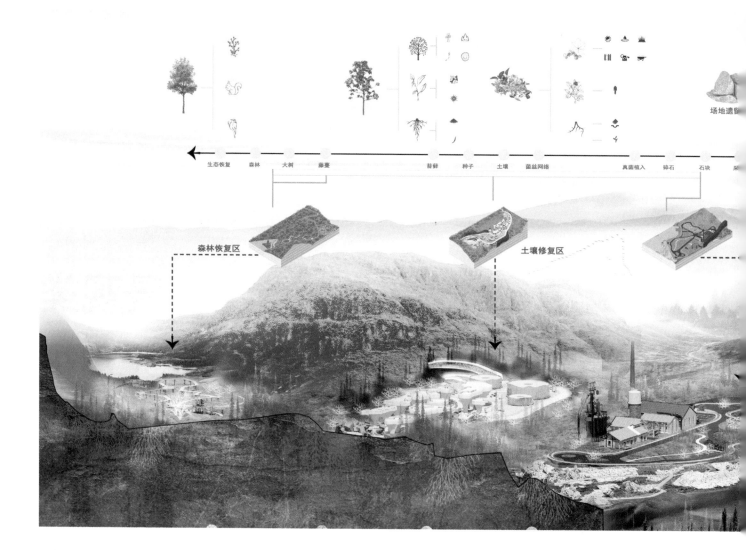

生态恢复 森林 大树 藤蔓 苔藓 种子 土壤 菌丝网络 真菌植入 碎石 石块

森林恢复区 土壤修复区

场地遗留

设计说明

在乡村振兴和优先发展绿色理念的大背景下，大渡口区以中梁山片区为重点，积极实施全区矿山生态修复。其中新合矿村因地形复杂、人口结构老龄化、场地空间混乱等问题，已不能有效的满足当下的要求，因此矿山改造需求迫切。新合村三功矿开采年份较长，矿石资源几乎耗尽，存在生态条件恶劣，基础设施落后等一系列问题。因失落的矿山无法满足该地年轻一代对生活的渴望，使得中青年人群流失严重，从而使当地发展愈发缓慢。因此对矿山群进行生态修复和再设计，以如何最大限度的恢复矿山活力为出发点进行考虑，从时间变化和空间更迭入手，将单一的矿坑转变为多样化且具有弹性的冒险公园，这将重新连接城乡居民，再野化和矿山。

■ PLAN B-C 土壤修复-生态森林与疗愈区

薪火相传

作者 / 曹颖、董艺杰、葛昭阳

指导老师 / 樊帆 孙浩 吴文超 钱利

西安美术学院

景观类

银奖

设计说明

古有"鸭头新绿水，雁齿小红桥"，张说于红桥之上授人以歌。画家张择端绘制的《清明上河图》描绘了围绕着不同类型的桥发生的市井生活氛围。"桥"围绕着紧密的商业和文化生活。本设计用红桥串联起建筑、景观、室内设计，象征着文化将得到一代又一代的传承。

用同心圆延伸的形式体现出现代艺术家推陈出新的发展方向，走在前人铺垫的桥面上，持续将文化和艺术授之于人，同时又希望在此处能找回初心和属于自己的那份传承。

盐艺坊——大理诺邓村非遗研学空间设计

作者 / 张珂、胡少东、师冀康、徐耕灿、武春旭

指导老师 / 穆瑞杰 杨春锁 彭谌

云南艺术学院

景观类

银奖

设计说明

大理诺邓村传统卤水制盐具有悠久的历史，由此诞生的盐马古道诉说着诺邓曾经的过往。时代的快速发展和产业的变革导致诺邓制盐业逐渐没落，在当今如何充实传统手工技艺值得我们深思。

设计对白族民居"一颗印"的建筑形态进行了提炼与拆解，丰富了交通流线，改变了建筑体块，让灰空间更为丰富。在内庭与门口处围合出了两个"回"字形的建筑空间，对原始建筑的天井进行了传承表达。

清水长流·泽利万物
——多级水域下五布河生态重塑

作者 / 李陈美子、张丁月、陈飞龙、王鑫、杨静黎、毕思琦

指导老师 / 赵一舟 任洁

四川美术学院

景观类

银奖

设计说明

为应对重庆地域内特殊的海拔高差及立体地形条件，形成一个多维度湿地生态空间，针对流域的不同尺度段、划分梯度等级，采用生态浮岛 + 植物护坡波、林泽工程 + 弹性驳岸、山地梯塘 + 小微湿地三个主要策略对应河、溪、塘三个尺度大小，以自然修复、人工自然结合、人工介入等方法推动水生态环境保护。从而巩固深化碧水保卫战成果，加强水生态治理，推进生态文明建设，形成流域内自然生态、栖息生物、农业生产多重自循环，重塑五布河流域内的生态环境，提高流域内的生物多样性。立体循环生态空间也进一步起到了防洪抗旱的重要作用。

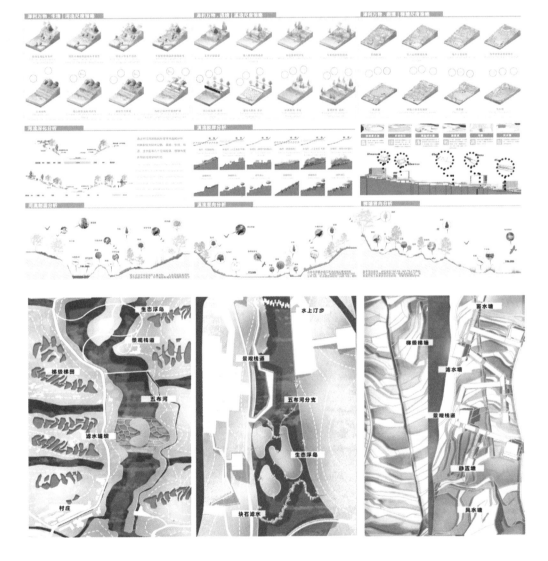

"上街 GAI" ——耍竹

作者 / 李林芋、张静闻
指导老师 / 续昕
四川大学艺术学院

景观类
银奖

设计说明

目前成都众多老旧社区面临着文化丧失、人群疏离、活动空间缺失、绿化杂乱、体验单一等问题。该项目在共享理念背景下，以老四川民俗活动赶场为灵感，解构老成都记忆符号"C"形扶手竹椅及三角纹竹编等手工艺竹构件，进行以天桥为核心的成都紫竹社区更新设计，重现街头的"热闹聚场"。意在通过相关设计加强人群间的社交联系网络，解决城市老旧社区中出现的社会隔离、空间利用效益低和步行空间被挤压等问题。天桥空间形态呈现多种竹节榫卯接口方式，表皮利用 Grasshopper 参数化设计和 LunchBox 算法生成，与下方绿岛形成多层级绿化慢行空间。

图例 Legend:

① 去耍打卡装置	⑥ 活力绿道	⑪ 市民广场贰	⑯ 阳光草坪	㉑ 喝茶主题游园
② 竹摇影惜—装置	⑦ 隐映栖地	⑫ 吃酒主题街打卡点	⑰ 社区综合体	㉒ 清风掠竹—边界
③ 林下木台	⑧ 转角乐园	⑬ 大世界环道	⑱ 共享花园	㉓ 竹摇影惜—阳光道
④ 竹摇影罩	⑨ 市民广场壹	⑭ 变桥	⑲ 童年基地	㉔ 清风掠竹—游园
⑤ 竹摇影罩—站台	⑩ 竹仓广场	⑮ 活力绿岛	⑳ 林荫绿道	㉕ 喝茶打卡墙

城市荒野计划

作者 / 赵骏杰、孔佳惠、赵雨、徐若芸　　　景观类

指导老师 / 潘召南、肖平　　　　　　　　银奖

四川美术学院

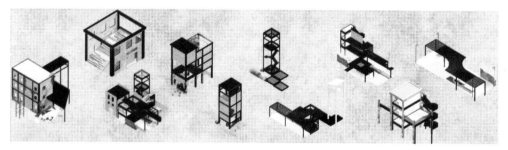

设计说明

　　该项目依托于九龙坡半岛规划、长江艺术文化湾规划，形成以重庆发电厂遗址为核心，城市公园新型绿地。本项目通过对于场地自身现状调研、周边街道走访，归纳场地问题、居民需求等方面，形成设计目标定位。通过以野性生态环境修复为核心，延续城市工业文化为重点，形成以生态、艺术、文化、娱乐、教育、休闲等多样功能的城市荒野之境。在工业遗址荒野环境中游憩，呼吁人们关注自然环境问题，引发公众的思考，连接人与自然环境。因此设计首先考虑合理划分空间，依据场地荒野环境将空间分为三种类型，荒野核心区、荒野过渡区、荒野边缘区，从核心到边缘，依次增补公众活动空间。设计针对不同区域主要特点进行合理的改造。塑造空间精神，以娱乐化、场景化、体验化的方式，以吸引更多的人参加，从而维持景观空间的更新和活力。在空间中引入历史、文化、艺术等元素，将其融入到生活中，促进了更加复杂、多元、开放、共享的空间模式。

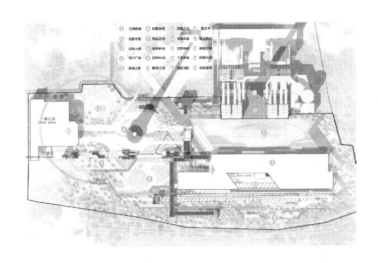

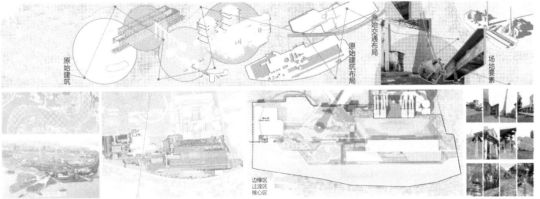

原始交通布局

场地要素

原始建筑布局

原始建筑

边缘区
过渡区
核心区

古道新颜——甘霖坊

作者 / 何龙翔、胡克美、杜彬、排早丈

指导老师 / 杨春锁、穆瑞杰、张一凡

云南艺术学院

景观类

铜奖

设计说明

　　甘霖坊的原型是一条道路两旁皆为小区且与玉溪市江川区中医医院相邻的商业街，与居民生活紧密相关，生活气息较为浓厚。由于该社区及其周边建成年代较早，设施老旧且长期缺乏维护，我们希望在设计中让这条街道发挥中医药文化的氛围，将传统中医药文化与现代康养理念相结合，打造一个综合性的康养街区，旨在为人们提供全面的中医药康养服务和体验。设计将注重创造一个和谐、平衡的环境，融入自然元素和传统文化，让人们感受到身心康养的力量和传统医药的智慧，励志将其打造为一条无忧无虑的生活型街区。

　　龙泉路的主要设计改造内容为街道两旁建筑的外立面设计和功能性设计、空地的功能性设计、商业区的功能性设计、外立面设计以及对场地内标识系统的设计。我们希望在设计中重新焕发场地的活力，重塑场地空间，重新定义场地的功能，将场地打造成为现代化、特色化、人性化的精品城区。

翱鸟和韵·生态共振

作者 / 张航嘉、陆垟隆、黄静

指导老师 / 黄一鸿、黄庆杰

广西艺术学院

景观类

铜奖

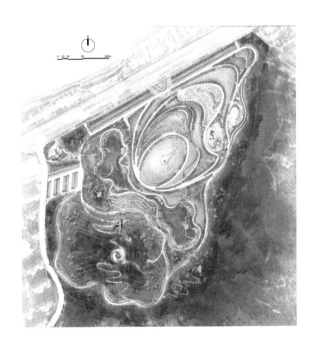

设计说明

　　本次景观设计旨在创造一个能够促进人类与鸟类和谐共存的环境，提供鸟类栖息、觅食和繁殖的场所，同时为人们创造一个与自然亲近的空间。从 生态保护"散点共生"、湿地游憩"流动共生"、智慧科普"多元共生"、森林探索"自然共生"几个方面，通过合理的景观规划和植物选择，营造一个生态友好的环境，促进生物多样性保护和环境可持续性。

成都味觉

作者 / 李多贝、朱宏宇　　　　　　景观类

指导老师 / 蒋梦菲　　　　　　　　铜奖

四川旅游学院

设计说明

城市作为一种可以定义为区域经济发展中心的集合聚落，其经济的发达程度是其发展程度的重要评判标准，但衡量城市发展质量的维度不是单一的。在众多评价维度当中，第三产业在城市产业结构中的占比则是其中一项重要的评判标准，而文化产业作为第三产业的重要组成部分，其发展面貌最能表现一个城市的精神面貌。

成都作为中国第一个被联合国教科文组织认证的美食之都，拥有根源深厚的本土特色餐饮文化基础，但随着实力强势的全国连锁餐饮、快餐速食店在城市中的快速扩张，具有城市本土特色的传统美食生存空间被逐渐挤压。与此同时，本土传统美食集聚区在目前又面临着同质化、趋于表面化和没有辨识度的发展困境。

本土特色餐饮的存续、发展需要新的尝试与探索。本设计将以对成都美食的文化历史、成都美食本身的基本构成、成都美食的人文特点三部分的研究为基础，探索成都美食深厚历史底蕴下的文化特征、成都源头性的美食文化特征和成都美食的人文底蕴。并以主题性、场景化的商业模式和空间运营方式，结合研究内容，针对"成都美食"这一主题进行对商业街街景的设计，意在通过探索、创新本土特色餐饮文化的发展方式，在以小见大中摸索城市未来文化产业发展的新方向。

春华秋实——共建共治的邻里花园

作者 / 刘静姝、李思懿　　　　　　　　景观类

指导老师 / 熊洁　　　　　　　　　　　铜奖

四川美术学院

设计说明

记忆中的院子，是亲切淳朴，是摇曳着凉风的树枝，是小孩子们追逐打闹的阵阵欢声笑语，是邻里往来，端着饭碗坐在院门外边吃边聊的亲和，是一种平凡的生活场景。平凡是生活的一种基调，但平凡的生活并不意味着麻木、平庸、格式化，无限往复中也可以蕴含着诗性的生活。本设计致力于重新寻找现代高楼林立间缺失的邻里关系，为现代都市人营造一处返璞归真的场所，将"田园"引入城市生活，链接起人们更深的情感记忆。所营造的场所关于人和自然，关于空间的开放与可变，关于有限的空间和无限的可能。设计采用渐进式的社区邻里更新模式，倡议社区居民能够参与到对自身社区的营造中来，进而引起社区内部之间的公众互动，从而引起社区居民自我意识的觉醒，潜移默化地引导社区居民慢慢走向良性自治。通过实现上下合力，更好地整合政府力量和居民自治力量，从而让更新可以面对未来的无限的，不确定性，成长为不断自我完善的过程。

交织·驻留·隐——基于"渐消隐、多融合"理念下的拱市联村艺术建设

作者 / 胡梓毓、汪睿雨
指导老师 / 朱猛
四川美术学院

景观类
铜奖

设计说明

今天的乡村，传统伦理秩序与现代化需求相互交织。建筑为乡村的公共空间和社区营造既提供了秩序，又赋予了包容。乡村也正在成为当代艺术与文化的试验场。先锋的与民间的、创造的与习俗的，在此碰撞而迸发火花。它既是文化在地性的体现和对全球化的反思，也是对历史与乡村的艺术激活。"在地建筑"的在地性不是泛地域化、符号化，而需要针对每一个场地做出回应，所以建筑也应是多样的。

项目位于四川省遂宁市蓬溪县拱市联村，拱市联村是国家重点乡村振兴示范村，基于乡村振兴的背景及其独具特色的自然风貌和历史文化，对乡村的景观元素、传统文化、生活习俗、物质生产水平等进行深度调研，最终决定以艺术的形式介入乡村，将整个村庄规划为一个"开放的农耕美术馆"。

在进行设计时，首先坚持"以人为本"，对人的空间需求进行充分考虑，在回应需求的基础上进行空间塑造；其次基本采用传统材料及传统结构延续乡村本土风貌，增强构筑物的适地性；最后在具体的空间塑造中，采取不同形式消隐构筑物与自然景观的边界，以展现林带的自然魅力，最终达到融合人与人、人与物、人与自然的三重目的。用设计为城乡创造美好生活，实现城乡无界，展现设计师在城乡可持续发展中的责任担当。

归园·再生——后农业生产与堆肥一体化的大兴镇改造

作者 / 张晨晨、欧阳镕璟、孙心如

指导老师 / 谭晖

四川美术学院

景观类

铜奖

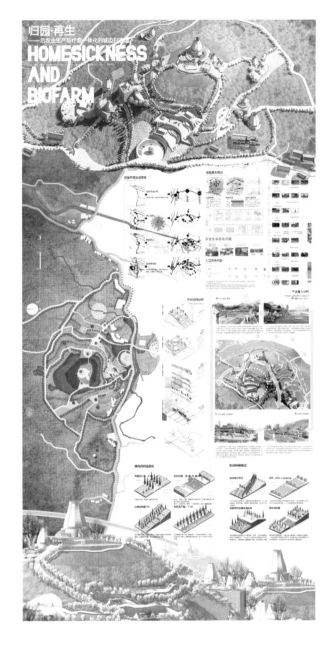

设计说明

此次设计我们聚焦大兴镇，在梅江畔打造城边村农场，充分发挥特色产业农产品（金丝皇菊）和农余产品对土地的生态意义，并将其与当地人和市民生活充分融合，借以对大兴镇记忆进行二次重塑。

将堆肥塔作为一个点状性活动空间，将大兴镇的主要公共活动集中于装置周边。将装置设置在横跨璧山之上的动线，联通大兴镇内外两岸，打造了一个面性活动空间。以金丝皇菊为主、菲油果树为辅形成特色索引，完善自然业生链条，并基于此扩散多义服务产业（田野露营、博物馆、公益体验园）打造生态可持续的绿色家园。

花·生｜蝶·涌

作者 / 杨毅诚、张亚新、陈含嫣　　　　景观类
指导老师 / 黄红春　　　　　　　　　铜奖
四川美术学院

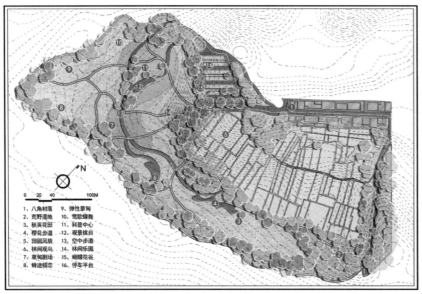

1、八角村落　9、弹性草甸
2、荒野湿地　10、宽恕蝶舞
3、秋英花田　11、科普中心
4、樱花步道　12、观景挑台
5、田园风貌　13、空中步道
6、林间观鸟　14、林间乐园
7、意甸剧场　15、蝴蝶花谷
8、蜂速蝶忘　16、停车平台

设计说明

　　生境破碎化对生物多样性和生态系统功能的影响是当前生态研究的热点问题之一。近年来，长江岸线在工业化建设及不合理的人类活动干扰下，生境遭到破坏。研究表明，长江岸线（三峡库区）的蝴蝶种类、优势种、相对度与生境关系反映了长江岸线生境破碎化的结果，意味着适宜的生境斑块周围分布着不适宜生境，蝴蝶种群受到面积、隔离、边缘效应等影响，从而形成现有的空间格局。随着景观生态学的发展，探索利用景观布局来进行生境营造，将是解决长江岸线生境破碎化的一条新途径。

　　南坪坝岛位于重庆市巴南区，长江干流（重庆境）右岸。作为重庆"四

山六岛"之一的江心岛屿，在长江流域生态格局中占据重要地位，并且生态条件的优劣对保护长江流域生态环境具有一定的典型性。

　　设计范围属南坪坝岛西南角，占地约 1.8 公顷。方案以生境营造为设计基本方向，通过对南坪坝岛特有的生态环境和物种群落进行调研与研究，将南坪坝岛的典型性与景观设计相结合，并在此基础之上进行生境营造，从而吸引特定的蝴蝶物种。

　　经过景观规划、生境营造等一系列手段，改善岛内现有的生态环境，为物种创造具有繁衍生息的生态条件。实现提升重庆南坪坝岛沿岸的生物多样性水平、生态教育质量，达到人与物种共生的目的。

"等花开，等叶落，等绿色爬满枝头"
叙事性口袋公园设计

作者 / 马得草

指导老师 / 龙国跃、肖平

四川美术学院

景观类

铜奖

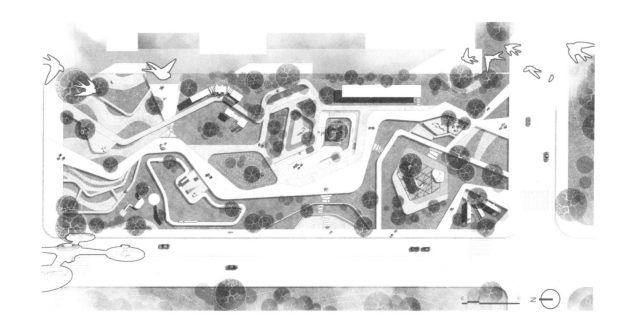

设计说明

　　生长，以植物的生长规律"花开"—"叶落"—"叶生"为口袋公园的叙事性主题与节点设计。

　　涌现，居民在公园内的叙事性空间与彼此和场地互动时，能够涌现出更多的故事，从而达到叙事的可持续性发生。

　　本叙事性口袋公园设计方案以"等花开，等叶落，等绿色爬满枝头"为题，将植物的生长规律"花开"—"叶落"—"叶生"设定为叙事的"开端""中段"与"结尾"，置于口袋公园的节点中，在并在公园内营造出与之对应的氛围空间。设计场地存在很多"等待"空间，且能够"等"到一个"结果"，借此提醒大家生活中的每个小场景都值得大家去欣赏，只要你放慢脚步，即便是像花开、叶落、枝丫新生这种小事，都能够成为一束光照亮你的生活。

紫杉方南——香槟广场城市综合体概念方案设计

作者 / 廖逸昂、黄龙飞

指导老师 / 段吉萍、张浩

四川艺术职业学院

景观类

铜奖

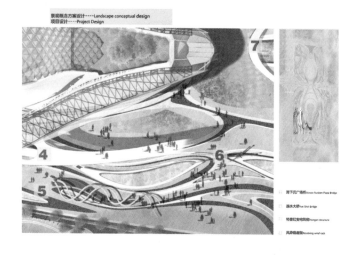

设计说明

设计灵感来源于被称为建筑界"解构主义大师"的扎哈·哈迪德的作品及她的设计理念，她的作品大胆运用空间和几何解构。本设计经过多次的方案草图设计，最后得出一个具有未来感、前卫的、与周边建筑形成强烈对比的新型体验的城市综合体。以与世界同步的体验式商业模式，汇集餐饮、娱乐、购物、休闲等的商业，为每一位热爱生活的人制造快乐，享受生命中每一刻的时光，创造一座新城的现代时尚与未来繁华。本案设计其功能包含商务、办公、居住、酒店、商业、休闲娱乐，纵横交错的交通及停车系统等各种城市功能的复合，创造了一个多元的都市生活。在景观设计中，将游憩公园资源和主题商业有效结合，以提高景观综合体外部交通规划设计的探索。

无止境

作者 / 张伟鹏　　　　　景观类

指导老师 / 覃宇　　　　铜奖

广西民族大学

设计说明

　　将优良传统文化的元素与当今潮流时尚元素相结合，突出文化内容的时代感和文化认同感，以此让"国潮文化"被更多人所认同和接受。本改造设计方案是以传统时尚文化与赛博朋克未来科技感为先导和切入点，满足以年轻人为主的受众需求。在探讨群众具体需求的过程中，

充分考虑到传统时尚文化对年轻人群的影响，以便更好地向年轻群体导入工业文化，让这个群体很自然地通过时尚文化的传递进而能够接受和传承工业文化和中国传统文化的精髓。

溯源·复愈——青秀山状元泉文化园景观提升方案设计

作者 / 郝尧城
指导老师 / 李春
广西艺术学院

景观类
铜奖

设计说明

　　本方案位于广西壮族自治区南宁市青秀山风景区状元泉。方案通过对状元泉区位分析发现状元泉文化园的现状问题，以状元文化为纽带，对园区的植物、景观小品、导视系统等进行提升改造设计。方案将中国历史状元中典型的人物雕像以及其奋斗历程简介挖掘呈现，通过图片、文字、小品等将状元们寒窗苦读的艰辛历程，以及学成后对社会、对国家的贡献，激人奋发，勉人上进。设计因地制宜，傍山而建，引泉成景，通过挖掘各种状元文化元素达到与景观的完美融合。通过观景凉亭、休息小座、景观置石、水池、彩色花带、休闲草坪、幽幽竹林设计等，可使市民充分参与到景观中，达到景观的和谐雅致与"均好性"。

山水交融，田园新韵——基于产业转型视角下的田园综合体设计

作者 / 彭英颐、赵必浩、贾莹莹、张庆泰、凌远胜　　　景观类

指导老师 / 莫媛媛　　　铜奖

广西艺术学院

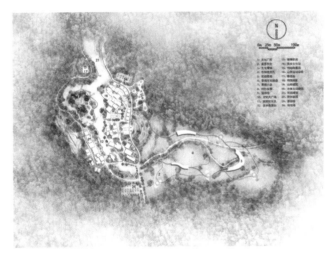

设计说明

　　工业化和城镇化速度加快，乡村人口转移和生产方式发生巨大变化，乡村产业转型升级成为乡村可持续发展的宏观背景。作者通过对浙江省湖州市安吉县鹤鹿溪村进行实地调查发现，村里具有丰富的农业资源和自然景观，当地以农业生产作为主要的发展支柱，农耕文化是乡村文明一脉相承的地域产业。但随着时代的发展和科技的进步，农耕文明亟须跟进时代的脚步。设计以农耕文明的建设与发展为基点，坚持村民的主体性原则，充分挖掘地域文化特色，通过对农业产业的更新和智慧设计，以求融入数字化新型的产业模式和地域化特色发展的旅游建设，实现乡村产业和规划的可持续发展。

　　设计以农耕文明的建设与发展为基点，从乡村农业文化样态、文化消费、文化氛围三个方面进行改造设计，更新产业模式，促进农耕文化的可持续发展。通过智慧设备的加入，深化农业与旅游的相互交融，提升村民和游客与农业产业的交互，以促进乡村旅游产业的发展。

梯之韵——成都泗水库体育文化公园景观与建筑设计

作者 / 刘德明、黄煜骞、王子怡　　　　　景观类

指导老师 / 续昕　　　　　　　　　　　铜奖

四川大学艺术学院

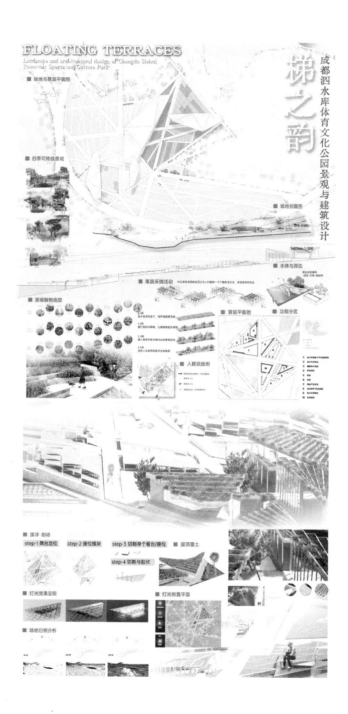

设计说明

在我国经济从高速增长阶段转向高质量发展阶段的过程中，生态文明建设是其中最重要的一环，"公园城市"作为城市发展新概念应运而生。

本次作品位于眉山天府新区公园城建设的南天府公园城市核心游憩中心部分——泗水库。在整体公园规划设计中，我们结合周边各因素分析，将寓教于乐联动自然湿地，打造集"生态"＋"校园教育"为一体的多维度创新体育文化公园。以自然教育的思想规划功能区，在游憩中唤醒自然意识

在景观规划设计部分，我们选取场地中望湖视野最佳的空旷荒地，尊重原始空间地形，提取"梯"与"花田"意象，结合场地规划和分析生成空间；以水的方位作为空间导向，丰富人与水在精神上的互动，

将空间往水边引导；溯源场地原有菜地记忆，重新规划景观梯田与果蔬采摘体验区。将"场域为阶，花田为梯"实现景观与建筑体块的融合与相互赋能。打造森林景观＋梯田环境内的"台阶式复合型"户外休闲场地。唤醒回归自然的渴望，享受绿色采摘的乐趣。

设计层面，引出并解决"如果使一个通过性空间变成停留性空间？"综合考虑空间的功能、需求和用户体验等因素，通过设置"阶梯摊位商铺""漂浮剧场"等提高舒适度、互动性、服务、绿化和设计等方面来丰富空间内的视野，增加空间的趣味性、吸引力和魅力，使人们更愿意在该空间停留。

"跨代" 共享研学——乡村振兴视角下的景观规划

作者 / 许格欣、张雨玲　　　　　　　景观类
指导老师 / 谭晖　　　　　　　　　　铜奖
四川美术学院

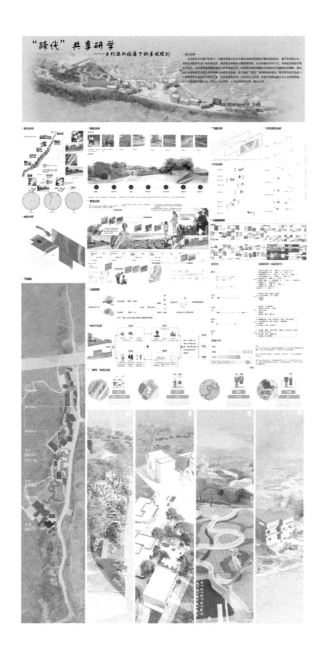

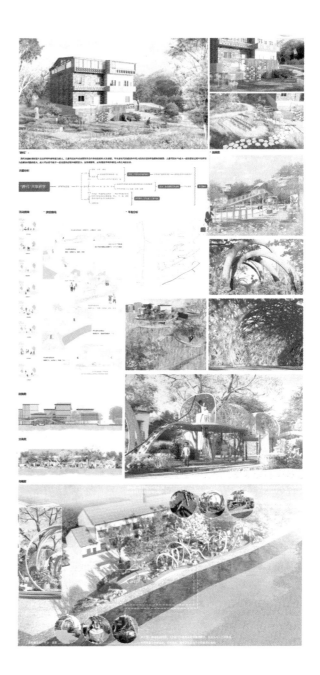

设计说明

　　该方案在乡村振兴视角下，对重庆市璧山区大兴镇所选取的区域进行整体规划设计。基于乡村空心化、老龄化问题，居住环境无人管理等现象，以乡村振兴为切入点，对特定区域进行再生与活化。乡村景观能唤醒和激活人们的深层记忆，以时间为线索唤醒乡村空间记忆和重构乡村情境。通过设计呈现有机生长的人与环境整合后的空间意象。本方案以"跨代"共享的设计理念，将空间节点打造成一个感受四季生长的乡村研学之旅，让生命自然生长，为乡村注入活力。本设计希望沟通人与人之间的情感。让人们感受到归园之乐，实现人与人无界、人与自然无界、人与城乡无界。

看风景的人成为风景——"框景"主题景观廊桥构筑物设计

作者 / 梁丹华

指导老师 / 谭晖

四川美术学院

景观类

铜奖

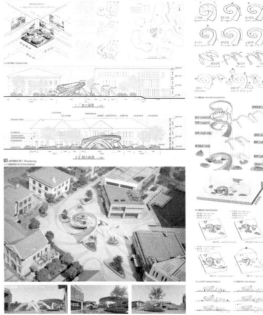

1 场地分析 | Site Analysis
1.1 场地资源 | Site Resources
绿地现有资源及景观
Existing resources and scenery of the site

1.2 场地说明 | Site Description

2 设计图纸 | Design Drawing
2.2 总平面图 | Plan View

3 设计
3.1 形态生成

设计说明

本案灵感源于卞之琳的诗歌"你站在桥上看风景,看风景的人在楼上看你。"故构筑物以一边为螺旋状,另一边蜿蜒上升的景观桥为造型,辅助以景观廊架实现"框景",构筑物整体占地面积约400平方米,保留场地原有花池,利用竹元素制作的表皮统一花池与廊桥。当游客观赏玲珑湖时成为廊架景框中的景色,当游客游览景观桥时成为楼上之人眼中的景色。细节处理上,廊架体块发生扭转并随结构设置灯带,使框景更具深邃效果,景观桥支撑与廊架造型语言相同;花池底座、景观桥上下阶梯及与护栏连接处设置暗藏景观灯带,满足夜间游览的安全性及观赏性。

纸乡家业生——夹江石堰村枷担桥老街街巷空间活化设计

作者 / 吴望辉、张显懿、陈思聪
指导老师 / 潘召南
四川美术学院

景观类
铜奖

设计说明

　　以石堰村"纸"产业为基础，以文旅融合改造工作为抓手，最大限度保留该区域"集市"和人文风貌，将街区依据商业功能进行分区定位、风貌改造并提升基础设施建设，重视休闲空间、销售空间、文旅空间的复合型功能，提升整体人流及商业价值。

西郊记忆——重庆杨家坪西郊二村社区更新设计

作者 / 郭翊来
指导老师 / 龙国跃
四川美术学院

景观类

铜奖

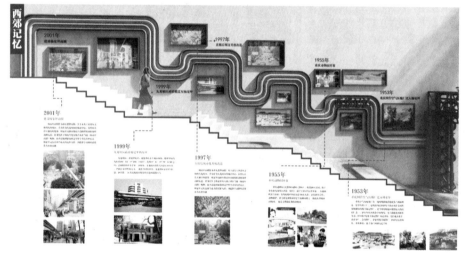

设计说明

　　本设计以包容性设计理论为基础，以重庆杨家坪西郊二村社区为设计对象，以包容性设计理论指导其场地空间的更新设计。通过对社区空间的现状调研、社区人群的需求分析、社区的文化现状等分析得出空间的实际所需，以社区居民需求为指导，通过包容性的方式对空间进行更新改造。设计将场地功能分为四区，分别以生活、种植、休闲、文化为主题进行规划，设计后的社区空间其功能、空间、文化、环境等方面得到有效改善。

旧境新生——基于可持续理念下的黄河湿地郑州段生态营造设计

作者 / 丁佑才
指导老师 / 李春
广西艺术学院

景观类
铜奖

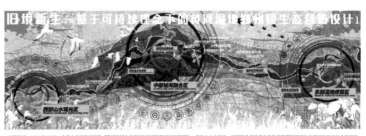

设计说明

2021 年 10 月，中共中央国务院印发《黄河流域生态保护和高质量发展规划纲要》。党的十八大以来，习近平总书记多次实地考察黄河流域生态保护和经济社会发展情况，他强调黄河流域生态保护和高质量发展是重大国家战略。本案聚焦"黄河流域的黄土丘壑典型地区或区域生态栖息地"领域，立足人与自然生命共同体的思想根基，进行景观规划和治理的精细化设计，提出了生态保护治理的目标、策略与具体措施。

本方案主要以营造郑州黄河湿地生态体系为主题，同时以湿地动植物为基础进行研究，探索适合人与自然和谐共生的生态体系，增强动物栖息地的异质性和生态弹性。以"人与自然生态关怀体系设计"

为出发点，针对郑州黄河湿地问题进行整理分析，对黄河栖息地以弱干预性方法进行设计及修复，探讨出相对完善的提升湿地生态与景观态层次的模型，建立一套以保护黄河湿地栖息地为主的沿河湿地生态体系。

本方案为郑州黄河湿地生态系统构建策略，方案首先立足国家宏观政策，是国家政策所需。其次是方案立足于人与自然和谐共处，对人类、动物、植物生存空间进行分析，力求达到一个发展共同体。再次是黄河湿地的生态保护脆弱，亟须保护完善，针对湿地的动植物和人类的关系提出了人与自然和谐共处的设计策略。

"平"水相逢——地域文化视角下南宁市良凤江森林公园东南片区设计

作者 / 谭佳炜、陈旋、韦语红　　　景观类
指导老师 / 杨禛、马国彪、莫敷建、张昕怡　　铜奖
广西艺术学院

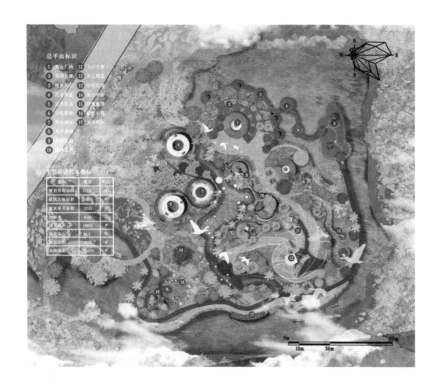

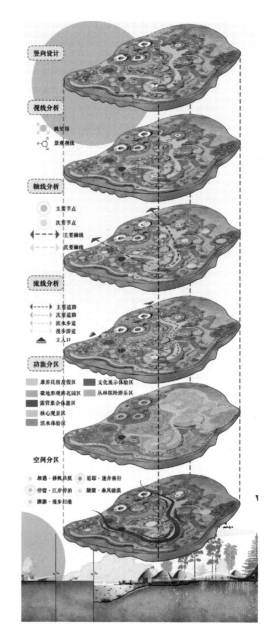

设计说明

在城市化快速发展的背后,城市形象往往趋于同化,缺乏城市个性,具有鲜明特色的地域文化没有得到有效的传承和发展。本方案以南宁市江南区良凤江森林公园为址,根据江南区特有的平话文化与特征,以平话文化的发展历程为叙事性景观线索,结合场地原有资源与分布点位,打造一个在地文化特色鲜明的主题公园。

平话文化榜水而居,场地的平面由水的涟漪形态演变,再进行详细的景观规划与设计,亦寓意着水载平话。节点的平面、外立面等构成形式皆取自平话文化中的典型元素,包括建筑、戏曲、宗祠等。整个场地分为七大功能区,能够满足各类人群的需求。

超链接·未来社区再构建——基于慢行城市理念下的城市公园改造设计

作者 / 吴望辉、吴玥、刘代涛

指导老师 / 潘召南、黄红春

四川美术学院

景观类

铜奖

设计说明

百年建设，千年山城，万物更迭，世事变迁，唯有时间是永恒的。我们的设计概念是同时间与边界场域展开一场讨论和思考，在人与时间的无尽纠缠中，我们渴求探寻一种未来的平衡关系，放下每日的浮躁来细寻场域带给人的力量，让时间慢下来，缓解每日快节奏的生活。

连接空间与事件，创造场所感；连接人与时空，创造归属感；连接记忆和未来，预判规划；连接人与自然，构建美好社区生活，或许这样能从四维空间的角度来寻找人们在场地里新的生命力。

乐活南湖——南湖村生态农业景观设计

作者 / 胡少鹏、李诗毓、柏雨   景观类
指导老师 / 杨吟兵、赵宇   优秀奖
四川美术学院

设计说明

　　该场地位于重庆市南川区南湖村，设计中以生态农业出发点，结合稻鱼共生模式，利用场地原有梯田，将当地的农耕文化、乡土文化等与场地充分结合，形成集旅游、自然教育、康养、休闲等于一体的特色南湖空间，唤醒场地活力。设计中大面积竹材料的运用实现了当地竹资源的循环利用。原本破碎、缺乏地域特色的空间也串联了起来，场地利用率提高，为游客提供愉悦的亲近自然场所的同时，也传播了南湖村的特色乡土文化。

青山里—觅趣

作者 / 晏晶晶
指导老师 / 黄洪波
四川美术学院

景观类
优秀奖

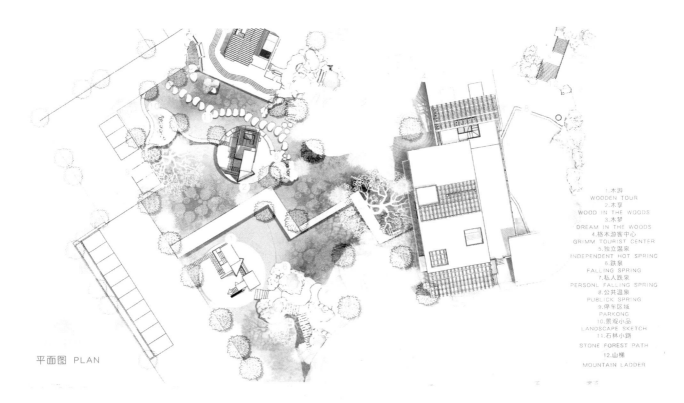

平面图 PLAN

1.木游
WOODEN TOUR
2.木亭
WOOD IN THE WOODS
3.木梦
DREAM IN THE WOODS
4.格木游客中心
GRIMM TOURIST CENTER
5.独立温泉
INDEPENDENT HOT SPRING
6.跌泉
FALLING SPRING
7.私人跌泉
PERSONL FALLING SPRING
8.公共温泉
PUBLICK SPRING
9.停车区域
PARKONG
10.景观小品
LANDSCAPE SKETCH
11.石林小镇
STONE FOREST PATH
12.山梯
MOUNTAIN LADDER

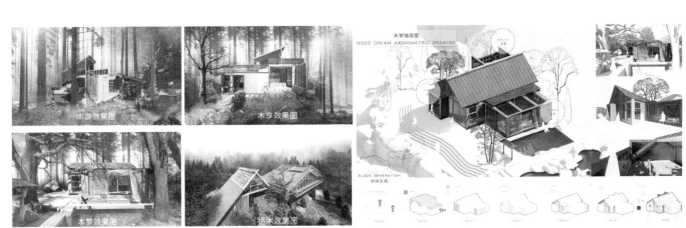

木游效果图　　木亭效果图
木梦效果图　　格木效果图

木梦轴测图
WOOD DREAM AXONOMETRIC DRAWING

BLOCK GENERATION
体块生成

设计说明

　　基于乡村振兴战略，"艺术乡建"作为近年一种新视角介入方式日益受到社会各界重视。随着我国城镇化快速发展，城乡差异显著，乡村青壮年劳动力持续外流，村落"空心化"现象严峻，村落的环境空间不断缩减，且趋于同质化，缺乏归属感。针对此问题，本设计选取了西安市蓝田县青坪村进行实地调研。以"核桃树下广场"与"龙头松广场"作为我们主要的设计对象，并凝炼以乡土景观为线索，通过环境艺术设计视角介入艺术乡建形成设计策略，试图来满足村民生理及心理需求、增强村民对家乡的认同感和回归意识，为传统乡土环境美学及乡村振兴战略实施、"城乡融合发展"概念提出新的探讨。

"双生道" 兰州市银滩湿地公园景观设计

作者 / 刘子涵
指导老师 / 王娟
西安美术学院

景观类
优秀奖

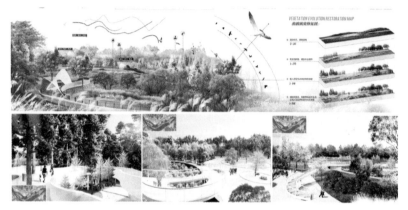

设计说明

　　该设计创作意向为探索半干旱地区城市化发展中符合黄河甘肃段城市生态、人居环境以及审美需求的城市湿地公园景观，设计重点为保护生态发展，优化人环境以及科普湿地知识等设计目的为打造城市优的湿游场所，在修复与保护混地的同时，将营造成为"城市会客厅"为人与生物提供和谐共处的绿色空间。以黄河甘肃段的兰州市银滩湿地公园为案例设计对象，分析发现存在景观连续性弱与丰富度低、河道水域流动性弱、整体规划不足等问题，提出生态保育源点设计、流域安全腐道设计、游酿量观格设计等应用策路，以期发挥湿地公园的生态功能、休闲功能。

　　设计采用"双生道"的概念进行场地优化，即设置人类与动物之间合理的缓冲距离，减少动物因为人类的介入而发生的应激变化。通过路线作为主要的优化方向以及景观节点的设置，引导游客更舒适的游览园区 . 部分场景利用栈道等形式，进行高低错落的变化，打造人与自然和诺共生的湿地公园。

历练——中钢集团西安重机机有限公司废弃工厂改造设计

作者 / 李润泽、司竹韵
指导老师 / 周维娜、孙鸣春、吴文超、孙浩
西安美术学院

景观类
优秀奖

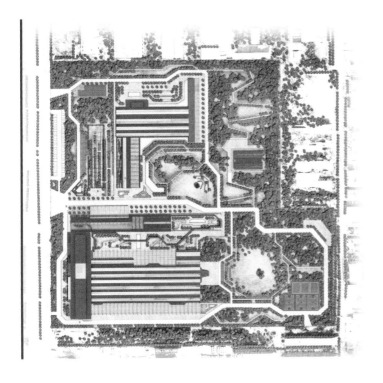

设计说明

　　本次设计选址于陕西省西安市莲湖区含汉城北路和枣园东路交叉路口的原西安冶金老厂，现隶属于中钢集团西安重机有限公司。由于工厂已经废弃，现在工厂处于闲置状态，场地南邻城西客运站，北邻汉长安城未央宫遗址公园，西面和东面分别邻近居民区，附近居住人群较多，人流较为密集，功能需求复杂，且附近居民区多为老旧小区，公共空间寥寥无几，所以此场地的改造较为重要，成为城市景观的重要组成部分。设计中的建筑、植物、地形、水面相互协调成为一个整体，将商业、展览、游憩、休闲娱乐、休息、交流等不同功能注入场地中，使其成为附近居民以及市民的综合性工业文化主题园区。设计采用叙事性景观的设计手法，贯彻"历练"的设计主题理念，将景观与建筑有机结合，形成具有浓厚工业历史文化特色的景观氛围。

"九霄逐梦"——西昌航天精神主题景观科普公园设计

作者 / 龚冰倩
指导老师 / 代雨桐
四川大学锦江学院

景观类
优秀奖

设计说明

从"夸父追日"的神话到"欲上青天揽明月"的飞天妙想，从"嫦娥奔月"的传说到"星汉灿烂，若出其里"的中对太空、飞天的憧憬，都推进着中华民族不断探索，不断前进。从东方红一号卫星响彻云霄到神舟飞船载人遨游，从初临月宫到到漫步天宫，中国航天正在一步一步把先人的飞天之梦变为现实。

该项目位于四川省西昌市西北 65 公里处的大凉山峡谷腹地——冕宁县泽远乡封家湾附近。西昌卫星发射中心，又称"西昌卫星城"，始建于 1970 年，1982 年交付使用。本方案以航天事业发展、航天文化以及航天宇宙对未来的美好展望为设计主线，在其中融合创新、协调、绿色、开放、共享等新发展理念。通过交互体验设计，让人们在接受航天科普、感悟航天精神、传承航天文化的同时，还能激发出对探索浩瀚宇宙的好奇心。

交错 × 新生

作者 / 李可昕　　　　　　　　景观类
指导老师 / 彭宇　　　　　　　优秀奖
四川大学艺术学院

在对核心区域内的街道设计方面，空间功能上，进行分时段管理街区，
在傍晚时分人群聚集的时间限制机动车禁行，以分离人与机动车。

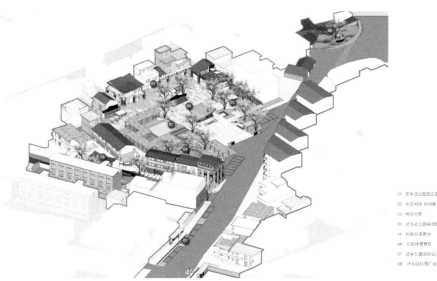

01 还乡店公园西立面
02 水边闲谈·休闲廊
03 特间对弈
04 还乡店公园南剖面
05 村民共享舞台
06 沿街休憩景观
07 还乡东路沿街设计
08 还乡店村落西广场

设计说明

　　"交错"，在物质层面上，强调城乡的交错、空间的交错、功能的交错以及新旧材料的交错等；在精神层面上，强调古今记忆的交错、古今文化的交错、不同地域文化的交错以及新老思想的交错。

　　"交错 × 新生"，以延续村落文化的原真性为目的，不仅停留于传统风貌与空间的再现，更进一步以现代化的思路与手法，结合现代居民日常生活需求与审美习惯，重构历史文脉，延续场所记忆。

　　"新生"，以求为还乡店居民带来新的生活环境，刺激城中村的传统经济、历史文脉、精神文化，焕发新的生机与活力。

纽带·共和

作者 / 王怡超、赵思琪、付诗云
指导老师 / 乔怡青
西安美术学院

景观类
优秀奖

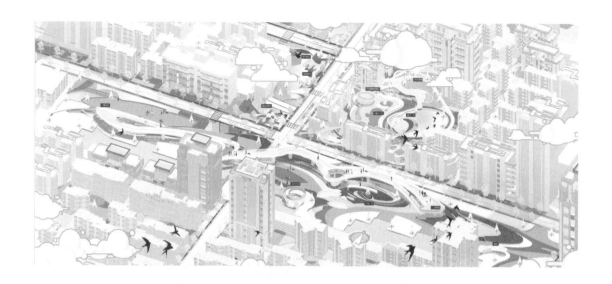

设计说明

设计场地位于西安市雁塔区明德门北社区，方案基于人的自主性和差异性，以人为本将旧社区改造成为全新的交流活动中心，赋予其新生与活力，提供一个时尚个性的社区公共空间。本方案整体规划着意结合了纽带共和理念以及丝绸之路思想，强调丝网相连、社网共通、纽带共和。曲线的造型设计代表着社区中的交往和融合，基于市民自主性与差异性需求，尝试将不同的文化融入设计，力求通过精心考量来优化改造环境。

该场地的设计和建造考虑到了未来景观的使用，并且在原有社区广场的基础上进行保留改造与创新，没有造成浪费或破坏环境。利用视觉廊道呈现不同风景、利用社区景观纽带共同创建一个组织紧密的社区，带给同一个景观多种不同的高差变化体验。这一特点不仅使整体环境更加协调，还大大增加了场景的互动性，也是对未来社区的美好畅想。

刻痕——对陕西风雷仪表厂的工业遗址改造

作者 / 崔茗、郭怡洁

指导老师 / 吴文超

西安美术学院

景观类

优秀奖

设计说明

本设计以陕西西安风雷仪表厂为设计场地，总面积约 29000 平方米，意在通过改造让风雷厂重获新生，增添活力：令其不仅可以为周边居民提供休息娱乐的场所，为附近居民提供就业岗位，为艺术家入驻厂区提供场所和环境，同时吸引外地游客前来游览参观，形成对内对外共存的良好的业态模式，本设计参照风雷厂历史文化与周边环境，园区设置有艺术展厅、下沉广场、屋顶花园、大剧院、厂史展区、帐篷营地、民宿酒店、文创集市等多种功能空间，厂区功能空间重新划分，道路重新规划，使厂区形成动静空间两个区域。

《烛悬有远声》

作者 / 宋琦琦　　　　　　　　　　景观类

指导老师 / 李媛　　　　　　　　　优秀奖

西安美术学院

设计说明

场地选址位于陕西西安，是雁塔区唯一的千年古村落。三兆村从唐代时开始制作花灯，有着深厚的文化底蕴，但现在灯笼制作的文化传承严重缺失，亟须保护。整个设计是在三兆村现状的基础上，对整个村子进行规划与更新设计，将三兆村打造成一个古今穿越的村庄，讲述村庄的文化故事，使灯笼制作的各种形象三维化，增加现实感，展现大唐花灯风貌，开拓思路建设文化景观，将此地建设成为西安著名的旅游景区。设计通过传统文化保护入手，将灯笼制作与景观结合，使人们通过沉浸式的灯笼文化景观体验，更好地了解当地的灯笼制作文化以及灯笼制作故事，从景观设计角度更好地推动灯笼传统文化的继承与发展。将中国传统文化中的火文化、彝族特有的火文化与民族风情融入建筑环境设计，打造一个集民族文化传播、体验与休闲娱乐、旅游观光于一体的充满民族特色的火文化主题体验馆环境。

"城水共生" 滨水公园设计

作者 / 于翔
指导老师 / 马早升
西京学院

景观类
优秀奖

艺术
吧江

艺术造景观景平台

创意水景小品

设计说明

　　本项目为四川省夹江县滨水公园设计，主要设计思路：

　　①生态环境方面：夹江县滨水公园通过对原有水体改造，对生态恢复，尊革当地文化、合理采用再生资源，合理采用当地本土树种，让公园与城市空间相互渗透融合，在渗透的过程中，有人的参与，有动植物的参与。同时植入水上游览和滨河景观赏活动，在原有的林带上，增加滨河的休闲与娱乐功能，并在原有的林带上增设林间步道与休憩设施，使其成为一个森林氧吧与林间散步的好去处，而沿江贯穿的绿道，

可以满足居民的步行赏湖与骑车体验。

　　②历史人文方面：地域文化是指某一地区源远流长、独具特色，并一直延续到现在的文化传统。它是城市经过长期的发展积累下来的财富。夹江县是"中国西部瓷都""千年竹纸之乡""全国重点产茶县"、世界灌溉工程遗产——东风堰。利用当地的文化特色，进行有针对性的设计，利用好景观小品、地面铺装、文化宣传等设计手法对当地文化特色进行宣传推广。

绿色寰宇——基于双碳目标背景下螳螂川绿色产业园交互景观与生态修复设计

作者 / 张海辰
指导老师 / 余玲
云南师范大学

景观类
优秀奖

设计说明

　　元宇宙是最大的碳中和，碳中和是最实的元宇宙，而农业便是中国实践元宇宙的最佳土壤。本项目以元宇宙是碳中和最大工程和最强工具的独特视角，运用数字孪生技术，结合本土化设计以及生态修复方法构建碳中和绿色产业园。从虚拟世界和物质现实两个方面赋能场景功能和景观形态，围绕农业和博览植入文化符号，讲述文化故事，利用元宇宙技术结合本土文化给予人们新的景观交互和沉浸式体验。展示了现代化农业与元宇宙技术融合带来的全新产业模式、服务应用和综合体验，为"双碳"目标的推进开辟了新的机遇和实现途径。

向野与共生——基于民族文化背景下的芒市滨水生态景观规划设计

作者 / 陆怡、苏琪、陈思月、罗恒仙、尹丽娜

指导老师 / 余玲

云南师范大学

景观类

优秀奖

设计说明

　　本方案是以海绵城市和生态可循环发展为主题将休闲和观景相结合，以动漫插画风的设计风格为主调，在总体布局方面满足当地旅游城市经济发展的需求，切合国家乡村振兴的发展理念，致力于打造一个自然舒适的景观和自然疗愈视角，在城市快速发展背景下打造一座公园城市。

向野拾趣

作者 / 唐诗琪 廖翊辰 周倩倩 刘江华

指导老师 / 黄庆杰、黄一鸿

广西艺术学院

景观类

优秀奖

设计说明

　　当下快节奏的生活方式与社会、经济的快速发展带来的是压力的增大和野性自然景观效果逐渐被边缘化，且现有野趣公园存在较少。基于场地位置优势，适合作为这类公园来舒缓城市压力以及促进场地森林生态循环。提供城市内少见而匮乏的野趣景观，并将此与场地历史文化印记结合在探索野趣的同时，加强对场地的联系。

破界而生——城市更新视角下的
柳州市造漆厂旧址景观与建筑设计

作者 / 谢宇凡

指导老师 / 林海、黄思成

广西艺术学院

景观类

优秀奖

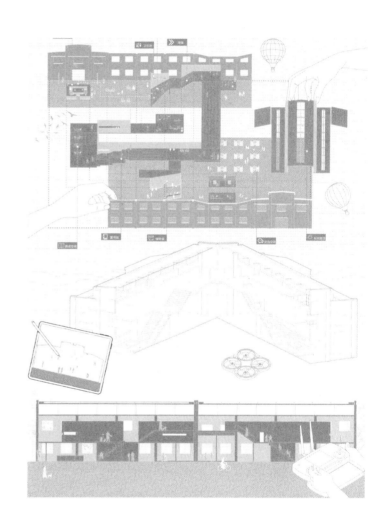

设计说明

　　工业的快速发展让社会生产力得到巨大提高，带动了城市空间的快速扩张。但是随着传统产业的衰落，城市为了经济结构的调整和空间布局的改善，开始将原本位于城市中心区的工业空间进行清退，遗留了大量工业厂房和设施，柳州市造漆厂旧址就是其中之一。本次设计从城市更新视角出发，探究如何从设计层面将场地当中的自然、工业遗存在艺术的介入下融合起来。根据厂房内现有特质，在保留工业特色的同时，通过大量破界再生长的手法，打造多样化的景观，将冰冷的废弃厂房打造成艺术氛围浓厚的艺术园区，使其重新鲜活。

海岸卫士——基于可持续理念下的珠江三角洲红树林生态保护策略设计

作者 / 丁佑才

指导老师 / 李春、黄芳

广西艺术学院

景观类

优秀奖

13 修复效果图/Repair rendering

设计说明

红树林（Mangrove）是生长在热带、亚热带海岸潮间，由红树植物为主体的常绿乔木或灌木组成的湿地木本植物群落，在净化海水、防风消浪、固碳储碳、维护生物多样性等方面发挥着重要作用，有"海岸卫士""海洋绿肺"美誉，也是珍稀濒危水禽重要栖息地，鱼、虾、蟹、贝类生长繁殖场所。中国红树植物分布在广东、广西、海南、福建、浙江等省区。近年来，随着城市化与工业化扩张，红树林的生态环境遭到了破坏，动物栖息地受损，生物多样性降低，红树林生态问题迫在眉睫。自 20 世纪 80 年代初以来，随着城市化与工业化的快速

发展，珠江三角洲地区人口和产业活动集聚，引发了大规模的围填海活动，导致滨海湿地大面积减少，滨海水体污染、生物多样性丧失等生态环境问题突出。珠江三角洲地区各区域的发展不平衡，外围产业发展相对落后，城市化仍在推进，建设用地面积会持续增加。长期以来，城市开发活动多集中在近岸地区，沿海滩涂被大规模开发为建设用地，使其环境污染严重，灾害频发，区域生态平衡遭到破坏，威胁着区域生态安全和社会经济发展。因此，本方案针对以上现状提出了阶段性生态修复的策略。

网罗万象——泗水库文化运动公园景观规划设计

作者 / 张粲、张曼由页、魏佳乐
指导老师 / 周炯焱
四川大学艺术学院

景观类
优秀奖

· 儿童游戏场　　· 多功能篮球场　　· 林中廊架

· 儿童游戏场　　· 社区运动场

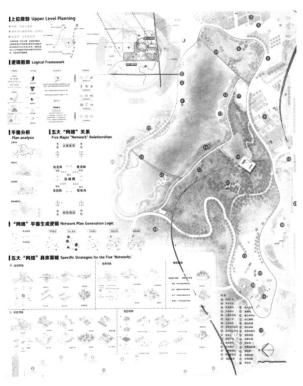

设计说明

网罗万象——泗水库公园文化运动公园景观规划设计，该设计位于成都天府新区眉山片区。在"天府公园城，眉山创新谷"的规划背景下，基于该公园周边场地三个具体问题——一是衔接周边社区，二是互补柴桑河滨水公园，三是接应清华附中体育文化。该设计借鉴网络城市的规划手法，提出在公园中构建运动网、社区网、教育网、生态网、智慧网五张网络，将以运动为核心内容，串联社区，教育，生态，智慧各功能需求，打造在自然中运动，在运动中休闲、学习、社交，满足多类人群的复合型新时代文化运动公园。

印迹——南京西安门遗址公园设计

作者 / 张曼由页　　　　　　景观类
指导老师 / 鲁苗　　　　　　优秀奖
四川大学艺术学院

设计说明

　　该方案针对南京西安门遗址公园进行设计，目的在于激活西安门遗址文化，设计一个弹性化景观以满足未来多种人群需求。将抽象的历史文化、政治、社会映射到空间中，重建城墙文化与人的联系，使空间景观成为新的文化纽带。

玩乐时间——人群欲望导向下的未来类型社区设计

作者 / 何柏霖
指导老师 / 郭龙
四川美术学院

景观类
优秀奖

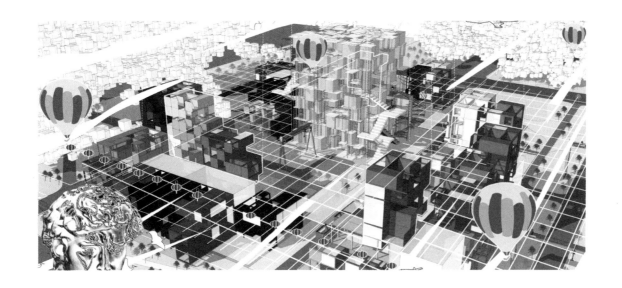

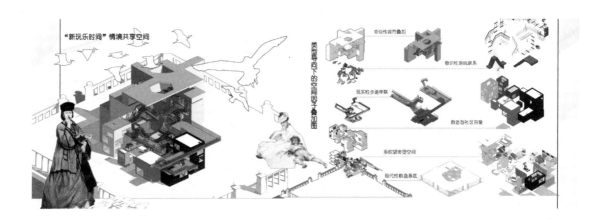

设计说明

    作品选址在重庆市九龙坡艺术半岛杨家坪工业旧电厂社区，以改现实场地为设计基址，通过分析该场地不同人群，不同欲望类型和原有场地类型不匹配而导致人居日常生活的矛盾性。通过电影《Play Time》为文本分析对象，空间阅读部分分析深入，加以情景主义理论和类型学的介入使之解读起来更加深刻。对电影现代性空间进行了类型的还原，并对其背后的空间属性做出了（权力、物欲、娱乐、顺从）分析。在空间重构部分，以都市"欲望"为核心破除现代性空间的平庸与乏味，并将其"人群"与"空间"相联系，从而形成一套全新的符合个体欲望的空间形式。然而其最终的设计组合似乎将又导向了（现代性的对立面）欲望与娱乐的"深渊"。

潮流国风——仙ing巷

作者 / 何龙翔、杨常玮、郭晓冲、王琪　　　　景观类

指导老师 / 杨春锁、穆瑞杰、张一凡　　　　优秀奖

云南艺术学院

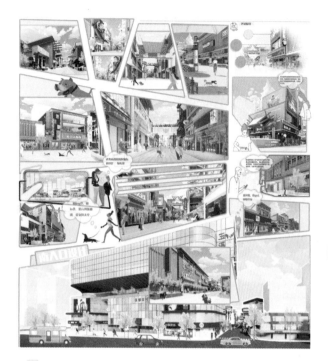

设计说明

　　江川区具有丰厚的文化底蕴，可是通过实地调研发现，该地区商业空间缺乏活力，老旧小区数量较多，经济发展较为落后，文化氛围稀薄，没有很好地将当地特色文化这一宝贵财富体现出来。在仁和片区内对下营西街周边进行改造更新。下营西街的主要设计改造内容为街道两旁建筑的功能性设计和外立面设计、街道设计、入口形象设计。

　　仙ing巷的原型是一条狭长的街道，结构较为特殊，外加商业空间缺乏活力。我们希望在设计中能利用下营西街街道狭长的特点，并且给这条街道重新注入商业活力，将其打造为一条充满活力的商业型步行街。在设计中我们将主要对象明确为女人，专为女性消费者提供丰富多样的购物、娱乐和休闲体验，完善功能性和场地需要的设施设备，创造一个充满魅力和个性的空间，结合国潮的设计元素和女性喜爱的主题，为女性顾客创造一个独特的商业天堂。

绿野仙踪——重庆海石公园夜游场景设计

作者 / 郑清月
指导老师 / 覃祯
四川旅游学院

景观类
优秀奖

设计说明

本项目将响应重庆对夜间经济的鼓励，以儿童为中心，加强夜间氛围的打造，满足儿童白天休闲、娱乐、休息的同时，更满足儿童夜间的出行教育活动，创建"以人为本、因地制宜"的夜间环境。结合公园"绿野仙踪"的称号，依托绿野仙踪童话电影元素，设计并还原出该电影的一些童话场景，以"童话"为主题打造一个以儿童游乐、儿童教育科普的夜游形式。

循环往复，生生不息

作者 / 陈贤湫、梁丹华、李羚子

指导老师 / 谭晖

四川美术学院

景观类

优秀奖

3.5 效果图表现 | Rendering Performance

源筑砌组合家具与砭安食园　　石荒景墙与格木花庭　　再生砖组雁亭与小翻场

本章旨在赋予"建筑垃圾"新生，通过分析科学城家骗虎峰村的一处一处老旧探落，列举五种建筑垃圾，探讨其再生利用的再生利用方法，将再生的房于社区景观中，提出五种改造模式——石基、增植、浇筑砌块、再生砖，并建出这些模式组合可行形成的的十二种模块式景观形式，以多类灵活的模块化景观形式满足不同社区需求，同时便于组拼、拆卸，以便"拆迁与新建"进程中以较低的成本再次回收并改造利用，解决"新建"与"拆改"冲突。示型满足位于科学域家家骗一处待拆改超限内，现为居民的电动共享单车停车厂，改造过程中保留除分停车体功能，置入达动地、可食种植园、居安食园、休闲绿坡等多功能区域，设置石荒景墙、瓦片墙体、浇筑砌组活花亭、可拆卸再生砖组雁亭等设施，符合归域区风貌的同时满足居民日常活动。

设计说明

在资源紧缺、环境恶化的当代，亟须切实可行的节材措施。本方案旨在赋予"建筑垃圾"新生，列举五种建筑垃圾，探讨其再生利用方法，并以模块化形式满足社区需求，并便于"拆迁与新建"进程中再次回收并改造利用。

矿山石意——基于废石回收的新合村矿山修复性景观设计

作者 / 李羚子
指导老师 / 杨吟兵、赵宇
四川美术学院

景观类
优秀奖

设计说明

　　该场地位于重庆市南川区南湖村，设计中以生态农业出发点，结合稻鱼共生模式，利用场地原有梯田，将当地的农耕文化、乡土文化等与场地充分结合，形成集旅游、自然教育、康养、休闲等于一体的特色南湖空间，唤醒场地活力。设计中大面积竹材料的运用实现了当地竹资源的循环利用。原本破碎、缺乏地域特色的空间也串联了起来，场地利用率提高，为游客提供愉悦的亲近自然场所的同时，也传播了南湖村的特色乡土文化。

月下歌

作者 / 白乐晨 、叶辰枭 、张邵杰　　　　景观类

指导老师 / 屈炳昊　　　　优秀奖

西安美术学院

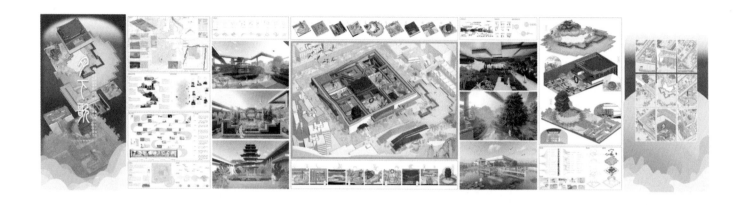

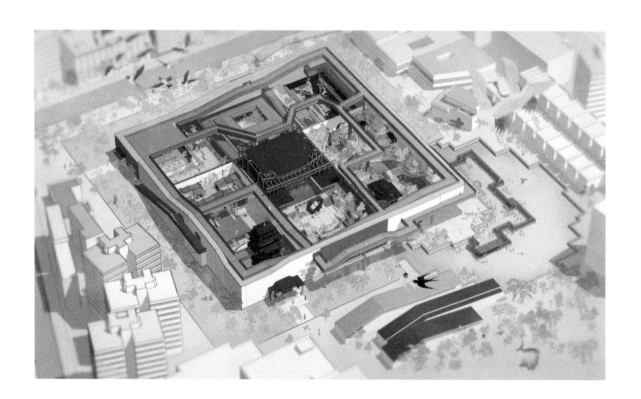

设计说明

本次设计意在进行李白文化体验馆的叙事性空间研究，目的在于传承传统文化，探索李白文化故事的可视化叙事性空间表达方法。经过对李白文化故事的叙事性语言要素的提炼与空间叙事营造匹配、结合、转化，完成李白文化故事的空间叙事转化，并基于时代提炼出李白文化中的优秀精神，发扬中华文化精华、歌颂时代、发扬积极向上的精神。根据诗词意象运用、故事情感提炼结合空间叙事设计原理，

进行李白文化故事的空间叙事营造、设计。通过空间叙事设计，探索李白文化故事的空间再现，以此讲述李白文化故事，让体验者更好地感受、认知中国伟大历史人物李白，增强文化认同。李白文化故事的空间叙事再现是一种中国故事的空间讲述方法，旨在中国文化能够更好地传递，实现超越时空、时代的记忆延续。

韧性社区·活力栖居——南宁市江南区南铝社区更新改造设计

作者 / 韦士清、刘芊芊　　　　　　　　景观类
指导老师 / 李春、莫敷建　　　　　　　优秀奖
广西艺术学院

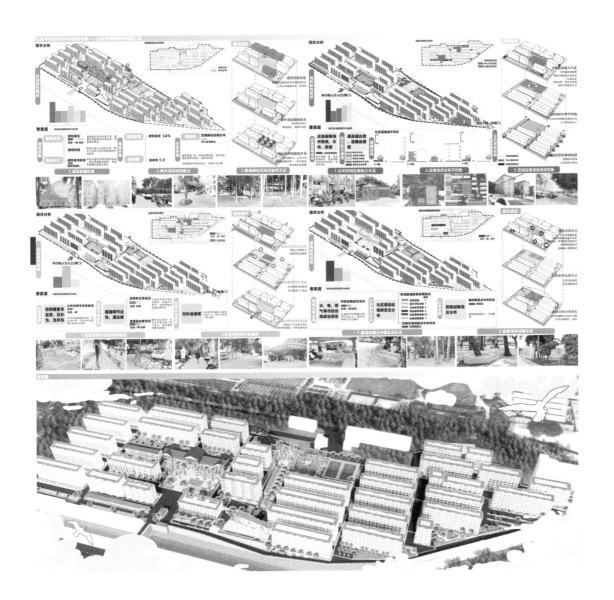

设计说明

　　我们的未来社区是以韧性社区理念为核心，对南宁市江南区南铝社区进行更新改造设计。该设计致力于激活社区的微空间和应对灾害的能力，通过韧性景观设计实现社区的可持续发展和增强社区韧性，塑造出一个健康、绿色、强韧的社区居住空间环境，有利于人们交流、社交和娱乐的环境，提高社区居民的生活质量。南铝社区更新从韧性社区的四个评定框架和韧性社区灾害周期为时间节点的进行现状分析，提出两大设计策略，其一：（灾中）强化公共空间的灾害应对能力；其二：（灾前灾后）重视公共空间的储备与恢复能力。在现有社区空间、设施、

环境等基础上，对脆弱的建筑和设施加以维护，拆除不合理的私搭乱建，并使用可持续材料和技术提升既有绿地环境，鼓励雨水收集和循环利用，为居民提供丰富多样的活动和设施，还将注重多样性和包容性，确保社区的设计和规划能够满足不同人群的需求，创造一个可持续、宜居和具有活力的社区。进行李白文化故事的空间叙事营造、设计。通过空间叙事设计，探索李白文化故事的空间再现，以此讲述李白文化故事，让体验者更好地感受、认知中国伟大历史人物李白，增强文化认同。李白文化故事的空间叙事再现是一种中国故事的空间讲述方法，旨在中国文化能够更好地传递，实现超越时空、时代的记忆延续。

美"荔"灵山，"乡"约茶田——基于茶田村山水老宅民宿群落设计

作者 / 石丽丽
指导老师 / 黄丽
广西演艺职业学院

景观类
优秀奖

设计说明

　　本方案为广西钦州市灵山县新圩镇茶田村民宿改造项目。该地具有历史悠久的红色文化，村落建筑主要为依山而建的夯土建筑群，茶田村盛产灵山荔枝、绿茶、红椎菌、香鸡等农产品。方案在修复老宅建筑中，把当地特色——荔枝融入民宿主题设计当中，主要分为香荔、糯米糍、妃子笑、白糖罂四个主题民宿。并结合当地人文特色，在村落中打造红色文化学习区、特色美食品尝区、跳岭头傩面具打卡区以及茶园体验区等休闲娱乐空间。同时也会优化当地的基础配套设施，提高村民的生活质量的同时，满足周边游客的吃住玩乐等需求。

叠城织岸——多点辐射式城乡农业供需平衡的新探索

作者 / 回夏、徐晓慧、徐文、郝宇飞
指导老师 / 郭龙、任洁、朱猛
四川美术学院

景观类
优秀奖

乡村—合川

城乡—双碑

城市—中渡口

设计说明

　　本作品是用离散建筑的模式，设计出特色现代农场，沿重庆江岸分别选取农村、城乡接合部、城市三个具有代表性的地块，

　　寻找失落灰空间进行建筑选址贯穿重庆特有的码头文化，追溯传统水流货运的方式通过江流辐射整座城市。不同地区的建筑体块赋予不同的功能内容，同时达到城市、城乡结合部、乡村功能循环，以此缓和城乡之间对立的关系，达成无界城乡的设想。该建筑将传统吊脚楼、坡屋顶与农业种植地块相结合，达到耕作用地与传统建筑共生。

千年老少城，艺术新活力——成都商业后街、长发街景观更新

作者 / 李妙
指导老师 / 唐毅
四川音乐学院成都美术学院

景观类
优秀奖

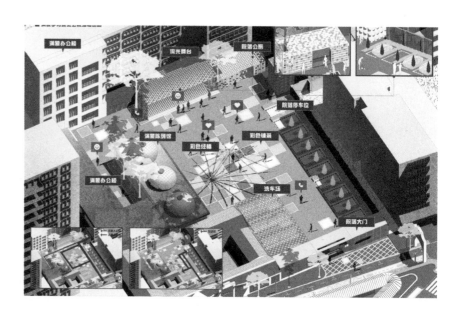

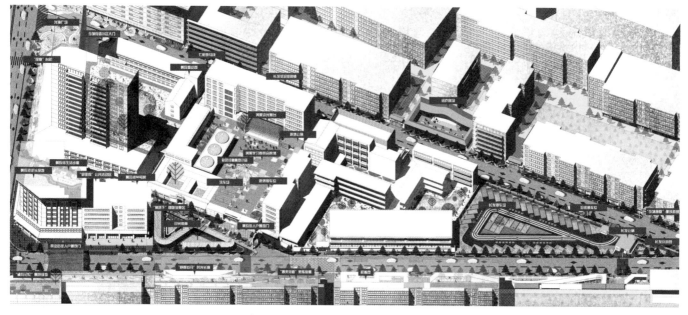

设计说明

受城市建设影响，少城历史文化街区存在着街道立面消极、公共空间品质不佳等严峻问题，亟须进行更新优化。近年来，艺术凭借其接触门槛低、操作性强、利于文化展示等突出优点而逐步介入城市景观空间之中，成为城市景观空间营造的重要手段。由此，艺术在少城历史文化街区景观更新中的介入策略成为此次项目探讨的重点所在。

本项目以商业后街、长发街片区为例，以运用艺术手段、传承历史文脉、丰富生活场景、营造和谐景观为设计目标，在艺术介入景观空间主题设定、艺术载入景观空间情景事件、艺术搭设景观空间交互平台三项主要策略的指导下实现艺术在商业后街、长发街片区景观空间中的有效介入，实现了街区景观环境的优化升级与街区艺术氛围的良好营造。

核舟记——乡村公共空间美学实验计划

作者 / 郑茹芸、甘芝

指导老师 / 钱利、吴文超、孙浩

西安美术学院

景观类

优秀奖

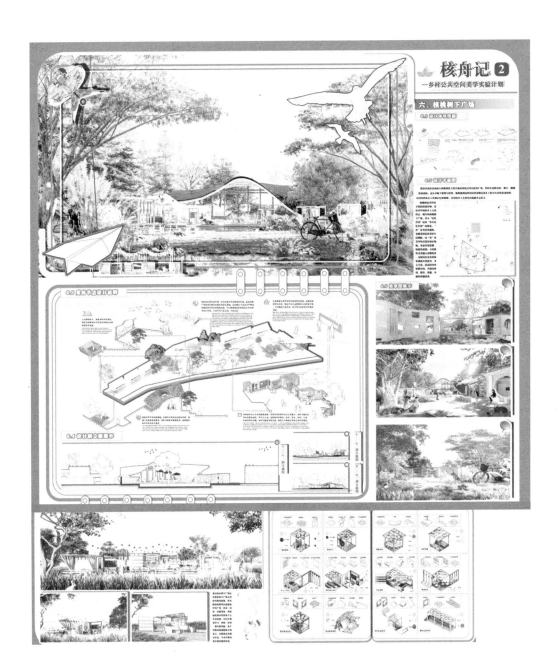

设计说明

基于乡村振兴战略，"艺术乡建"作为近年来的一种新视角介入方式日益受到社会各界重视。随着我国城镇化快速发展，城乡差异显著，乡村青壮年劳动力持续外流，村落"空心化"现象严峻，村落的环境空间不断缩减，且趋于同质化，缺乏归属感。

针对此问题，本设计选取西安市蓝田县青坪村进行实地调研。以"核桃树下广场"与"龙头松广场"作为我们主要设计的对象，并凝炼以乡土景观为线索，通过环境艺术设计视角介入艺术乡建形成设计策略，试图来满足村民生理及心理需求、增强村民对家乡的认同感和回归意识，为传续乡土环境美学及乡村振兴战略实施、"城乡融合发展"概念提出新的探讨。

浮光燚影——楚雄彝族火文化体验馆建筑环境设计

作者 / 林忆琳
指导老师 / 王晓华
西安美术学院

景观类
优秀奖

设计说明

    在深入研究中国传统文化中的火文化、火崇拜风俗的形成和发展历史的基础上，对火崇拜意识还较为浓厚的彝族地区进行调研分析，将中国传统文化中的火文化、彝族特有的火文化与民族风情融入建筑环境设计之中，打造一个集民族文化传播、体验与休闲娱乐、旅游观光于一体的充满民族特色的火文化主题体验馆环境。

古滇绿乐园

作者 / 刘春疆、刘林炎、朱希望、罗航、黄斯沛、李峤、　　景观类
郭明玉、刘庆　　　　　　　　　　　　　　　　　　　　优秀奖
指导老师 / 杨霞、彭谌
云南艺术学院

欢乐之门　　　文创商店　　　夯土卫生间

攀爬游乐区

篝火故事区　　　沙滩探险

龙虾池

设计说明

本次乡村儿童游乐场设计主题为探索自然与感受乡村生活的乐趣，旨在将自然和乡村生活元素融入游乐场，为孩子们提供了一个探索自然和乡村生活的机会。孩子们可以亲身参与到农作物的种植、动物的喂养、农具的使用等活动中，感受到乡村生活的乐趣和丰富性。同时，游乐场的各种设施和活动也让孩子们能够更加亲近自然，感受到大自然的神奇和美妙。因此，整个设计主题就是让孩子们在玩耍和探索中，发现自然和乡村生活的乐趣和美好。

本次游乐场设计包括以下几个区域：牛角特色拱门和欢迎牌作为入口，农场动物区，农作物区，农具体验区，农场乐园设施（如草地迷宫、攀岩墙、骑乘木马和滑滑梯等），农产品 DIY 活动区，古滇文化体验区和童话区。这些区域可以让孩子们感受到乡村的欢迎氛围，与动物互动，体验耕作的乐趣，了解不同的农具，学习手工技能，探索古滇文化和历史故事中的场景和角色。

1964 三献跃进——攀枝花废弃洗煤厂生态系统修复与景观再生设计

作者 / 贺洪威
指导老师 / 代雨桐
四川大学锦江学院

景观类
优秀奖

设计说明

　　攀枝花旧工业遗址的生态系统修复与景观再生设计已成为社会高度关注的问题。随着国民经济的飞速发展，城市内土地资源愈发稀缺，三线建设老工业基地城市内大量旧工业建筑面临淘汰重建或更新升级等诸多问题。与此同时，随着国民物质生活水平的不断提升，市民对文化艺术的追求也愈发强烈，将工业废旧洗煤厂房更新设计为公共景观空间是城市可持续发展大背景下，文化产业再兴的重要举措之一。

通过废弃工业遗址改造，重新激活废弃洗煤场地，唤醒场所记忆，刺激经济生态旅游发展，为城市转型提供良好的外部条件。通过废弃工业遗址改造，重新激活废弃洗煤场地，唤醒场所记忆，引入时间性设计，强调公共景观空间的生长性，刺激经济生态旅游发展，营造有生命力的城市景观空间。

史前幻境——自贡卧龙湖湿地公园夜游场景设计

作者 / 刘政森
指导老师 / 覃祯
四川旅游学院

景观类
优秀奖

设计说明

本项目立足于"恐龙主题"，以"感受"为立意、以"光影"为媒介，在保护原有生态环境的条件下，打造侏罗纪世界夜游场景。将自贡卧龙湖湿地公园日间少有联系的生态景观节点，通过光影设计手法、多媒体数字艺术交互设计及其他场景设计手法，打造一条具有科普教育意义、沉浸式观赏体验、身临其境奇妙探险的多元化游走线路。

同时结合当下主流化剧情向引导的沉浸式游玩方式，针对化节点设计，通过串联景点、主题、游客三者之间的有机联系，形成

"视""听""嗅""触""味"五感交互沉浸式夜游体验。

将古老的恐龙文化与现代数字艺术科技手段结合，以卧龙湖湿地公园为铺垫，让游客在与自然环境、灯光装置产生互动的同时，如同身临其境一般感受亿万年前的繁荣盛景。

本项目可以促进自贡恐龙历史文化更广泛、更深度化传播，以夜间经济带动自贡的整体经济发展。

倚居——"民间磁体下的新乡村发展模式探索"

作者 / 李响、石文洁

指导老师 / 谭晖

四川美术学院

景观类

优秀奖

设计说明

　　旧椅凳对不同的人来说意义不同，用旧椅凳串联村落的居民和他们的故事。旧椅凳本身记录着岁月，它古铜色的皮肤像金丝皇菊地里孕育簇簇金黄的褐色土壤，似风雨侵蚀下所呈现的油漆背后的墙体，如辛苦劳作地守着这片村的原住民……也许它还承载着对一个人的记忆，它和没有走出村子的原住民一起守护着大兴镇，象征着依靠，诉说了一种归属感。

　　微观视角下，乡村居民的需求都可以归结到闲适感、倚靠感与归属感的感知意义层面。该设计以旧椅凳为线索，具象提取椅凳的局部构件，抽象转译椅凳在潜意识角度给人带来的放松状态，并通过"民间磁体"的设置，将村民吸引至空间，以达到解决老年、儿童的情感需求及其附属的物质需求与精神需求的目的，同时帮助青壮年进行自我提升，从而激活村落并融入当地特色产业金丝皇菊与菲油果，让整个村落在后续的发展中可以不断倚靠村民自身散发活力，真正实现大兴镇多方面振兴。

第∞梦境——空间叙事视角下山地社区更新策略

作者 / 郭祺、蒋红雨、赵雅静

指导老师 / 潘兆南 谭晖 赵一舟

四川美术学院

景观类

入围奖

▲ 失乐园   ▼ 谜之城

设计说明

　　根据场地空间性形态，我们以 3D 魔幻为表达对象，设计了三条不同的线路，分别作为关卡一、二、三。基于大的空间叙事背景——"2064 年发售的一款 VR 游戏，展现了一个脱离现实，探索不能实现的想法的梦境世界"。对场地内不同的空间进行分类，突出它们的特色与设定的背景，使空间形态更具特色，赋予场地活力。方案立足于重庆魔幻的城市气质，参考重庆城市中高架桥、轨道交通、隧道等交通形态，以及游乐园中旋转木马、跳楼机、摩天轮等运动形态，力图打造一个源于现实又超越现实的奇幻空间。

水起逢"生"——南宁市邕江南岸铁路大桥段城市滨水空间改造设计

作者 / 李大海、王文翔、邵永康

指导老师 / 邓雁

广西民族大学

景观类

入围奖

设计说明

项目位于南宁市邕江南岸铁路大桥段，规划定位为滨江绿地，是南宁市邕江沿岸重要的绿地景观。项目建设须尽可能满足周边市民休闲、游憩需求，同时又融入南宁旧铁路桥的文化历史背景。

在城市空间中寻觅一处活力滨水空间，以邕江水之元素为灵感引导，激发场地的生命力；在当下后疫情时代中，重新唤醒人们对于城市滨水空间的感知力，并在空间打造中，满足人们的多样化需求，重塑一个创新、活力、健康、生态的城市滨水空间。提升邕江沿岸风貌，完善邕江两岸自然风貌的需求；完善场地内的服务设施，提高城市品质的需求；完善淡村片区的公园覆盖，满足周边居民对生态公共空间的迫切需求；完善周边基础设施建设的需要。

"乐栖"社区适老化景观设计——以南宁市南铝社区为例

作者 / 汤璐绮
指导老师 / 滕榕
南宁师范大学

景观类
入围奖

设计说明

    人口老龄化是 21 世纪的重要课题，老龄化趋势的加重也给设计行业带来了一系列挑战。从个体来说，老年阶段是人类的必经阶段，如今老年人对适老化环境质量要求越来越高。从社会层面上来讲，社区适老化景观的研究对应当下的社会问题，思考如何满足老年人的社区需求问题，对实现在地老化具有重要的社会意义。

    此次设计选址在南宁市南铝社区内，主要以南大门前的公共活动广场和位于社区中北部的林下空间作为主要景观更新设计的核心。在

新的设计构思中，将原先只有零散的凉亭和座椅的公共广场划分为七个功能区。在社区中北部的林下空间，将原有破旧的健身器材拆除，改造为可供老年人主动参与的园艺空间。本方案通过艺术手法将方圆进行抽象提炼，在规划道路上保证道路结构的方正，在喷泉和景观亭等设计中进行圆的应用和变换，以期在社区的方圆景观中，带给老年人不一样的感受。

农野娱也——麓湖 G21 口袋公园设计

作者 / 唐李玲、殷平
指导老师 / 鲁苗
四川大学艺术学院

景观类
入围奖

设计说明

　　聚焦现今人从未真正拥有过城市生活的现状，探讨其背后深层原因并由此引发设计思考：以建立高参与度的公共空间激发场所活力，焕新城市生活。由此选取麓湖 G21 口袋公园作为设计项目选址，以麓湖本身的高净值、理想化的人群作为设计基点，面对乏善可陈的公园坑地，设计突出对场内竖向空间的规划梳理，关注空间公众参与度问题，结合场内车道要求，以"农野娱也"为概念打造多功能城市互动性农园景观。

山城园叙——重庆杨梨路社区景观更新设计

作者 / 吴玥、何柯燃、赵雨嫣   景观类
指导老师 / 黄红春   入围奖
四川美术学院

设计说明

    本设计立足重庆山地社区，从城市更新设计中的中观社区层面入手，基于可持续利用的土地，将原有场地更新成为社区花园，在达到生态恢复与保护的同时调动居民参与性，激活场地潜在能力，创造现当代丰富的绿色社区生活。

重启 X 计划——星汇广场城市综合体概念方案设计

作者 / 尹雯、顾元霞、刘玲麟

指导老师 / 段吉萍、张浩

四川艺术职业学院

景观类

入围奖

设计说明

本次设计践行"城市眺望之窗"的理念，从场所价值的挖掘入手，通过现代抽象的设计语言，打造极具特色的个性化建筑，体块的切分咬合更好的实现了建筑与城市的相互渗透和空间共享，运用柱网和正方的轮廓去构建高效通用的建筑组群，增加了空间的互动，让空间具备内外皆宜的开放性，用大面积透光玻璃，让人们感受到通透舒适的感觉，最终成为整合公共文化生活的城市装置与构建文化生产的舞台。本方案时尚大胆的风格运用高对比颜色，与主要构筑物相呼应，更加凸显设计的整体风格和特点，立面上增加线条的创意造型体现结构美

感，注重体现场地感与活力的精神面貌。通透的色彩和透明的玻璃方块和线条的融合，在光线下反射出绚丽的色彩给人一种舒适的感觉，同时提出设计整体风格的统一。人行天桥是市民出行的立体通道，也是一座城市艺术品，简约时尚的设计风格，加入建筑的折现，三角形的元素，以及绚丽清醒的色彩，达到景观与场地相融合。通过反射元素的俏皮运用体验空间，视觉被人流冲击，产生巨大的整体力量，产生一种被联系和移动的感觉。人与建筑、艺术、光、互动技术集成，没有边界的整体空间，开放的空间为周围环境提供了多元的互动，无限的表达。动的感觉，而在同一时间，这些相连的事物都会向你表达

钢铁森林——昆钢工业遗产园区智慧公园设计

作者 / 张铭峰、李虎能、杨树苔
指导老师 / 余玲
云南师范大学

景观类
入围奖

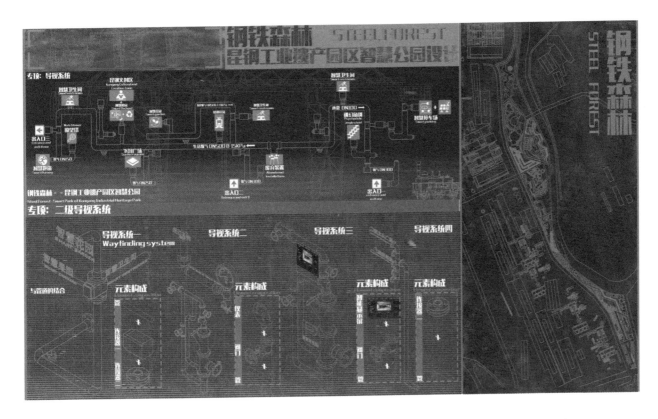

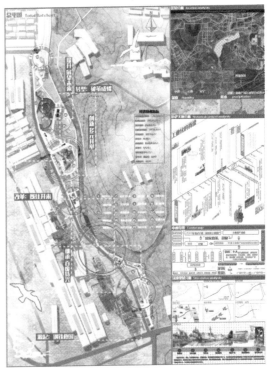

设计说明

　　方案昆明钢铁厂工业遗产为主题将工业遗与智慧公园相结合，以工业遗产的设计风格为主调总体布局满足当地需求的同时结合昆明钢铁厂历史进程，以规划布局的形式来展示介绍昆明钢铁厂。设计将昆明钢铁厂历史转折线作为园区主要动线，设置各种对应性景观节点，加上现代化智慧技术让工业遗产焕发新生，以工业历史的姿态承接现代化科学技术，让废弃停滞的工业遗产园继续生长。

共栖·再生——晋宁东大河湿地公园景观优化设计

作者 / 王舒锐
指导老师 / 张永宁
云南艺术学院

景观类
入围奖

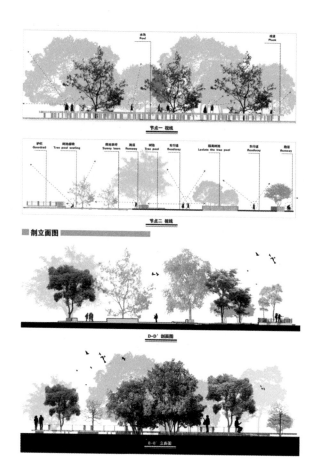

设计说明

晋宁是一座曾孕育了滇中文明的古老城池，拥有自然、人文、往事等厚重的历史感。以"艺"与"美"为标尺，地域的精髓在于原真性，秉承"历史观"。东大河湿地公园是昆明市最大的河口湿地，在东大河湿地，原本已经消失不见或数量稀少的白鹭、野鸭、蛙类，又回到滇池岸边。南滇池国家湿地公园以前叫东大河湿地公园，因申报了国家湿地公园之后就更名为南滇池国家湿地公园。南滇池国家湿地公园位于晋宁县，滇池南岸，是一处风光优美的水边公园，这里可以欣赏浩瀚水景、悠悠绿植，体验特色"鸟笼村"民俗。周围民族村落众多，如牛恋村、石寨村等，历史气息浓厚并保留着最完整的一颗印建筑。实地调研过程中发现，游客稀少、景区荒凉、交通不便等问题。虽为国家湿地、风景优美，但缺少相应的公共设施。本次设计其目的是为了在不破坏环境的情况下，改善、优化、提升湿地公园对游客的舒适度以及突出景观特色。为晋宁找回湿地"城市之肾"的生态功能的同时，还为群众提供了旅游观光、休闲娱乐的地方，形成一条与周围传统民族村落、农家乐、景点等特色旅游线。

基于人文关怀的儿童公园设计

作者 / 杨义成 　　　　　　　　景观类
指导老师 / 韦自力 　　　　　　 入围奖
广西艺术学院

设计说明

　　本次设计宗旨是为城市开放空间中缺失的亲子空间进行弥补，以为亲子提供丰富的互动场所为核心，为儿童和父母构建一个亲情互动共同成长的人性化空间。从父母与儿童双方行为本身出发，从而引导多样性的空间设计方法。

乐享农耕——耕读教育理念下隆盛小学校园景观设计

作者 / 王鑫怡
指导老师 / 牛云
四川旅游学院

景观类
入围奖

设计说明

传统而灿烂的农耕文明，是我们的祖辈留传下来的宝藏，但在飞速发展的信息化时代，城市与乡村的发展逐渐阶梯化，传统农耕文明逐渐被埋没。在考察中发现，城市中的孩子四体不勤，五谷不分，而乡村的孩子长期生活在资源落后的环境中，向往城市的教育环境，两者形成了鲜明的对比。学校是传授知识最有效的地方，因为有学校教育所以文化得以传承。景观是地域性文化的载体，而校园景观是学校的一部分，也应起到传承文化的作用。因此，学校景观与农耕文化教育相结合的校园设计成为一个新的研究方向。

本方案通过对金堂县隆盛小学及周边进行景观设计，以道路划分动静、以年龄打造场所以及材质和颜色的选择等多方面来研究，以"耕读"为主题，营造全新校园学习模式，修复乡村灰色空间，引入人流，带动当地经济。同时开展户外第二课堂，为城市和乡村的孩子提供适宜的教育科普场所，打造一个具有农耕文化和适应学校教育的景观生态空间。

栖绿——重庆特殊钢厂生态景观修复设计

作者 / 杨强
指导老师 / 黄红春
四川美术学院

景观类
入围奖

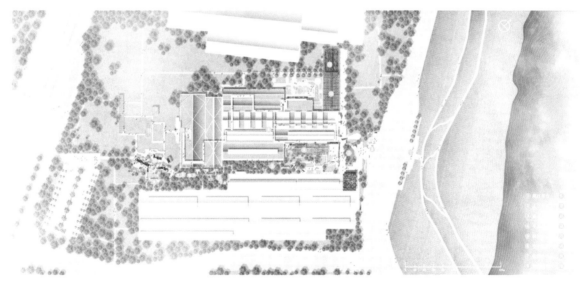

设计说明

通过对重庆市特殊钢厂旧址及周边地区进行调研，收集相关数据并进行分析，提出"山水之间，绿色钢城"的修复改造理念，对场地进行生态修复和景观设计，综合运用生态修复策略及景观再造策略。设计中重点强调改善自然与城市。自然与人的关系，首先通过改善生态自然环境，设计不同的游览体验流线，给人以不同的感官体验；其次通过对城市工业遗址的生态修复景观设计；弥补城市之中生态系统的空洞，实现城市生态系统的整体循环，最后场地原有的工业生产功能转变为城市服务功能，能更好地提升周边居民生活质量，最终实现人、城市、自然的和谐统一。

迈向 2034 年世界杯——城市碎片化空间改造为足球青训场地的设计探索

作者 / 闫一洲、欧阳倩、郭敏
指导老师 / 丁向磊、周维娜
西安美术学院

景观类
入围奖

设计说明

　　随着社会经济的不断发展，国内经济发展势头越来越好，可是足球水平却停滞不前，甚至倒退。本设计旨在利用城市中的碎片化小型空间资源，提高空间的利用效率，实现城市功能的多样化。在城市碎片化空间设计足球青训场地的探索设计中，我们意识到利用这些被忽视或未充分利用的空间，为青少年提供足球训练的机会具有重要的意义。通过创新的设计和合理的规划，我们可以将这些碎片化空间转化为功能完善的足球青训场地，为青少年的发展和城市社区的活力注入新的动力。

　　我们结合足球青训科目，将足球青训科目分解到城市的各个碎片化角落中。青训足球场地通常不需要太大的场地，而城市碎片化空间往往是小型的、分散的空间，二者可以相互匹配。城市碎片化空间的多样性为青训足球场地提供了创造性的可能。通过在不同的碎片化空间中建设不同特点和功能的青训足球场地，可以创造出多样化的训练环境，提供更丰富的足球训练体验，促进青少年足球的发展。

释放——公园城市理念下的南宁市动物园景观改造设计

作者 / 庞建勇、廖佳宝、莫纲旭
指导老师 / 崔勇、林雪琼
广西艺术学院

景观类
入围奖

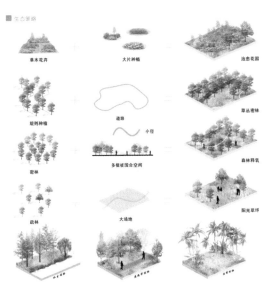

设计说明

　　本设计以"动物为主，人为客"多一点自由，少些约束，人、动物、动物园三者之间都互相联系。最受关注的就是动物们，游客前来观赏动物，动物园负责提供动物们的饲养管理，同时动物们也为动物园吸引着各种人流和商业。显然，动物处在动物园中最重要的位置。没有动物就没有动物园的存在。动物园里的动物过去都生活在"囚禁"般的笼子内，我们意在使动物们有更多的自由和空间，将"动物为主，人为客"这一观念，带入到动物园。如让动物从冰冷的笼子里解脱出来，一定程度上为动物们提供更多自由，将动物栖息地变得更好。打破传统动物园的格局，让游客与动物们有更多互动。

海角故乡——生态塑造下的青岛前海一线台湾路地块活力提升

作者 / 高妍、韦辰晨、梁晓雯
指导老师 / 韦自力
广西艺术学院

景观类
入围奖

设计说明

　　青岛是自带"水"属性的一座城市，它应海而生、应海而兴。毫不夸张地说："海、便是青岛的故乡。"此次设计场地位于台湾路海滩旁，处于青岛前海一线景观轴上，台湾路海滩可谓青岛人最淳朴的记忆，而他们也一直对旁边的荒地感到不满。因此，结合特殊地形，我们对该地块进行了概念设计，依据自然生态原则、采用波涛蜿蜒曲折的元素，场地中根据人群需求划分出七个功能区域，为这所城市中的居民创造出一个具有特色和具有强烈归属感的城市景观。以期能够带动区域活力，引领周边居民健康生活。

旧忆新象

作者 / 黄海琪
指导老师 / 黄晴川、刘付春婷
南宁学院

景观类
入围奖

设计说明

　　将《邕州八景诗云》诗词元素与康复景观理念相结合，并进行提炼应用于南宁万力社区中，将邕州八景进行现代化还原，结合现代人们的活动选取八景中的六景，利用诗中描绘的意境主题进行造景，同时在设计中融入万力社区中象征着团结奋进、具有凝聚力的战斗号角

"老钟"，希望万力社区居民在公共空间开展活动时不仅能提升身心健康还能感受古邕州八景的意境以及场地的历史，为居民打造可行、可望、可游、可居的生态环境在，新象中观看旧忆。

思恩

作者 / 杨小琪、李煊琦　　　　　　景观类

指导老师 / 唐健武　　　　　　　　入围奖

南宁师范大学

设计说明

　　本设计的题目"思恩"不仅代表了对恩村的思念，更是对以感恩之心、饮水思源、重情重义的强调，旨在为游客打造一个融合自然、人文、生态的休闲度假胜地。本项目深入挖掘恩村的地域特色和文化底蕴，结合现代设计手法，将自然水体、人际关系、家族传统等元素巧妙地融入景观设计。

　　感恩之心：景观设计注重融入恩村的历史文化元素，采用当地传统建筑风格和材料，结合现代设计手法，打造充满地域特色的田园综合体。通过设置特色雕塑等公共艺术品，传达对恩村先辈和村民付出的感激之情，同时提醒游客珍惜当下美好生活，感恩大自然的馈赠。

　　饮水思源：本项目将自然水体融入景观设计，形成水景、湿地、河滩等多元水生态空间。采用生态修复技术，恢复河流生态系统，打造一条生机勃勃的水生态廊道。同时，设置亲水平台、观景亭等设施，让游客亲近水源，感受恩村水文化的魅力。

　　重情重义：景观设计将重视人际关系、家族传统和乡村共同体的价值观融入空间布局和功能设置。在项目中设置乡村广场、农家乐等场所，提供丰富的交流和互动平台，弘扬恩村的亲情、友情和守望相助精神。

再生——贵州省绿荫湖乡村景观设计

作者 / 敖齐严、吴沛霖

指导老师 / 孙晓萌

西京学院

景观类

入围奖

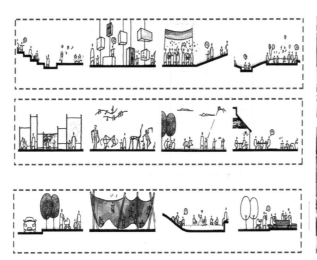

设计说明

　　经过调查，从国内发展情况来看，村庄（景区）的景观设计正在适应居民的需求。吸引城市居民来此消费，才能带动乡村的生产和旅游经济的发展。本次设计针对土地的合理使用和旅游开发的景观规划研究，着重探讨了庭院景观生态学方法在 休闲农业规划中的应用，并且在完善乡村景观结构、建设的同时不破坏生态系统、创造和谐人工景观等方法来对乡村景观进行规划设计，充分考虑资源的循环利用和再利用，满足景观空间和生态环境和谐可持续发展。通过改造梳理景观设计中内外空间结构的关系进行规划与设计，给旅居者带来多维度景观空间层次的体验。人与空间的关系，得以在自由与平衡中达至共生。同时设计将当地少数民族民居建筑与现代民宿庭院景观相结合，通过功能区域划分，室外景观装饰等来体现，主题为"再生"意为让乡村生命在更新中不断延续，继续"生长·涌现"。

滇岸·筑乡——整合观视野下的环滇池地区乡村可持续化设计研究

作者／赵艳文、何天月、谭晓航、杨玉豪　　景观类
指导老师／王睿、李卫兵　　入围奖
云南艺术学院

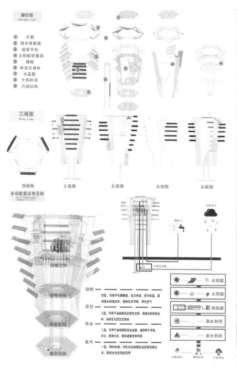

设计说明

　　本设计以花和蜂巢为元素，将人工与自然、环保与生态、当下与未来等方面的相关内容加以有效整合，以可持续化、生态化、数字化为价值导向，构建人与自然和睦共处、智慧共享，具有文化传承的高品质生活的新型未来城乡单元，从而创造一种舒适宜居的环滇池周边区域村落人居环境空间。该空间整合多种功能，满足人们对于健康、舒适、高效、环保的生活要求，同时也为城乡整合可持续性发展做出了重要贡献。

牛恋之韵

作者 / 刘林炎、刘春疆、朱希望、罗航、黄斯沛、李峤、
郭明玉、 刘庆
指导老师 / 杨霞、彭谌
云南艺术学院

景观类
入围奖

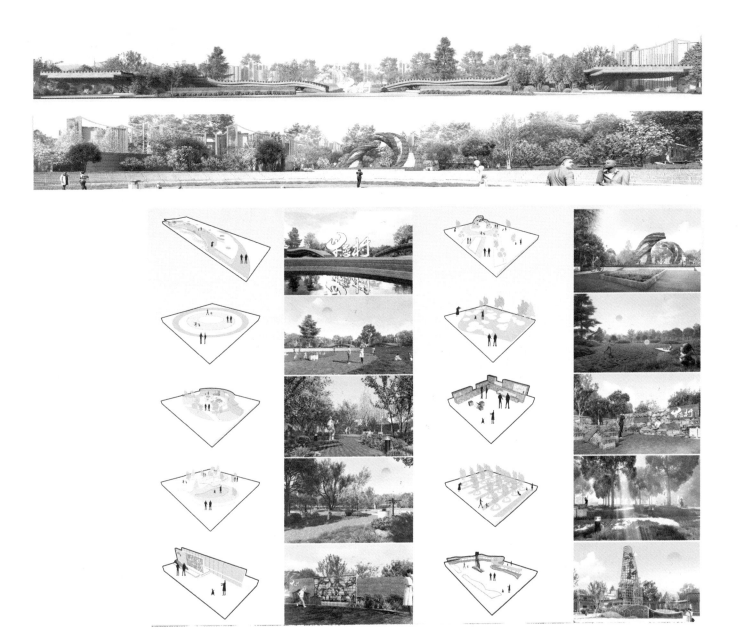

设计说明

　　本案场地位于昆明市晋宁牛恋村。牛恋村的村落文化广场空间景观设计选址为牛恋村与小渔村的交界处。牛恋村文化展示广场的设计定位是一个以传统文化为根基，结合现代需求的多功能公共空间。该广场旨在满足村民、游客进行社交活动、文化展示、休息、游玩等需求，同时展示和传承牛恋村的独特传统文化。尽可能减少对原有建筑的破坏，同时融入现代设计元素，以实现传统与现代的交融。最终，打造出一个既具有文化内涵，又能满足现代需求的公共空间。

文旅融合与乡村振兴背景下的 108 海浒景观规划设计

作者 / 冯海鑫、陈榕斌、杨紫璇、江文秀、李孟柱、邢晨、陈婷郁、杨晗

指导老师 / 杨春锁、穆瑞杰、张一凡

云南艺术学院

景观类
入围奖

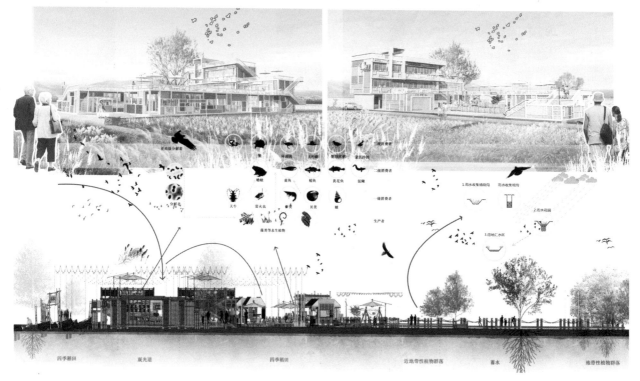

设计说明

重启乡情的核心是让人的情感回归乡村。这意味着让人们感受到乡村的魅力，让人们重新认识到乡村的价值，并让人们愿意回到乡村生活。通过乡村微更新的方式提高乡村生活质量、促进乡村旅游业发展、改善乡村环境等方式实现。通过农业＋的赋能将乡村产业带入，让乡村有产业，有小钱，活下去，长久地运营下去。让亲情，爱情和友情在乡村中持久的发酵，最终成为让人爱上乡村。

1. 创新性设计：在农业景观设计中，需要注重创新性，通过独特的设计元素和形式，增加景观的艺术性和观赏性，让人们在欣赏景观的同时也感受到农业的美妙。2. 品质要求：高级农业景观设计需要具

有高品质，包括种植材料、建筑材料、装置等。选用高品质的种植材料和建筑材料，以及精心设计的装置，可以让景观更加美观大气。3. 生态环境：在农业景观设计中，需要注重生态环境的保护，通过合理的规划和设计，使景观与自然环境融为一体，达到生态平衡。4. 多元化设计：农业景观设计要注重多元化，可以结合景观的主题、区域的特色和文化背景等因素，创造出多种不同风格的景观，从而增加景区的吸引力和观赏性。5. 功能性设计：农业景观的设计应该注重功能性，根据不同的功能要求，合理规划场地布局、道路系统、交通组织等，以提高游客的舒适度和安全性。

智芯·致心——基于数字技术下的青秀山宝巾花园景观设计

作者 / 秦彩莲、邓雅健、彭元愉
指导老师 / 林雪琼、崔勇
广西艺术学院

景观类
入围奖

设计说明

本项目坚持"以人为本·自然优先"的设计理念，塑造绿色公共空间为基点融合数字技术打造多维体验的专类植物园——宝巾花园。在空间规划设计上提取宝巾花的花、叶、枝为空间设计元素，融入数字景观感官体验，以"五感六觉"进行五域功能分区——"林下休憩、主题游赏、智慧科普、活力娱玩、空中观赏"形成不同视角的观赏路径、多种模式的交流空间、智慧科普的交流空间。林下休憩的疗愈空间，主题游赏的观赏空间、活力娱玩的娱乐空间。高空观赏的上层空间。六个核心——视·花海，听·观光车的声音，嗅·香花树种，味·经营网点、触·智慧科普、知·场地的整体感知。根据场地高差设计高架形成回环景观观赏点，以此串联场地；植物造景中考虑人与植物，植物与环境的关系，运用数字技术调控花期，提升场地的美景度。

一闻入夏——中华茉莉园景观优化设计

作者 / 粟慧敏、李海菊　　　　　　　景观类

指导老师 / 陆玲、程娟、黄铮　　　　入围奖

广西艺术学院

设计说明

中华茉莉园作为横州市旅游发展"茉莉闻香之旅"的重要一站，游人徜徉在花丛中，尽享赏花、摘花的田园之乐。赏茉莉、闻花香、品花茶都是人的感官体验。本案设计以人之五感：视觉、听觉、嗅觉、味觉、触觉的不同的生理和心理感受，调动游客的五感体验，营造愉悦身心的植物景观环境。

融合·共生基于轨道大数据下"产居研学"多元化乡土景观规划

作者 / 刘涛、张彦、梁思华　　　　　　　景观类
指导老师 / 谭晖　　　　　　　　　　　入围奖
四川美术学院

设计说明

　　项目选址位于重庆市璧山区大兴镇万民村,上位规划将此地区设为高密度城区边的重庆"绿肺"。相比其他处于人口密度大的郊区公园,其面临着更为突出的城市人文及生态方面的矛盾。方案从城市乡镇视角宏现分析片区产业分布,通过重庆地城历史肌理复现、农业生产流线、村落文化精神等内容作为前期深度调研内容,在地考察当今乡镇地区政府、企业、市民的切实需求。

　　最终设计结合地域在地性农耕文化、原始地形地貌等自然文化特点,将视角定于"三生"概念,打破传统设计与所处区位环境属性的隔阂,试图从"生产空间"注入创新功能业态,激活场地生机;从"居住空间"

继承大兴精神,弘扬重庆传统文化;从"生态空间"修复动物生境系统,链接蓝绿脉络。

　　设计在充分尊重场地原有特性及其历史背景的基础上进行深度的景观活化。同时项目不拘泥于村落历史,而是放眼村落所在的片区,对整个地区进行了历史上的缩移模拟。充分再现了城市区从农田到旅游用地最后成为城市"绿肺"的全过程。三种空间,三个维度,彼此交融,互为补充,重新定义乡村旅游空间,将场地中的消极因素进行积极转化,满足当地游客的游憩需求,打造颇具地方气质及"产居研学"功能,活化乡村振兴的综合性、多元化景观规划设计。

春去秋来·四季流转

作者／陈贤湫、马振凯
指导老师／谭晖
四川美术学院

景观类
入围奖

小暑

摇摇白羽扇，裸袒青林中。
—《夏日山中》李白

戏水 〰
炎热的夏天到来，在清凉的池水中戏水消暑。

食瓜
夏日炎热，吃水果，可以清热解暑、开胃消食。

水果游戏乐园

纳凉
小暑湿热难耐，在树荫林间避暑纳凉，斜靠大树，耳边有鸣笛，身旁有荷香，清凉、惬意。

秋分

叶梢新脱一蝉秋，篱底车虾，篱底车虾。
—《立秋》后泠山

贴秋膘
用新鲜收获的麦子制作面食

丰收
秋分时节五谷丰登，五谷飘香·麦子、稻谷、玉米、红薯等

晒秋
将成熟的农作物、蔬菜以及果实晾

设计说明

　　场地位于重庆市璧山区福禄镇南部，占地约 4.5 万平方米，与璧山区的拱桥村、大田村、飞龙村接壤。方案将"节气"这一中国传统文化元素进行提炼，运用于乡村景观的塑造，建设为青少年群体服务的乡村研学基地。中国节气是中华民族的传统文化重要组成部分，通过参与节气的农作活动，可以让青少年了解和传承中国的历史、文化和民俗。设计中按传统节气的规律进行整体布局，根据"立春""小暑""秋分""大雪"等节气特点，设计对应的空间节点，并从植物种类与色彩的搭配、建筑形态与自然的融合与景观的和谐等几个方面，营造乡村研学空间。青少年通过在乡村中参与节气研学，可以了解每

个节气对环境和生态的影响，以及如何保护生态环境促进可持续发展。节气知识涉及物理、地理、气象、农学等多个学科，通过在场地中设置的"节气小课堂"，邀请农民伯伯担任课外辅导员开展教学活动，可以增强青少年的科学素养，同学们通过参与农业生产了解乡村文化，培养了他们的社会参与能力。在乡村开展的研学活动，需要参与者身体活动和大量走动，通过户外活动和吸纳新鲜空气，可以促进青少年的身心健康，增强免疫力。本方案以乡村振兴为前提，挖掘传统"节气"资源，推动"研学教育"与"乡村振兴"同频共振，推动乡村振兴的可持续发展之路。

六合矿区——崖边酒店设计

作者 / 邬俊杰 郭千姿 徐叶子 吴宇轩　　　　　　　　景观类

指导老师 / 无　　　　　　　　　　　　　　　　　　入围奖

四川美术学院

设计说明

以景观的设计手法赋予废弃矿坑新生，并勾勒出一个郁郁葱葱的现代城市矿山森林公园，运用点、线、面、时间四维串联四个区域，形成"时间流转""旷野秘境""故地新话""智上新合"四个板块，将之打造成一幅集自然风光和生态修复为一体的锦绣画卷，既有"可行""可望"之悦目，又有"可游、可观"之体验。

蓝绿纽带——打造罗瑟勒姆缤纷生活

作者 / 周怡杉、邱依凡、谭妤洁　　　　　　景观类
指导老师 /Laurence Pattacini　　　　　　　入围奖
英国谢菲尔德大学

①滨水廊道 ②亲水空间 ③林下绿地 ④休憩公园 ⑤防洪绿化

⑥树阵公园 ⑦共享菜园 ⑧行道绿化 ⑨城市花境 ⑩开放草甸

0　　5　　10 m

设计说明

　　罗瑟勒姆是英格兰南约克郡的一座大教堂和集镇，它是罗瑟勒姆都会区最大的定居点。尽管该城镇发迹于潜力无限的蓝色文化——顿河，且富有改造潜力大的工业遗址，但仍存在着生态空间碎片化分布所导致的生态环境较差问题。

　　罗瑟勒姆属于居住区分散型城镇，然而目前除市中心居住区周边供人游乐开放空间较多、经济情况较活跃；大多郊区居民区缺乏活力开放空间，这也导致郊区居民精神幸福指数低。综上所述，激活滨河空间与绿地，并给予郊区居民更多样的公共空间是焕发罗瑟勒姆城市魅力的关键。

　　因罗勒汉姆郊区居住区分布分散，而市中心房屋短缺，因此打造

离散型组团居住区适合罗瑟勒姆的发展模式。我们希望罗瑟勒姆形成公共功能空间齐全且贴近自然的离散型组团生活空间。

　　我们想要创造邻近自然且公共空间多样的缤纷居住氛围。因此，我们开发各个居住区周围潜力空间并创建慢行交通连接桥梁以连接蓝绿空间与居住区，从而形成各个居住区自己的开放空间。我们在原有的自然空间基础上增加了沿河更多的绿色与蓝色空间，以促进罗瑟勒姆生态网络的形成。

　　我们根据理想中的居住模式生成的模型，在靠近市中心的富有发展潜力的郊区安置了新房，通过树木创造多样的开放空间，引导公众贴近顿河和森林。

室内类
INDOOR

研纸·问道·求艺——
夹江县石堰村非遗文化站方案设计

作者／郑艳、吴望辉、雷云霓、张显懿　　　　室内类

指导老师／潘召南　　　　　　　　　　　　　金奖

四川美术学院

设计说明

　　从我国发展的现状而言，城乡巨变，冲突不断加剧，城乡发展不均衡，逐步出现城市过度扩张、乡村空心化、老龄化等。城乡矛盾日益尖锐，导致中国乡村大量凋敝，许多传统技艺面临现代技术的冲击，也逐步面临失传。

　　党在十九大报告首次提出"乡村振兴战略"，突出强调新时代农村发展的重要性，强调乡村的活化发展，强调推进农业、农村、农民现代化，推进乡村的发展与"文化"密不可分。因此本次石堰村文化

站的课题研究着重对乡村非遗技艺的传统与思考具有重要意义。

　　夹江非遗工作站作为石堰村文旅发展的"智库"，文化站采用"现代设计 loft 风貌＋原址记忆"进行设计创意，满足"研学、访学、游学"的功能，形成"文化创意空间、乡村美育空间、住宿接待空间"三位一体的对外联动重要窗口，未来将作为石堰国家级"非遗人才"和"乡村振兴人才"的培训基地。

格·物致知——共享理念下办公空间设计

作者 / 高妍、梁晓雯、韦辰晨
指导老师 / 韦自力
广西艺术学院

室内类
银奖

设计说明

　　本方案为建筑设计公司所设计的办公空间，该设计以"共享理念下模块化办公"作为此办公空间的设计理念，多处设置变化的木方格书架作隔断，使各个空间互不干扰又相互连通。整个空间以温暖的木材和质朴的清水混凝土为主要装饰材料，以质朴的方式呈现出办公空间与人的亲近感。我们根据员工的工作关系网将空间划分为活跃区、相对安静区和静音区，因此空间的动线设计和排序形成了三个层次，由休闲区进入到开放办公区，再到沉浸式阅览区，通过逐层的缓冲使整个空间具有开放性和多元模块化特征。

旧逅新生——创意产业园公共空间再生设计

作者 / 王一深、王琪、徐双双
指导老师 / 刘蔓
四川美术学院

室内类

银奖

设计说明

在我国经济社会的转型以及城市更新的背景下，人们对于公共空间的需求也发生了巨大的转变，因此交往方式和交往场所也面临着多样化的需求。人们对公共空间的使用过程即是塑造公共空间的一种形式。从交往行为的角度探讨创意产业园的公共空间设计，并体现在公共空间的物质属性和社会属性方面。本项目调研了重庆金山意库产业园，对邻近的金山工业区的 C33 地块进行改造实践，以开放性原则、社群性原则、适应性原则和互动性原则对创意产业园的构建和塑造提出了要求，并体现在空间结构、活动内容、参与交往的人群、交往方式等方面。

热点办公空间

作者 / 饶灵鑫、漆琦、曾崇明、王杰   室内类
指导老师 / 李玉兰   银奖
成都文理学院

设计说明

　　本方案围绕"热点"为主题将热点和方块相结合，以现代风的设计风格为主调，在总体布局方面满足老师需要开放的工作环境需求，主要有共享办公区、独立办公区、休息区、茶水间、会议区等主要功能区。以金属方块的吊顶和各种方块体的组合来体现热点，更体现共享的感觉，创造令人舒适的环境。在设计中采用了金属不锈钢、黄色乳胶漆、蓝色布纹和桃花木木板等材料，通过分块来区分空间功能区，营造一种开发整体的空间氛围，给体验者带来舒适的感受。

相遇——扎染巡回艺术展

作者 / 梁伟清、韦明东、班蓝庆、郭丽丽　　　室内类

指导老师 / 宁玥　　　银奖

广西艺术学院

设计说明

　　随着现代社会的发展，人们对于传统文化的了解和认同感逐渐减弱。白族扎染作为中国民间艺术的瑰宝之一，拥有丰富的文化内涵和独特的艺术魅力。然而，现代社会中白族扎染知名度较低，传承和发展面临诸多挑战。因此，本次展览旨在传承和弘扬白族扎染文化，提高人们对传统文化的认同感和兴趣。

　　此展览的理念主要围绕着"相遇"这个概念展开，旨在探索人与自然、人与自我之间的关系，将当代艺术表达融入传统工艺，打造一种极致的体验，使人们充分感受到扎染的神秘魅力希望通过展览呈现出扎染这一传统手工艺的文化内涵，唤醒人们对中国传统手工艺的文化意识，让观众在感受美的同时，同时思考生命的意义，在展览空间里与扎染进行一场相遇之旅。

"染绣坊" 商业展示空间

作者 / 刘玉洁　　　　　　　　室内类
指导老师 / 傅璟　　　　　　　银奖
四川音乐学院

设计说明

　　从非遗文化传承与发展的思路出发，构建一个能够将传统审美元素融入现代商业展示空间中的作品。通过对刺绣针法、扎染技法进行分析、解构，运用于空间设计中，将"染绣坊"打造成结合艺术体验、作品展示、成品交易与艺术推广等综合功能的商业模式空间。

春肆——曲径通幽

作者 / 杨镇宏、王梦晖
指导老师 / 续昕、林建力
四川大学艺术学院

室内类
铜奖

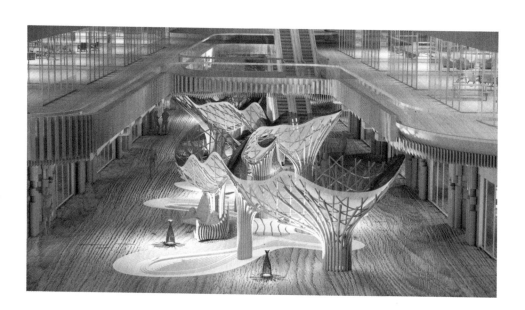

设计说明

　　近年来，我国花卉产业伴随着人民群众对于美好生活的向往而不断发展壮大。2024年成都市即将第一次举办国际级的世纪园艺博览会，以花卉产业品牌成为目前鲜花业务发展的重点方向，打造美好人居环境，建立花卉产业循环体系。

　　春肆——中国第一家花卉产业商业综合体在时代潮流之中脱颖而出。我们通过引入场地构筑概念——曲径通幽，解码传统文化，通过创新材料与形式，提取传统花文化环境，达到形与意的结合，传承与创新的权衡，演绎成都当代的花文化艺术与生活，营造层林感受，体现自然意趣；二十里中香不断，青羊宫到浣花溪诗句描写了南宋时期

蜀国最繁华的花市盛景，诗人陆游走了二十多里路还浑然不知，花市的繁华一直由小西城门外一直延申到城外，数不清的游人纷纷攘攘到青羊宫踏青赏花。

　　我们承接典故，在一千年后的中国第一所花卉商业综合体致敬成都十二花市盛景，于是，我们翻阅了一千多年的古今河道地图，将一千多年来的花卉运输河道——浣花溪到青羊宫河道，抽象提取，生成今日春肆水道，致敬蜀地花市盛景。让游人在曲径通幽的竹下水道之中漫步打卡，尽享古幽香来。

文化传承背景下的非遗展厅设计

作者 / 杨义成、劳立明

指导老师 / 韦自力

广西艺术学院

室内类

铜奖

设计说明

　　该方案为疍家非遗文化体验馆设计，疍家水上作业为主、以船为家，被称作"海上的游牧族"，是我国沿海水上居民的一个统称。疍民祖祖辈辈以捕鱼为生，逐水而居，四处漂泊，形成了独特而浓郁的疍家文化。随着城市化进程的快速发展，越来越多的疍民上岸定居，疍家特色器具慢慢被弃用，疍家习俗、文化也日渐消失，甚至"疍家"这个名字也鲜有人提及，极具特色的疍家文化面临着传承问题。基于

城市化进程、现代科技文明发展的快速推进，一部分中华传统文化可谓濒临消失，传统习俗、生活方式等也日渐"没落"，甚至连名字也鲜有人提及，部分优秀传统文化面临着传承问题。作为一种历史和精神文化的载体，"没落"的传统文化该何去何从？是该设计的初衷。

"匠帆" ——复合型文创手作集合店

作者 / 刘慧敏、李泓佑　　　　　　　　　室内类

指导老师 / 黎泳、韦自力、叶雅欣　　　　铜奖

广西艺术学院

设计说明

在当今的时代，随着经济水平的不断提高，人们的生活方式也发生了一定程度的改变，这也使得人们对于消费的观念也逐渐转变。在此背景下，文创作为一种产业形态和经济形态，已成为城市建设和发展中的重要组成部分。"文化 +"成为当代经济发展新常态下推动文化产业融合发展、培育新增长点、形成新动能的重要举措。该空间将传统手作文化和现代艺术跨界融合，新生空间和旧厂房空间一起为未来中国传统手工文化与现代 DIY 手工文化的融合和发展的存在创造可能性，把即将遗失的中华传统手工与新时代 DIY 手工文化的有效结合是对商业手工作坊空间的新探索。

"初霁"茶馆

作者 / 苏燕虹、唐丽坤
指导老师 / 韦自力
广西艺术学院

室内类
铜奖

设计说明

本方案为一个茶馆设计,总面积1158平方米,店名为"初霁茶馆",寓意在喧闹的城市中还是会有那一隅静谧之处,置身其中,隐归山林,任世间潮起潮落,空间装修风格为新中式风格,整体色调偏木色调。

茶室乃品茶、接待交流之所,中华茶文化博大精深,至今几千年的历史,因此茶室布置极其讲究。抓住了传统文化这个切入点,我们决定用榫卯结构、中式窗花、屏风等中式元素,同时使用对称、解构的手法进行空间设计,材料多用木材,比如黑胡桃木、红胡桃木等,墙体和地板都是用微水泥材质,让空间显得自然、古朴、大气,有回归自然的感觉,更有利于茶友的心灵得到慰藉。空间生成从体块中推演出来,共四层,成"回"字形布局,其中第三层第四层单独成一个空间,形成高挑的主体建筑,空间的高低错落分布,加强了建筑的构成感。建筑外观用黑白灰色调,去除繁琐的装饰,让建筑看起来干净利落。建筑的背面是一个设计亮点,我们在建筑背面墙体上设计了高低错落的观景平台,平台之间有楼梯,从一楼贯穿到四楼,顾客不仅可以从室内到达观景平台,还可以从室外平台直接进入室内,这个设计让空间的互动性更强。

流水竹涧——重庆市渝北区百塘园污水池改造设计

作者 / 梁丹华、李羚子、吴望辉
指导老师 / 方进
四川美术学院

室内类

铜奖

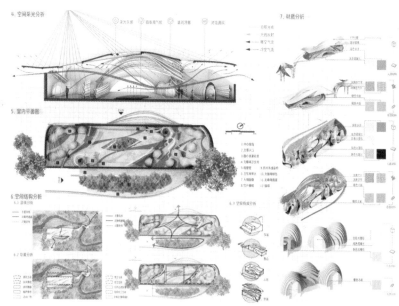

设计说明

本方案为重庆百塘园的污水池改造卫生间设计。从宏观角度入手，寻找场地痛点——水意境的缺失。该场地及周围有较好的水资源和商业投资，但对水体的忽视使场地失去特色。本方案提取中国山水画的技法，而采用"以渠为底，以桥为笔"的方式形成此处无水胜有水的意境。

本案具体设计分为廊桥和卫生间改造两部分，皆从水的意向中提取形态，以竹材料为主，利用其自然韧性打造出流动的曲线包裹原有的建筑体，从而达到消融于景观的目的。

寻游探梦

作者 / 徐祥
指导老师 / 黎泳
广西艺术学院

室内类
铜奖

设计说明

　　本次设计的是 X11 潮玩体验店，选址位于武汉青年城。设计借用中国古典园林中"游园"的设计手法以及山水元素，通过现代的表现形式加以呈现。设计中采用坡道将店内各个区域的功能和潮玩摆件串联起来，使得"探梦"之旅变得有趣。

居"瑶"定所——南丹县白裤瑶易地扶贫搬迁点住宅空间优化设计

作者 / 李思琪、覃耀观、黎科成
指导老师 / 杨禛、黄铮、涂照权
广西艺术学院

室内类
铜奖

设计说明

设计以广西河池市南丹县的白裤瑶族人易地扶贫搬迁点住宅生活空间作为研究对象，针对居住空间所存在的问题展开室内空间以及室外空间的优化设计。以对空间环境的优化设计作为方案的宗旨，围绕着功能性、民族性、装配性准则，以期解决白裤瑶族人民的居住需求。

扶摇识香

作者 / 钟定超、吕佳钰、刘苏敏
指导老师 / 齐海红
四川旅游学院

室内类

铜奖

设计说明

　　文化遗产是人类共同的财富，世界各地的美食也相继成为世界非物质文化遗产，西汉辞赋大家扬雄的《蜀都赋》曾描述了天府之国丰饶的食材，作为传统四川美食，传承与发展川菜，如何挖掘与保护川菜文化也尤其值得重视。

　　在《成渝地区双城经济圈建设规划纲要》政策背景下，本设计主要研究成渝两地特色餐饮空间陈设的运用，通过对成渝地区主要城市群特色辣椒和花椒进行研究剖析，选取西充二荆条、新店七星椒、双流二荆条、江津花椒、汉源花椒五种"中国国家地理标志产品"以及重庆新品种荣昌无刺花椒作为纹样研究对象，运用解构重组法，创作

基础地域特色植物纹样，在此基础上挖掘地域农耕文化、地域历史文化、地域生物文化、地域饮食文化，以及地域民俗文化，提取极具代表性地域文化符号，与植物纹样融合创作，在传统构图形式上，赋予现代元素与思考，重视陈设之间的配合使用，从平放、叠加、侧立等视角研究陈设品的展示效果，让人在餐饮空间就餐时，拥有多元化的搭配选择体验，完善了川菜陈设设计与文化之间的关系。通过餐饮空间的创意设计打造出别样的川菜美食文化遗产传播方式，在日常饮食中提高人们的艺术修养，提升人们的幸福感。

"纸缘石堰 身临大千" 夹江大千寓居 博物馆式民宿空间设计

作者 / 张显懿
指导老师 / 潘召南
四川美术学院

室内类
铜奖

设计说明

四号院落大千寓居是本片区的核心区域，作为张大千曾经在夹江的居住之处，因其重要的文化价值已被列为夹江县第四批文物保护单位，现将该建筑规划为大千博物馆民宿，在保护文物整体构造形态的前提下，活化利用产居型民居的生产和生活空间，以"住宿＋展陈"

思路串联整个设计，总体分为民宿区、建筑历史展示区、张大千画作展示区、纸品展销区四个板块，围"绕纸"这一重要元素，展现张大千艺术创作和日常生活的内容，凸显"住宿＋展陈"的核心理念。

红馆一号

作者 / 康朝阳 宋采苓

指导老师 / 龙国跃 项勇

四川大学锦江学院

室内类

铜奖

设计说明

　　中国红色文化第一街——"列宁主义街"位于革命老区四川省达州市石桥古镇。本方案依托石桥古镇"列宁街"乡村旅游景区服务中心餐厅为空间载体，打造以石桥镇川东乡村地域特色与革命老区红色文化相结合，形成一个集乡土气息和红色文化旅游的特色为一体的乡村文旅餐饮空间，让旅游者来到"列宁街"乡村旅游景区餐厅—这一特殊的乡村公共文化空间就餐时，不仅能品尝到当地乡土特色佳肴美馔还能追寻红色历史足迹，得到峥嵘岁月的文化体验。在作为特殊的乡村公共文化空间的景区服务中心餐厅空间设计中，根据红军时期列宁街上许多原有的重要历史建筑和当时人们耳熟能详的革命口号、革

命标语，将其提炼后运用到空间设计，重新缔造出带有鲜明特色的"列宁街"乡村旅游景区服务中心餐厅，使前往石桥镇旅游的人们通过空间环境更加了解中国红色第一街——列宁街。

　　同时在本餐饮空间设计中还始终围绕石桥古镇的乡村地域文化的表达，把具有乡土气息的"列宁街"石牌坊、石板路和石磨等植入室内空间，既能物质塑形更要文化铸魂，通过石桥古镇乡村文化与红色文化的互动促进，推动乡村优秀传统文化与革命老区红色文化相结合的活化利用和创新发展，推动乡村公共文化服务高质量发展，助力乡村振兴。

智行千里·慧及广大

作者 / 田雨阳、李屹、张显懿、雷云霓　　室内类
指导老师 / 潘召南　　　　　　　　　　　　铜奖
四川美术学院

站台层效果图

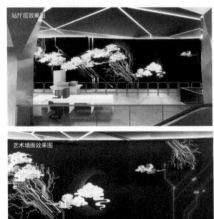
站厅层效果图

站厅层效果图

艺术墙面效果图

艺术墙面效果图

设计说明

　　金山寺站位于重庆礼嘉智慧公园旁，金山寺站的设计以"智慧"为关键词，通过对重庆站点的在地性、人文化、科技、生态与艺术创新几大要素的结合，以山城样貌的空间形态与传统祥云相组构，象征传统与当代科技的结合。

　　通过装置与装饰艺术的手法介入公共空间，传递具有在地性的多重人文特征和现代轨道交通特征，以及当代重庆智慧理念，着意将站点营造成集科技、生态、艺术于一体的城市新窗口。以建构重庆城市轨道交通文化体系和人文关怀标志点。配合重庆城市轨道交通第四轮建设人文化顶层设计，形成"1444"的人文化建设总体思路，打造重庆城市轨道交通"快线"文化艺术特色，体现转识成智的城市新园区，慧通则流的新快线。

BLUE·CELL

作者 / 潘奕全、黄慧诗、张龙云
指导老师 / 黎泳 韦自力 叶雅欣
广西艺术学院

室内类
铜奖

设计说明

　　BLUE·CELL 的名字寓意纯净的灵魂和独立的个性。我们以细胞作为灵感来源，在相思小镇打造一个专属于年轻人的社区商业空间，包括沙龙聚会、艺术展览、艺术装置、艺术市集和买手店等功能。我们将细胞的独立性和联系紧密特点融入空间设计，打造轻盈、自然、融洽的环境。采用弧形和曲面为主的构成方式，满足年轻人群的需求，同时营造出良好的商业与艺术氛围。

竹纸为媒·后堰共振

作者 / 王珩珂、李屹、文航
指导老师 / 潘召南
四川美术学院

室内类
铜奖

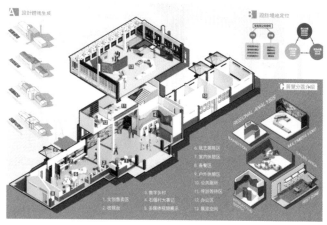

设计说明

　　设计场地位于四川省乐山市夹江县石堰村，地处四川西南，位于夹江县马村乡西南部，南距夹江县城 12 公里，距马村乡集镇 5 公里。

　　村史馆采用蜂巢的形式（寓意工匠群体）串联展陈空间，形成较为灵活的空间，将展览、休憩、文创售卖等不同功能分区展示。

　　以"吃竹根饭的人"为叙事主线，形成内外联通的体验空间，游客可以在内部展览与外部竹林环境之间不断转换形成体验，以此体验"竹—纸—人"的和谐共生关系。

硕勋记忆——宜宾市高县李硕勋主题咖啡馆室内设计

作者 / 陈治、王倩倩
指导老师 / 叶焕
四川大学锦江学院

室内类
铜奖

设计说明

宜宾高县"硕勋记忆"咖啡馆就是对当地文化街区中的旧建筑空间进行复苏改造，将当地红色文化融入咖啡馆室内设计，让咖啡馆作为一个红色文化传承载体，可以为当地居民与外来游客带来更好的感怀。宜宾高县安化街附近的居民不仅见证了城市的发展，也承载了高县人们曾经的美好回忆。因此，对其进行保护与继承有着重要的特殊意义。

诗意栖园——宋代园林美学下青年交流社区室内设计

作者 / 戴思琪

指导老师 / 卢睿泓

四川旅游学院

室内类

铜奖

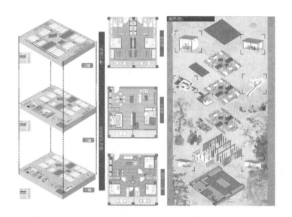

设计说明

　　本设计一是做到宋代园林美学与青年交流社区室内设计的融合，二是完善青年社区室内空间功能属性，将交流作为出发点。宋代园林给了士大夫们一个休憩的空间，让他们的精神得到安宁，从而获得了人格上的解放和自由。将宋代园林跨越千年修养当代青年身心，让当代青年仿佛置身于宋代园林中，得以修养精神，温润心灵。

　　在设计室内空间中打造如同游园般的中国建筑空间审美意象。空间中合理运用宋代园林中叠山理水、点景打造的东方美学。将宋代园林中传统的亭台楼阁、花草树木、奇石假山完成现代化转译，达到宋

代园林的精神韵律。营造诗意游园青年栖息空间，建造特定空间韵律，渲染可观、可游、可居、可聚的游园雅致宋代风韵。完善青年交流社区功能配套设施，根据宋代四雅打造宋式雅意社区圈子文化。充分考虑青年的社交需求，将利用空间丰富化，空间功能多业态，满足青年的实际交流需求。

　　设计要点运用到居住空间、公共空间与过渡空间，传达宋代文人园林的生活态度，为青年提供更多层次、多功能、高质量、高品位的生活居住环境。

"看见声音"声音体验主题书店空间设

作者 / 张显懿、雷云霓

指导老师 / 潘召南

四川美术学院

室内类

铜奖

设计说明

声音与书店，两个看似不关联或是互相干扰的元素如何破解重组，并把声音作为书店的有利因素，运用到整个书店空间的营造制造之中，这是本方案着重解决的问题。音体验阅读区域贯穿整个空间，将其分成三个主题板块，分别为宇宙、生命、情感。宇宙是指自然界中有许多自然发生的声音，其中也涵盖许多声音的物理性质。将他们通过直接表达和可视化的方式进行设计。生命板块是指世间万物一切象征生命的声音，我们将这些声音在空间中进行呈现。情感板块是一种隐性的声音，我们将人们内心的呼唤与诉求通过不同手法表现在空间中。耳中见色，眼里闻声，不同感官之间是可以相互转化的，把声音这个抽象的概念转化到空间必有的如色彩、材质、空间形式、情景体验等元素之中，从而表现出来，最后营造出舒适、有温度的阅读空间。

"归根"——乡村振兴背景下共享图书馆空间的整合设计

作者 / 宋宇涵、王雅雯、马雪莹　　　室内类
指导老师 / 代娟　　　　　　　　　　铜奖
渭南师范学院

设计说明

在乡村振兴的大背景下，我国推广全民阅读已有好几年，但是想要真正实现全民阅读，农村不能掉队。在此背景下，打破对于图书馆空间、场所、氛围的固有印象，吸引越来越多的青年人才重返村庄，参与到乡村振兴的洪流当中。作为一名设计者，我们有义务和责任为乡村图书馆的建设贡献一份力量，为此我们以"绿色、开放、共享"为设计理念，充分利用当地优势资源和生态环境，通过合理的空间规划及布局、合适的装饰及材料，以"共享"的方式激发乡村居民对图书馆空间的使用兴趣，通过"开放"的方式引导村民学习知识、享受阅读乐趣；以"绿色"为导向，在经济与社会相结合的基础上，推动地方经济的发展。为了让乡村建设者与本地村民能共同创造出一个充满活力的图书共享空间，从而有效地为村民提供获取知识的途径；为农村孩子的心灵开启一扇通往世界的窗户：为农村留守儿童、妇女、老人提供获取知识的途径，为他们创造一个求知、求乐、求进步的良好氛围，让国家倡导的"全民阅读"口号真正落实！让"图书馆"成为乡村振兴的文化粮仓！

项目基址位于陕西省渭南市大荔县龙门村，占地面积约为 1 公顷，约近似方形地块。西邻龙门大酒店，北邻佳惠购物中山，东邻少辉泡沫厂，交通便利，附近纺织业、包装业等发展较好，视野开阔。此处选址旨在为在此居住的居民打造一个舒适怡人的休憩、娱乐厅的共享空间，可较好地改善周边环境且带来经济效益，带动城乡发展和乡村文化传播。

归巢——青年未来社区设计

作者 / 丁良瑜、王越、林志艳　　　　　　室内类
指导老师 / 李宏　　　　　　　　　　　　铜奖
广西民族大学

设计说明

　　归·巢，顾名思义就是将未来社区里的每种户型比作自己的"巢"，承载起"巢"的主干就是树枝与树干，通过模仿这种相互的承载与生长关系，将建筑物的中心部分比作树的树干，作为整个建筑物的共享与交流区域，以主干为发散的就是属于每个人私密的"巢"，通过这种方式将公共区域与私人区域划分开，使得整个建筑通过生长的方式涌现在未来社区里。通过这种共享区域与居住区域相结合的方式，探寻更符合年轻人的生活方式以及交流模式。

　　"归·巢"未来社区迎合了新时代青年人追求生活的舒适性与便捷性，萌发出利用现代科学技术对于居住空间的改变。本方案设计意在打破之前古板的租住模式，建立一个交流空间与住宅空间相结合的专属于青年人的共享社区体系。

遗忆维度——地下空间在地遗址性博物馆设计探究

作者 / 张洲铭、孙亦凡
指导老师 / 吴晓冬
西安美术学院

室内类

铜奖

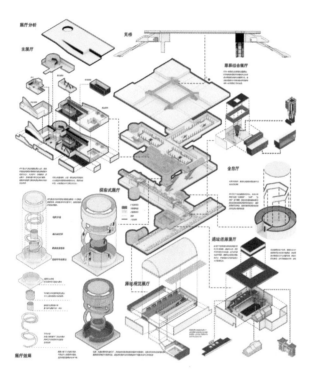

设计说明

城市发展中，随着城市扩大化范围的增加，轨道交通得到了发展。在开发地上空间的同时，地下空间也被逐步利用，导致城市发展与文化遗址之间产生冲突。目前，人们对这种冲突的做法通常是回避式的。本设计根据当前的情况进行探究设计，以实现城市发展空间中"过去"与"未来"的平衡。

地铁作为一种高效的公共交通方式，在城市化进程中发挥着不可或缺的作用。在我国的历史名城中，地铁的发展也面临过类似的情况。为了保护遗址的完整性，不得不更改地铁线路并回填遗址。面对这种现象，提出了将遗址性博物馆的空间与地下空间相融合的想法，以形成衔接地上与地下"城市"的新型空间形态。

此设计思路可以充分利用地铁的交通性质，并发挥博物馆作为体验空间的功能，使地下的遗址得以活用，从而实现三者功能的融合。通过将博物馆与地铁站相连接，游客可以在乘坐地铁的过程中参观遗址展览，同时也为城市发展提供了一个具有教育和文化意义的空间。

这种新型空间形态不仅可以保护文化遗址的完整性，同时也提供了一种独特的城市体验。通过将过去的历史与未来的发展相结合，我们可以在城市发展中实现一种平衡，既保留了城市的历史文化，又满足了城市发展的需求。

远黛含烟

作者 / 梁云龙、梁日隆、蒙香杉、宁文钊、覃孝万　室内类
指导老师 / 黄晴川　　　　　　　　　　　　　　　　铜奖
南宁学院

设计说明

　　本次设计以桂林山水为原型，选取白雪石的《象山春色》作为转译对象，以视线关系、形态、路径为切入点，将山水的空间关系转译到酒店室内空间设计之中。在具体设计层面，首先从《象山春色》中提取六处具有不同视角的场景，结合设计需求对空间原型进行解析，化虚为实，将山水画中抽象的空间元素转译为实体酒店空间路线设计，作为酒店空间使用，分别命名为进山、观山、幽进水、独船、人家、驳岸，将其中的韵律和节奏运用到平面图设计层面。围绕六个转译节点，按照"进山""观山""回望"的叙事节奏，建立连续的汀步和造景，用立体形象的路径将各酒店处串联起来，让人们在平和安静的前进中通过感受场景的转换。本设计希望通过分析山水的空间特征、串联逻辑、

形式生成，在垂直维度营造富有中国桂林山水传统基因的空间场所。整体空间设置以"诗境画窗·窗中有画·画中有诗"为出发点，在室外设置嵌入休息室，在保证私密性的同时又能与窗外自然景观融合，强调突破传统设计的同时又极具感性之美。室内布局充分考虑利用建筑周边环境特色和窗外的景观，室内格局尽量开放、大气、多元，灵活包容了各类入住需求。身居室内就能感受到让人醉心的阳光、草坪、山峦、树影、花香、水声等这些自然之美，让观展者环游与体验室内空间中的"山水"。

心灵驿站·康乐社区

作者 / 余文玉　　　　　　　　　室内类
指导老师 / 黄洪波　　　　　　　优秀奖
四川美术学院

设计说明

　　此次设计以"生长"为核心概念，打造能够帮助老人"交互"的适老环境。设计上尽可能打造"无界"的室内空间，打破传统建筑空间的限制，采用开放式设计，消除墙体的隔离感，打造宽敞明亮的社交区域。流畅的空间过渡和视觉联系，使老年人能够自由穿行并促进社交互动。室内墙体的较少应用，不仅打破了空间形式上的界限，也打破了人与人之间的界限，建立起更亲密的人际关系，体现出抱团式的养老特色。多种功能的空间设置，在满足老年人需求的同时，旨在以老人们才能的涌现激发整个养老社区活力。

　　总体装修风格营造怀旧、温馨的氛围，温暖柔和的照明和色彩搭配将为老年人创造舒适、宁静的氛围，希望营造出一个鼓励个体发展和互动的社区，促进老年人健康、幸福和生活质量的提升。

　　整个养老社区的设计希望营造充满生机与活力的环境，让老年人感受到生活的无限可能和积极向上的精神。

重屏——两弹城展陈空间设计

作者 / 江丽、曹丹妮、黄志业
指导老师 / 王凤
四川大学锦江学院

室内类
优秀奖

设计说明

通过对项目的实地考察和其中红色文化元素的提取，以及结合对屏风和"屏空间"概念的学习、研究，利用屏风这一艺术器具以及"屏空间"的概念对项目场地中的建筑空间进行解构和重构，对其内部不同属性的空间利用屏、墙、帷、幕等进行隔断和分割，丰富展陈空间的内部层次，赋予空间无穷的想象力，使两弹城的历史文化有一种全新的呈现方式，空间的意涵也更为深远。

在关注两弹城历史物质文化、精神文化的展陈内容、注重展线叙事逻辑的同时，更注重空间内部的设计逻辑，使观者在实际游览的体验中，达到"物""境"相融，"意""情"互通，让人们更为快速地进入到历史情境之中，获得沉浸式的观展体验。

先锋一号——"成渝铁路"主题餐厅设计

作者 / 李小双、廖琳、黄训欣
指导老师 / 龙国跃 项勇
四川大学锦江学院

室内类
优秀奖

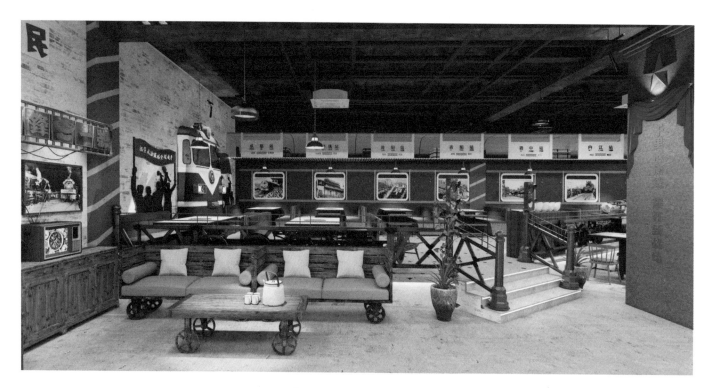

设计说明

　　1952 年 7 月新中国第一条铁路——成渝铁路全线通车。这条 505 公里长的钢铁巨龙,打破了千百年来四川盆地交通不便的局面,畅通了地区经济发展大动脉。

　　本方案以成渝铁路通车 70 周年为主题。根据对"成渝铁路"中的"火车"文化元素的提取,再结合成渝铁路通车 70 周年火车文化的四次变化和重要站点的不同文化分析,追寻红色足迹,将其提炼后运用到设计当中,重新缔造出具有鲜明特点的"火车铁路"红色文化主题餐厅。

使前往火锅店吃饭的顾客通过就餐环境更加了解成渝铁路通车 70 周年的发展历史。

　　空间规划根据空间功能需求:设入口火车文化展示空间和等待区、公共通道空间、内燃机车主题文化卡座用餐区域、火车特色散座区域、电力火车主题卡座用餐区域、智能机车主题包厢、内燃机车主题包厢、蒸汽机车主题包厢等八大空间类型。

数字生活互动空间设计

作者 / 杨义成、高妍、韦辰晨

指导老师 / 韦自力

广西艺术学院

室内类

优秀奖

设计说明

　　基于"城市公园"的理念，我们将 OPPO 品牌标识的核心视觉识别元素加以提炼，形成基础设计元素——圆。由于圆是所有几何图形中最具包容度与亲和力的图形，因而将不同大小的圆运用到空间的营造当中，形成了 6 个功能区域，分别为 AR&5G 厅、旗舰厅、中心厅、快充厅、图像厅、沉浸体验厅等，造型设计上采用户型进行空间的营造，颜色上采用绿色和白色为主色调，再加以灰色进行点缀，赋予整个展厅的活力感和生命力，体现 OPPO "微笑前行"的企业理念，同时也凸显 OPPO 高端简约的特质。

闽南民俗文化展厅设计

作者 / 宁昭仑　　　　　　　室内类

指导老师 / 贾悍　　　　　　优秀奖

广西艺术学院

设计说明

　　项目选址位于泉州市丰泽区，是泉州中心城市核心区，以非遗走进社区为目的，在泉州万科里社区公共空间区域打造泉州传统文化为主题的展示空间。在展陈设计中，强化空间听、视体验空间，以吸引一记忆—教育为进阶的体验模式增强观者对展示内容的理解，提高社区居民地域文化认同感，并唤起观众对传统文化的认知及保护。

基于传统文化的主题餐厅设计

作者 / 邢梦瑶、王璐瑶、杨义成

指导老师 / 贾思怡、伏虎、韦自力

广西艺术学院

室内类

优秀奖

设计说明

随着经济的快速发展，衍生出很多新的商业环境，目前市场上的新型餐饮空间概随时代的发展而不断衍生，严格来说只能算沉浸式餐厅，餐厅极度重视对视觉的刺激，但对于触觉甚至是听觉都有所忽略，使顾客的感受浮于表面，没有立体印象。

基于上述现象，该设计以"传承"为主线，组织一条步道延续江南茶文化的历史记忆，主要运用马头墙、江南山水意境、青砖等建筑语言进行氛围的表达。

智慧共享办公空间设计

作者 / 邢梦瑶、杨义成、王璐瑶　　　　　　室内类

指导老师 / 贾思怡、韦自力、伏虎　　　　　优秀奖

广西艺术学院

设计说明

随着互联网时代的快速发展，共享经济进入人们的视野与生活，特别是近几年，共享单车、网约车等成为人们耳熟能详的新名词，在此背景下，该方案以"空间对话"为设计概念，通过置入不同尺寸的"方盒子"，形成不同的功能空间来营造空间，二层空间的出挑盒子形成悬空形式，丰富整体的空间关系的同时形成彼此之间的对话关系，以此来丰富其办公体验。

Beats 耳机特装展位设计

作者 / 宁昭仑
指导老师 / 贾悍
广西艺术学院

室内类
优秀奖

设计说明

　　此次方案对传统展示方法进行创新，全面展示 Beats 耳机的发展历程、产品构成及品牌文化，展位将结合多媒体交互体验，模拟声效环境,营造一个全新的展示氛围,将设计与品牌精神完全贴合,集展示、宣传、互动体验于一体的 Beats 耳机特装展位方案,对 Beats 品牌进行一个更全方位的展示和推广。

"觅境"

作者 / 祝心雨、徐紫瑜　　　　　　　　室内类
指导老师 / 韦自力、黎泳、叶雅欣　　　　优秀奖
广西艺术学院

设计说明

　　项目位于广西南宁市青秀区，"觅境"以森林为主题，以鸟笼为主要元素，旨在将森林带入室内，塑造了一个仿佛置身于森林中的餐饮空间，拉近顾客与自然的距离，实现人与自然和谐共生。

　　墙面、地面通过不同材质来表达空间的层次感，将自然植入空间。空间中的绿植与石、木相呼应，形成和谐共生的关系，给空间带来无限生机。

社区公共会客厅——GOSO 社区咖啡馆设计

作者 / 谢大森、厉俊卓、李灏青
指导老师 / 叶雅欣、韦自力、黎泳
广西艺术学院

室内类

优秀奖

设计说明

本方案是以橙子为主题的概念工业风咖啡馆，空间布局主要围绕着中心吧台四周落座，卡座位子充足，受众广泛，三面落地窗增加室内空间和亮度。在保留工业风的基础上运用由橙子所衍生的诸多元素，使空间充满活力。

云梦归处

作者 / 何健、梁宜锦、李清静
指导老师 / 齐海红
四川旅游学院

室内类

优秀奖

设计说明

　　如今，随着人类社会的进步，城市化的速度在不断加快。生活日趋富足，但不可避免的，工业化发展的同时带来了大量空气污染物，雾霾吞噬了城市，本应司空见惯的蓝天白云变得弥足珍贵，因此，可持续发展成为了全世界所共同倡议的发展方式。本设计以保护大气环境为主题，云为设计元素，在原有的建筑基础上，进行空间形态的构成，融入绿色设计理念，同时加入云朵制造装置，让食客能够与云朵亲密互动，在空间中结合云朵生成的空间叙事功能，以声、光、电的科技手段，利用艺术装置、空间陈设打造沉浸式体验场景。

　　在装置中按下按钮，便可以轻松制作出一朵在空间中存留片刻的云，让食客能够与云朵亲密接触与互动，唤醒人们对云朵的美好向往以及重拾云朵的重要性，以此提醒大家保护我们赖以生存的地球，保护大气环境，低碳健康生活。

宿野——乡亲们的院子餐厅

作者 / 刘晓彤、李晓波、王林锋、郭郑龙、盛睿　　　室内类

指导老师 / 邹洲、杨霞　　　优秀奖

云南艺术学院

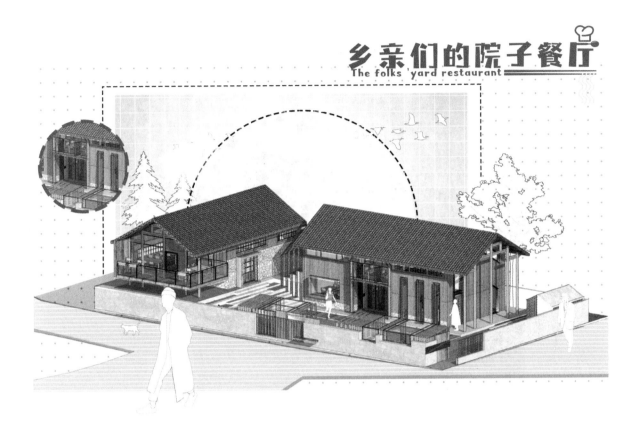

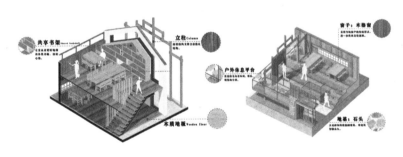

设计说明

　　基于服务设计理念，将当地传统民居进行改良更新，在建筑材料、装饰以及结构中，尝试将乡土记忆、因地制宜、建造记忆和价值体系等方面应用到建筑更新和改良中，保留建筑的地域性、原真性。

　　以传统民居的改良为切入点，传统村落的转型与改造也不是一时兴起的城市度假场所，必须保证设计能够持续有效地发挥着作用，本次民居改良正是遵守着这一可持续的原则，通过受众人群的变化做出模式转换，旺季主要面向于游客，淡季转向乡村小学，充分合理地利用资源，服务乡村。

　　乡村改造实践是复杂的、细腻的，不是大刀阔斧的拆除重建。设计实践必须基于村民意愿与需求，做被需要的设计，而不是空想的理想主义结晶。运用设计语言激发乡村活力，提升乡村公共服务水平，提高村民生活幸福感，为乡村做实事。

希望——汶川抗震救灾精神主题书吧 室内空间设计

作者 / 符力月
指导老师 / 代雨桐
四川大学锦江学院

室内类
优秀奖

设计说明

本项目是位于四川省汶川县 1000 多平方米的汶川抗震救灾精神主题特色废墟风书吧。为满足阅读者社交需求、娱乐休闲、不忘历史的情景设计书吧空间，提取出关于汶川地震的救援物资、时钟、标语等设计元素应用到书吧设计中，营造地震时一片废墟的意境环境，并将抗震救灾精神手拉手的图片根据图形、体块推拉切割不断演变成书吧的建筑体块，体现地震灾区人民紧紧相连，团结互助，顽强不屈的精神，以及阅读所带来的精神上宁静。本设计不仅为商业空间增色添彩，也推动了中华文化的传承和发展。

献给爱丽丝——基于电影转译重构的主题餐厅

作者 / 陈庭庭、陈献颖

指导老师 / 肖彬、黄嵩、黄芳、叶雅欣

广西艺术学院

室内类

优秀奖

设计说明

　　本次设计对象为一处由厂房改造的主题餐厅，地点选取在广西南宁市百益上河城，设计灵感来源于电影《爱丽丝梦游仙境》，从电影中的叙事场景进行空间转译分析，提取设计元素。本次设计以拱形为主要空间表达形式，颜色以红、黑、白、蓝为主，通过空间组合营造出一种爱丽丝仙境的梦幻氛围。

森蓝

作者 / 黄腾龙、张凯、龚怡婷、吴美婷　　　　室内类

指导老师 / 王锐　　　　　　　　　　　　优秀奖

云南艺术学院

设计说明

本方案以科幻世界为启发，将科幻要素融入设计之中，构思出一个具有科幻基调和娱乐趣味性，但又基于社会现实的餐厅，灵感源于《阿凡达》世界自然环境中的奇特生态环境，"潘多拉"星球夜晚焕发出的奇特蓝色光芒，神树的发光枝条，发光的神树种子，都令人印象深刻。

在当今娱乐盛行，信息爆炸，经济高速发展的社会背景之下，《三体》等科幻题材小说的火爆，《阿凡达》位列世界票房首位，漫威和CD的一系列幻电影世人皆知，《流浪地球》引发对于国产科幻激烈讨论，《赛博朋克2077》对于未来世界的露骨表现。科幻可谓是全民的狂欢，是人们日常生活茶余饭后的谈资，是对于生活压力的放松和精神慰藉。

同时科幻题材存在的意义也是一种对于未来的思考和探讨，一定程度上引导着社会进步的方向，相较于历史的过去给人的反思和启示，科幻起到的作用则是对将来的预知和摸索，具有非凡的意义。而我们正处于百年未有之大变局之中，迷茫、内卷充斥着生活。以此为社会背景，以《阿凡达》电影为灵感来源和切入点，思考科幻与设计发展的关系，对餐厅进行设计。

科幻如同佳肴的香气，虚无缥缈却能为我们指引美味之所在。

遂宁永和图书馆

作者 / 刘城宇、胡芸梦　　　　　　　室内类
指导老师 / 江雪梅、任家宣　　　　　优秀奖
成都艺术职业大学

设计说明

　　在党的十九大报告下，提出"城乡融合发展"的概念，设计具有城乡融合发展体验的乡村艺术图书馆。以乡村光影艺术图书馆空间设计为例，探讨光与影在商业展示空间应用与表达。通过对空间组织、造型、人工光源与自然光源等的组合设计，深入挖掘商业展示空间中的光和性能。通过光影关系营造整体空间氛围，创造一种能够吸引观众注意力、激发观众情感的效果。除了静态的光影关系的设计表达，还通过动态光影形式吸引顾客的注意力，增加乐趣和互动展示设计，让光影关系成为丰富展示空间氛围表达的亮点。从而让乡村充满艺术，让艺术融入乡村。

AROUND · 围绕

作者 / 陈林鸿、丰媛、王锦阳
指导老师 / 肖彬、黄嵩、黄芳
广西艺术学院

室内类
优秀奖

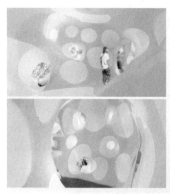

设计说明

　　本方案设计的是虚拟游戏社交空间，通过色彩、光线、几何体等元素，创造出独特的氛围，用血管与细胞的形态构成链接，让人们在虚拟世界的无限中，成为链接各部分的关键，有如细胞与物体之间的关系，让用户在其中感到舒适和愉悦，可以自由地移动、观察和交互。

　　元宇宙是一个平行于现实世界又独立于现实世界的虚拟空间，映射现实世界的在线虚拟世界，是越来越真实的虚拟世界。以为满足以一个虚拟数字的身份身临其境地参与到虚拟现实中，用虚拟来模拟现实空间的社交需求，在元宇宙中认识真实的自我。

海上墟与陆——疍家文化体验馆与共享空间

作者 / 梁永营、李忠航、黄耀黎

指导老师 / 肖彬、黄嵩、黄芳、叶雅欣

广西艺术学院

室内类

优秀奖

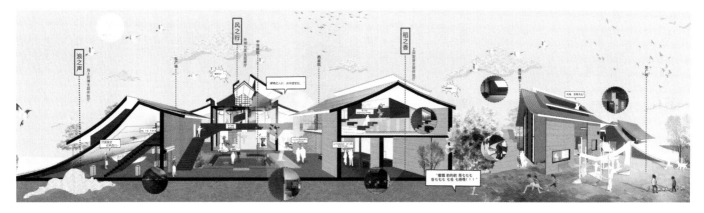

设计说明

　　该场地位于珠海市斗门区排山村，占地面积为一千两百平方米。根据排山村独居特色的夯土建筑以及历史悠久的疍家文化赋予了其独特的文化特点。我们将项目基地打造为当地的非遗文化体验馆的同时，也让其成为村民活动聚集的共享空间。

　　在建筑上，以夯土作为主材料的同时加入玻璃、水泥、钢铁，艺术漆等新材料让使既带有地域性的同时又形成了鲜明的对比。运用了穿插、置入、凹凸、旋转等手法赋予了建筑新的灵魂。在空间上，打造了三个文化体验厅和三个开放式的庭院空间，体验馆既是展示空间又是开放式共享空间，内外穿插，相互渗透。为周边村民和文化传承人提供更自由开放的文化场所，满足当地村民的精神文化交流，同时吸引外来游客体验疍家文化及古村村情。

朝天挂的风——基于女性力量与多变的品牌店重构设计

作者／姜福龙、余思杪
指导老师／陆玲
广西艺术学院

室内类
优秀奖

设计说明

在传统的观念中，女性的主要作用是归于家庭、相夫教子，也极少为实现自己的理想和目标而奋斗。现代越来越多的女性在意识上实现了自我觉醒，逐渐决定将自己作为生活的中心。

品牌 Bordelle 从捆绑束缚中获得灵感，品牌设计将建筑性剪裁的运用合理安置在内衣之上，让内衣外穿达到更极致的完美体现。以线条作为呈现方式，线条是最直观的可以表现力量张力的元素之一，它的集中放射点排布，让线条的疏密产生了变化，力量强弱就有了对比。

品牌 Bordelle 的店面设计以树为意向，从一颗种子，经过时间的积累，打破泥土的束缚，涌现出自然的美。追求探索的深度无穷，没有明确的方向却有无限的可能，不拘一格、勇于突破意识的无穷。无穷，即"没有边界"的意思，其数学符号为∞。其平面以森林、树木的文脉、经络表达拥有的知识和突破自我，店铺外立面表皮采用枝干森林表达出无限生长的欣欣向荣景象，寓意女性拥有着无限可能，在生活中要勇于突破自我，别具一格，才会拥有更加坚强的外壳和更无穷的力量，不断地在社会中崛起、打破束缚、自由生长、打破常规，涌现出女性力量和野性的美。努力长为参天大树，扶摇直上九万里。

三向燕契

作者 / 杨镇宏、王梦晖

指导老师 / 林建力

四川大学艺术学院

室内类

优秀奖

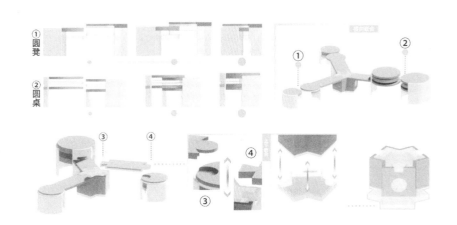

设计说明

1. 参考多种嵌合的的组合方式，运用横向契合和竖向契合的构成语言，提取出组合精髓。

2. 借鉴三岔塔式空间连接方式，使得各个角度的空间都灵动可变。

3. 吸取学习传统榫卯连接方式，并简化运用到家具组合方法中。

借鉴传统榫卯结构形式，进行模块化可自由组合式家具设计。在提供人群需求的同时为流浪动物提供包容空间。

组合方式可嵌合围合成小型聚会空间，大尺寸的圆面相交成为桌子，可供人们使用；可嵌合围合成线性空间，保证公共空间的个人私密感追求，不仅适合在围合使用，同样适合各个公共线性空间；可嵌合围合成大型半围合空间，适合于中小型规模演出、交流活动等无限组合可能性。

寄．翌

作者 / 蒋亚、陈金燕、吴薇、谯丽娟　　　室内类

指导老师 / 李智　　　　　　　　　　　优秀奖

四川艺术职业学院

设计说明

　　本方案以未来科技博物馆为基础 从光影艺术在现实空间中的体现和运用艺术手法体现科技方面入手，主要用艺术手法体现科技带来的冲击感 。

　　概括： 未来概念的设计，以三角形态为主要外观设计，通过前卫立体、多变的空间，来展示体验未来科技的博物馆。

　　创新点：三角形态为主要外观设计，呈倒置斜三角，大多数三角形建筑都是呈正三角，而我们反其道而行之，能展现出地心张力，吸引人们的关注，用颠倒来展现未来诸多不确定因素。

　　造型灵感：灵感来自于千纸鹤，千纸鹤代表祝愿祈祷的意思，每只千纸鹤承载一点祝愿，最后成为一个愿望。千纸鹤有着美丽的传说和文化底蕴，成为人们的感情寄托。

在地性视角下罗平普鲁村公共空间设计

作者 / 郭郑龙、邢晨 、王林锋、李晓波、刘晓彤、
王晓斐、李岐、张申悦平、丁羿杰

指导老师 / 邹洲
云南艺术学院

室内类

优秀奖

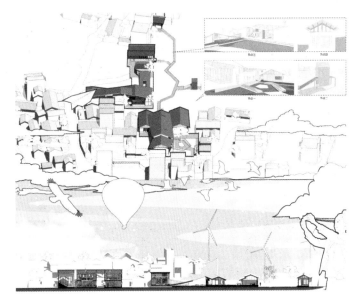

设计说明

　　乡村建筑受到全球化进程的影响，其地域特点有着逐渐衰落及趋同现象。以云南省曲靖市普鲁村为例，探索基于"在地"设计思路支撑下乡村传统建筑真实性营造策略，构建居民生活场景，提高场地活力。通过对田野地点存留的尊重、对乡村可得性材料的运用、对适宜营造技术的再选择，秉承当地居民为主体，对居民需求进行回应式设计，提供多种可能的塑性空间，唤醒乡村活力。

　　普鲁村村民夜间几乎不活动，白天人声鼎沸，晚上可能无人问津，在普鲁村的设计实践中应强调功能的多样性，在束缚固定的盒子空间下，对建筑进行空间上削弱建筑的界限从而打破空间的束缚，产生自由、多变、不确定的空间。青少年在空间中，无限激发好奇心，不断探寻空间永无止境的可能性，使得学习与自由互动共融，让孩子的"被动学习"转变成"主动学习"，在自由中学习，在快乐中成长。

古蜀回响——成都温江鱼凫文化展示空间设计

作者 / 吴雪萌
指导老师 / 孙丹
四川大学锦江学院

室内类
优秀奖

设计说明

　　灿烂的古蜀文明是中华文化的重要组成部分，在"古蜀文明研究工程"与"中华文明探源工程"深入发展的时代背景下，四川省作为蜀文化的源头，将古蜀文化作为精神文明建设的需要。展陈空间作为集陈列、宣传和教育为一体的综合体，也是一个注重人体体验诉求的空间设计，在当代具有重要意义。本设计以展陈空间设计为载体，赋予了其文化宣传意义，不仅希望人们可以了解古蜀文化，同时也寄托着传承乡村文脉和乡村精神的期望。因此，希望该项目可以为古蜀文化宣传和展陈空间设计提供新的思路和方法，满足大众对于展陈空间的更高层次需求。

红星闪耀阅读空间设计

作者 / 邬爱羚、李志强、俞悦锋　　　　　　　室内类
指导老师 / 项勇、龙国跃　　　　　　　　　优秀奖
四川大学锦江学院

设计说明

　　项目地址在四川省成都市成华区，建筑面积约 800 平方米。设计主要分为两个板块，展馆区域和图书区域。展馆区域介绍了建党历史和红色精神，分为装置区域、阶梯阅读区、卫生间、阅读区、咖啡吧、家长陪同区、儿童区七个区域。阶梯阅读区起到次要交通流线的作用，设置原木色地板，使环境更加亲切舒适；阅读区分为阅读树、多人阅读区、单人靠窗卡座区和转角阅读区，以满足不同人群的阅读状态需求；阅读树满足空间造型的多样性，使环境更加贴近自然，使阅读体验更加愉快亲切。川渝红色文化阅读空间的建设是为了传承本地的红色文化，让更多人了解和学习川渝革命历史。

共融·共生

作者 / 李晓雪　　　　　　室内类

指导老师 / 赵悟　　　　　优秀奖

广西民族大学

设计说明

　　共享经济发展模式下的"共享"概念正逐步成为人们生活的主流，而在这一背景下出现的"共享居住"模式，也为青年人提供了一种全新的居住选择，并通过出租、集中管理等手段，从某种意义上缓解了青年人的"住房难题"。针对社区型公寓所存在的问题展开设计策略研究，可以为解决青年人在群居生活中所面临的问题做出自己的贡献，促进社区型公寓这一居住类型的发展。本次设计对南宁市永新城"鸳鸯楼"进行改造设计，将共享社区概念引入其中，针对租客之间性格不合、习惯不同、公共空间的使用分配等一系列问题，通过人与建筑、人与空间、人与网络三方面出发，从而达到提高租客归属感的目的。在共享居住的模式下将缺失的归属感、安全感重新建立。

锦·韵——地域文化在展厅空间中的设计

作者 / 韦辰晨、梁晓雯、高妍   室内类
指导老师 / 韦自力   优秀奖
广西艺术学院

设计说明

　　在该艺术展厅的设计中，运用现代简约风格的同时，融合广西壮族自治区地域文化元素。提取壮锦纹样元素作为整个室内展厅空间的装饰陈设，使具有历史悠久的壮锦元素与整个现代风格展厅主题达到和谐统一的效果，以塑造现代简约风格与地域文化融合为目标，符合当前我国"继承发扬传统文化，增强文化自信"的设计发展趋势。

咖啡制造局——无感体验下的咖啡厅概念设计

作者 / 曾于壮、黎霞
指导老师 / 陆玲
广西艺术学院

室内类
优秀奖

设计说明

参与自然，而非自然参与我们。项目灵感来源于野生菌，结合野生菌的形态以及环境，设计一家"生长"在森林里的品牌咖啡厅。通过五感体验设计，设计多个不同的节点，提高顾客体验性，在体验中也可以起到野生菌宣传作用，展现野生菌的魅力，为云南野生菌的发展起到推动作用。

野舍

作者 / 文雯、孙璐、李欣秀、吕燕君
指导老师 / 王鹏辉
四川旅游学院

室内类
优秀奖

设计说明

雅安市汉源县九襄镇花海果乡处于省级乡村旅游特色乡镇核心区区位优势明显以康养、运动、休闲、农趣为概念主线，再结合山水，竹木等 自然元素旨在打造以"奢"为理念的康养型民宿。以厚重而交织的底蕴与纹理探寻蹊径，希望通过一个个精品民宿的建成带动其旅游产业的发展。

寻趣·陶艺——云南建水非物质文化展馆

作者 / 张林、颜修虎
指导老师 / 杨轶然
玉溪师范学院

室内类
优秀奖

设计说明

　　本设计具有以下特点：第一，为非物质文化遗产，特别是手工技艺类遗产的生产性保护。

第二，为乡土文化景观塑造生态空间。
第三，实现城乡资源整合，城乡一体、统筹发展、乡村振兴。
第四，实现文化和城市特色文化及特色空间打造。

共生云端·那诺乡公共空间设计

作者 / 王景海、张林

指导老师 / 徐曹明

玉溪师范学院

室内类

优秀奖

设计说明

那诺乡公共空间的设计考虑到那诺乡地方特色、地方风貌、生活观念、生活方式、物质文明等哈尼族文化资源，通过提取哈尼族人民即将流失的古建筑元素、传统手工编织技艺、那诺乡梯田特色及当地原始建筑材料材等建造一个能承载那诺乡地域文化的公共空间。旨在激活那诺人民共同的文化价值观，催生他们对于自己本民族文化的认同感和归属感，提升民族凝聚力。

SUNSET RIDE 甜品店

作者 / 黄培琛、李滋鑫　　　　　　室内类
指导老师 / 贾悍、黄嵩　　　　　　入围奖
广西艺术学院

设计说明

　　SUNSET RIDE 是位于无锡万象城附近的一家甜品实验室，在人来人往的街道上成为一道独特的风景线。充满想象力的室内设计活泼跳跃，色彩和材质在每位顾客的眼睛里跳舞。

　　项目的设计灵感源于日落时在霓虹灯上跳跃的色彩。将霓虹灯、落日的形态和元素结合在一起，整个空间笼罩在日落的氛围之下，慵懒惬意。空间既现实又跳脱，是一个在落日下、在霓虹灯上、乌托邦里的梦。

一建重启—旧厂房改造咖啡厅

作者 / 李小珍、韦帮河　　　　　　　室内类
指导老师 / 韦自力、叶雅欣、黎泳　　入围奖
广西艺术学院

设计说明

　　随着城市步伐的加快和城市经济结构的转型，曾经的工厂群逐渐退出市场舞台，而这些的旧工厂的价值及蕴含的历史痕迹并未随之消失。该空间是基于场地及当地艺术属性，摒除原始建筑多余的形态，采用极简的手法，再造出通透性及关联性的几何形态，新生空间与原始空间的融合，模糊旧与新的边界。对于旧厂房，改造是对客观存在的实体保护与改造以及对各种空间、文化、视觉等环境的改造和延续。

少城经络——未来"城中村"空间活力更新设计

作者 / 陈飞龙　　　　　　　　　　室内类
指导老师 / 卢睿泓、宋晶　　　　　入围奖
四川旅游学院

设计说明

　　本设计是在国家政策和成都市"少城旧城改造计划"下提出的对成都市三道街片区的"城中村"空间活力复兴设计，是顺应政府"留改拆"模式，强调城中村有机更新的设计，也是对未来城中村空间如何变化的一次探索。设计以地域文化为依托，结合场地中现有的建筑、环境、空间特点，将围合分离的院落通过空中廊桥和公共节点连接起来形成整体的大院落。设计围绕"经"和"络"展开。空中廊桥和立体交通的搭建，在现存路线的基础上为社区居民提供了一条全新的交通流线，方便不同院落的居民来往，增加了新的交通体验。同时廊桥也将三大

节点和若干小节点连接串联，使整个社区形成一个整体。三大节点根据场地位置分为面向社区居民的公共活动空间和面向外来游客的商业空间。通过重建、改建、新建等方法，在现存的建筑体块上进行改造设计。将最能够代表少城文化的川西古建筑和不同院落的围合形式结合，使得建筑追溯历史又符合现实。从"共享共治"和"弹性空间"入手，以人文本，注重文化和体验，在回溯旧少城历史的同时也保留老成都的市井生活和烟火气息。

石潭幽境——以《小石潭记》为蓝本的空间叙事探索

作者 / 梁丹华、施玄琦
指导老师 / 谭晖、许亮
四川美术学院

室内类
入围奖

设计说明

随着城市化的发展，快节奏的都市生活使人们愈加渴求找寻一种心灵的宁静与舒适自由的体验，故本方案以"石潭造境"为主题，以文入景，诗词《小石潭记》为框架，将综合服务空间内部的各个空间序列对应于《小石潭记》的不同场景与氛围，旨在营造一种连贯、灵动、自由的休闲体验。

本案选址位于重庆铜锣山矿山公园的 12 号矿坑，依托矿山多维立体的地貌特征打造饮食、品茶、休憩、读书为一体的立体服务空间。设计主要运用木、竹、石、玻璃等材料，整体采用暖灰色调，给予使用者一种大隐隐于世的安宁、静谧之感。山、水、石、竹、木这五种元素相互搭配，用以再现祥和、奇异、灵动、朦胧、寂静等不同的意境，丰富空间体验。

雾里云涧

作者 / 颜修虎、周妍帆、王莹莹　　　　　　　室内类
指导老师 / 徐曹明　　　　　　　　　　　　　入围奖
玉溪师范学院

设计说明

民宿的设计注重自然生态和人文内涵，把那诺乡独特的生态展现在民宿之中，通过外在的梯田景观与内在的人文氛围相结合，让游客在民宿中感受到当地的生态景观和人文气息。

而民宿的设计又讲究保护当地的生态环境，在设计中基本上跟随梯田的走势，将梯田最大程度地保护起来，在材料的选择上，因地制宜，将那诺地区的传统乡土材料经过与现代手段的融合，让其得以新生，这样就将民宿与环境彻底融合在一起。

共生

作者 / 彭文敏、蒲小利、邓梦琴、谢爽
指导老师 / 李玉兰
成都文理学院

室内类
入围奖

设计说明

本次的办公空间设计为成都文理学院艺术楼三楼和四楼的环境设计专业的办公室。我们办公室设计的主题是"空间"与"自然"共生。

整个场地窗外视线遮挡较少,光照较为充足。三楼是西朝向,夏季的下午有光照直射;四楼是东朝向,早晨有明显的阳光。两个办公室的使用人群有在职教师、外聘教师和专业学生。在职教师需要属于自己的办公位置,方便自己办公;外聘教师需要一个可以稍作休息的

地方;学生也需要一个能与老师交流的空间。由于这些需求,我们便设计了足够在职教师使用的办公位置还有外聘教师可以共享使用的卡座,为了不打扰他人办公,还设计了独立空间,方便讨论。由于四楼空间较大,还设计了会议室,这样老师们就不用占用学生教室开会了,还有茶水区和打印区方,方便老师们使用。

本次的办公空间设计以自然为出发点,创造了一个温馨舒适的办公环境。

MASK

作者 / 吴雪卉
指导老师 / 唐健武
南宁师范大学

室内类
入围奖

设计说明

设计主题是容貌和体型焦虑，以高饱和色彩及怪诞风打造出一个美妆集合店铺，店铺名为《MASK》，美妆是离"容貌"最近的一环，因此选择美妆集合店作为载体。

想以一种反讽的形式告诉大家拒绝容貌焦虑，拒绝被定义。主设计家具，辅设计空间。通过对"双下巴""雀斑""单眼皮""厚嘴唇""秃头""胖"等这些使人们产生焦虑的身体部位进行提取，和怪诞风的插画以及现代简约家具进行融合、提炼、重组；设计出"容貌和体型焦虑"的系列设计《真实》《整容》《大象腿》《容貌焦虑》《痘痘》《堆》六个成品原创家具。

将系列设计与空间结合，使《MASK》成为展现态度的延伸和宣传的载体，并起到一定的舆论作用，告诉所有人美不需要被定义。

天人合一 + 展示设计

作者 / 许宇、王宇行、左骏杰、雷敬雯   室内类

指导老师 / 单宁   入围奖

四川旅游学院

设计说明

　　本次展会设计通过流水的流动形式作为墙面的造型指导意向，根据贵州地理特征，运用沉积岩的堆积方式作为墙的立面表现形式，地面采用褐色大理石材质对灯光的设计进行呼应，墙面采用细腻的白灰色腻子膏。空间吊灯采用弧形凹陷的形式，围绕出的造型采用不锈钢玻璃赋予材质，意在通过不锈钢玻璃的材质特性，表达一种水的意境。

"文渊" ——白水县图书馆室内设计

作者 / 黄天宇、刘爽、李向雯
指导老师 / 闫媛媛
渭南师范学院

室内类
入围奖

设计说明

该设计选址于渭南市门水县仓颉公园旁边，故选用仓颉造字的传说，利用汉字进行装饰点缀，以汉字和图书文化相结合，和多功能的区域相结合，方便文化的交流和传播。做一个图书馆设计，设计图书馆的室内空间，需要根据读者对读书环境的需求来进行。同时还需要考虑到不同区域所使用的功能不同，要充分考虑到图书馆内部空间的开放性多元化设计和传统元素之间的关系。只有将两者结合起来，才能使图书馆具有更好的使用功能。在进行图书馆内部开放式多元化空间设计的应用时，需要将开放、多元化与传统进行融合，只有这样才能使其发挥更好的作用。将光影艺术放入室内设计，让环境更加有层次和空间感。

伴我而行——蜂巢状陕西儿童回归救助中心空间设计

作者 / 张洲铭、孙亦凡
指导老师 / 胡月文
西安美术学院

室内类
入围奖

设计说明

以社会共同抚养理念为先导，针对陕西省西安市迷鹿村儿童回归救助中心服刑人员子女这一特殊群体，探讨了一种新型的混龄儿童空间设计方案，结合蜂巢模式的优点，提出了一种基于"蜂巢状"平等互助群居生活空间设计模式。分析现有儿童空间设计发展趋势和存在问题，介绍了社会共同抚养理念和蜂巢模式相关概念和优点。详细推演"蜂巢状"平等互助群居生活空间设计方案，并通过实地调研和效果图展示了其可行性和创新性。

邻里新活力——城市共享社区空间设计

作者 / 张祎然
指导老师 / 舒悦
西华大学

室内类
入围奖

设计说明

以"三线建设"为文化背景，对攀枝花老旧社区活动空间改造为例，进行设计研究，唤醒人们对老社区的记忆和城市记忆。本次设计以大渡口社区活动空间为研究对象，此场地是昔日城市中心，但随着城市的发展场地被遗忘，运用新颖的设计手法与社区活动空间相结合，改造社区设施老旧和空间现状的同时，让社区共享活动空间穿梭在旧城区，却一直保留着独特的生活气息。设计通过弱化凸显个性的设计形式，从而提供舒适和包容的环境，为人们保留自由的、休闲的、交流空间和活动空间。朴素的设计还原社区活动空间的样子，自然而然地构建人和人的关系，传达着共享、阅读、健身等多功能活动空间。

文化遗产起搏器

作者 / 王鹏翔　　　　　　　　　　　室内类

指导老师 / 马琪　　　　　　　　　　入围奖

云南艺术学院

设计说明

　　设计以文化资本理论为切入视角，对镇雄彝族土司后裔府邸遗址陇氏庄园及周边的历史人文环境、自然风光、文化资源、社会资源等要素展开研究与分析。在文化资本理论和历史遗产保护理论的指导下，文化资本视角下的遗址保护需要将遗址所在的乡镇视作遗址保护与再利用的整体环境，把本地居民、本地物质文化资源、本地非物质文化资源、文化产业从业人员、建筑师、政府部门等相关要素作为文化资本运营过程中的文化共同体。将镇雄陇氏庄园遗址转化为文化生产空间，完成本地文化的挖掘和转化，使文化环境中的各要素都得到文化资本的积累和再生产。将此结论应用到本项目设计实践中，分为历史建筑遗址的空间设计和本土文化资源转化的文化创意设计。

　　通过将陇氏庄园周边的文化环境和文化资源纳入镇雄大湾的整体发展，陇氏庄园从而转型成为大湾文化艺术中心，来服务于本地居民，进行文化知识的交流和传播。陇氏庄园历史建筑遗存得到了常驻机构或单位的支持，从而获得可持续性的保护性更新。作为大湾的文化艺术中心，展示本土文化和转化本土文化资源，是两个最重要的任务。在这个过程中，为当地居民带来文化资本和经济资本的双重提升。

"醉广寒"——餐饮空间设计

作者 / 胡文智　　　　　　室内类

指导老师 / 郝薇　　　　　入围奖

成都文理学院

设计说明

　　近年来线下实体行业发展迅速，餐饮行业是发展最明显的行业之一。然而，随着人们对美好生活的渴望日益增强，国内餐饮业的发展已经无法满足其发展速度的要求。从餐饮消费方式和餐饮消费结构来看，以中餐和快餐为主，特色较少。餐厅在接待大量顾客的同时，也遇到了消费者对就餐环境不满的尴尬。在不同类型的餐厅中，同类型餐厅横向重复施工的现象非常普遍。商业模式平淡，食物千篇一律，失去了地方特色。不仅严重阻碍了资源的有效配置，而且由于价格竞争水平低，降低了运营效率。更重要的是，不管餐馆叫什么名字，都会重复同样的菜肴。

　　因此，为了激发和刷新餐饮的活力，我们决定在餐厅中植入少数民族特色食品。一方面，少数民族的菜肴对消费者来说更新鲜，这可以更新原有的商业模式和菜肴；另一方面，少数民族的特色菜肴也可以带动整个餐饮业的发展。同时，城市的文化氛围和固有的客源也为餐厅的发展提供动力，而餐厅的发展又会对城市的发展产生反应，两者是辩证统一的。

　　对于新餐厅的设计，我们将采用无隔挡或少格挡的布局，并逐步以开放空间更新传统空间，使整个城市得到辩证发展。

自然——农耕文化活动中心

作者 / 申子洋、曾奕冲、孟永振、赵硕

指导老师 / 钟方婕、蔡安宁

广西民族大学

室内类

入围奖

设计说明

　　基于乡村振兴等相关政策，对乡村小学做翻修、扩建等改造计划，解决沉没于落后乡村小学的同质化问题，打造研学教育基地，提升教育质量，提升城乡联动机遇，为村落师生解决实际问题。以家庭亲子活动和各小学学生之间的交流互动为改造主题，将乡野自然的风光融入教育基地，打造便捷的沟通场所，同时满足师生教学环境需求，赋予沉闷环境新生命。同时将传统文化植入教育基地，学生身处自然，感受自然，使用自然，以此建立结合微农耕、儿童学堂、交流互动等综合性活动空间。

219

SOUND ITOUT& 微醺

作者 / 刘佳韵、马艳芳、吴雪盈   室内类
指导老师 / 韦红霞   入围奖
广西民族大学

设计说明

经过对品牌理念与黑胶文化的认识分析，将"S SOUND IT OUT"音乐餐厅更加主题化、细致化、黑胶唱片有一种不能抗拒的仪式感和归属感，将黑胶音乐文化与现代餐饮相结合，建立全新多元化的音乐体验综合空间，通过小型的演唱会、音乐会给音乐餐厅带来不一样的"新鲜气息"。在现代时尚为主基调的基础上运用建筑形态与色彩巧妙结合，达到第一视觉印象。在整体环境中设置多个网红打卡地，打造体验感最佳的音乐餐厅。

广西民间工艺美术馆设计

作者 / 宁昭仑
指导老师 / 贾悍
广西艺术学院

室内类
入围奖

设计说明

　　本次方案为产教融合模式下的广西民间美术馆设计，展馆将围绕我国广西壮族自治区内的"壮、苗、侗、瑶"四个少数民族的民族历史进行概述，针对其各民族人物、服饰、织绣，纹样等资料进行收集汇总详细展示，也是将传统的文化类展示空间进行现代化转译，从展示形式入手并充分考虑展馆功能需求，从二维图形到三维空间分别对传统民间工艺美术纹样和展馆内部空间组合形式进行融合转化，从而获得更好的实用传承性落实产教融合发展。

环保理念下的商业展示空间设计

作者 / 李仕龙、关玺、丁威良

指导老师 / 贾悍

广西艺术学院

室内类

入围奖

设计说明

　　"环保"这一理念的诞生，并不是人们的心血来潮，而是面对资源枯竭这一问题的深度思考。由于天然原料资源的减少，人们开始比以往任何时候都更多地将废物视为一种新的资源，而不再是产品生命的终结。本次设计主题以一可口可乐为商业背景原型，深度探索其在巨大销量下所产生的环保问题。并与商业展示空间相融合，在完善品牌宣传的同时，引发社会对于社会环保问题的关注。

梦游霜叶飞

作者 / 左骏杰、许宇、敖嘉乐、张燕雨
指导老师 / 卢睿泓
四川旅游学院

室内类
入围奖

设计说明

　　整个展厅取感于贵州当地的岩石地貌，墙面采用岩石的堆积感来突出展示墙面的设计，从而衬托出展品。整个展厅通体呈白色的整洁性。

藏式餐厅室内设计

作者 / 李美霖　　　　　　　　　　室内类
指导老师 / 魏允迪　　　　　　　　入围奖
西华大学

设计说明

　　现如今社会经济快速发展，人们的生活质量大幅度提高，人们对餐厅的要求不再只局限在味道，而对就餐环境和氛围有了更高的需求。餐厅不再只是一个解决温饱的场所，更多的是承载精神和感官的各方面需求。民族餐厅能够带来各地区和民族的特色美食，还能够满足人们的精神文化需求。通过调研和文献阅读，对藏族文化进行了全面的了解和分析，从藏族室内装饰元素，民族文化和典型艺术元素等方面进行研究，从中获得设计概念，选取其中典型的民族元素进行提炼，

运用传统和现代设计手法，使其藏族文化元素能够更好地融入餐厅，让人们全面了解、感受到藏族地域文化的风情。此设计以藏族文化为背景，以藏式特色装饰纹样、装饰物和绘画雕刻等为主题，结合空间的形态、地域色彩和材质、摆件等营造餐厅的氛围，传承传统文化，传播人文情怀，认识到藏族文化和感受出设计的细节和内容，让藏族文化、藏餐得到展示和推广，同时也提升餐厅设计的创新思维。

市隐·辋川——诗情画境沉浸式民宿空间环境设计

作者 / 黄龙斌、曾昀、李美娟、黄美兰　　　　　室内类
指导老师 / 张琳琳、谷永丽　　　　　　　　　　入围奖
云南艺术学院

设计说明

辋川别业位于唐长安城附近蓝田县南约 20 公里处，是王维晚年居住的别墅，由于此地溪谷水流似车辋环辏，故名辋水，辋川也因此得名。辋川别业是唐代自然园林式别业的典型代表，也是中国园林史上一座著名的私家园林。

通过文献考证和复原分析，对这座私家园林的历史沿革、基本布局及造园手法进行探讨，并引出辋川别业对于风景园林的要求与启发以及对当下学习的思考。

本设计以辋川二十景为设计切入点，结合图中绝句透析内涵，赋予于民宿设计，使其情景再现。进行空间串联建筑外形结合"辋口庄"公共区域延续辋川图整体效果和客房元素的节点区域联系辋川图节点，进行针对设计。以寻找一种全新的更新模式，激活传统民宿空间。打造出大隐隐于市之感，传承非遗文化的同时也将现代设计以新的时代面貌而展现。

归向——公共空间设计

作者 / 杨梦丹
指导老师 / 蔡安宁
广西民族大学

室内类
入围奖

设计说明

　　"打开心灵栖息地，为思想滋养新水土"，在古老三民村的改建中，一个村子的灵魂必然是要经过淬炼的，用文化艺术去塑筋造骨，培养精神内涵，公共设施在村落建设中是不可缺少的。在村落中建设一系列公共设施，培养一个文化活动空间，则是为这项工程添砖加瓦。此项目不只是单纯的村民休闲空间，还会拉近村民间的交流活动，它不仅仅是让村民们修身养性，也为外来的"栖息者"提供了远离城市喧嚣的心灵安放之所，两者在此环境中互相交流学习，让村民开放思想，增加文化底蕴，让外来者对此地有更深的认识，增加归属感，甚至于受到影响，而在之后的村落参与中贡献出自己的一份力量。

愈老·存栖

作者 / 黎颖

指导老师 / 黄晴川、刘付春婷

南宁学院

室内类

入围奖

设计说明

本方案位于宾阳县大桥镇一个建成于 2010 年的养老院当中，因原有建筑空间功能过于单一，所以通过适老化与老年人需求改善原有建筑老旧设施与住宿环境。在此前提下，为了缓解养老院养老模式的问题提出复合型养老模式的构想，即"娱乐＋养老＋保健"的模式，打造交往、娱乐、保健、休闲等公共空间场所，在养老院内选出地块新建建筑，主要功能为活动中心与保健区域。从而提升养老院空间的品质，为老年人营造一个舒适、人性化的居住环境。

"梨园簇锦"

作者 / 吴丹妮 室内类
指导老师 / 汪金莲 入围奖
四川国际标榜职业学院

设计说明

　　"梨园簇锦"是一家川剧主题火锅店设计。这四个字表达的是川剧的曲目丰富，舞台精彩，有着独特的川剧魅力，用作火锅店的名字最好不过了。

　　随着时代的发展，社会的科技感不断增强，现在的人对非遗文化在逐渐遗忘。文化遗产对我们来说是瑰宝，川剧开始出现了衰败的迹象，而设计这个火锅店的初衷就是为了让大家能够对川剧文化产生兴趣，潜移默化地让他们认识川剧，了解川剧。之所以选择打造这个IP，也是为了不让川剧被他们这代人遗忘，让川剧重获新生。

　　川剧是川渝地区最具有代表性的非物质文化遗产。让大家从观、听、感、品这四个方面了解到川剧。川渝地区是潮流的聚集地、新风尚，所以选择的是偏中式的风格，有一种传统与现代时尚的碰撞，运用巧妙的设计手法，使整体设计热烈而不失张扬，沉稳而不沉闷，这种风格突出民族风情，符合大众的审美情趣。这也对应了"生长·涌现"这两个主题。时代在不断发展，我们都在不断的生长，每个时间段的喜好都是在变化的。

　　我们应该去勇于创新，火锅店有许多年的历史，在基础上，让火锅店结合川剧这一特色，去涌现出一种新的潮流，从中不仅让人感受到川剧的魅力，也让火锅店更上一层楼。

湖畔餐吧

作者 / 王成   室内类

指导老师 / 刘冬燕   入围奖

四川国际标榜职业学院

设计说明

  方案的消费群体主要是外来旅游游客,其次是为当地人。作为餐吧主要是以盈利为目的,所以除了餐饮本身食物的味道品质,还有室内空间的装饰装修吸引消费者。如何通过室内外的环境设计吸引消费者增加客流量,这是本次方案的重要设计思路。

  选择的风格是工业风,通过空间中对工业元素的呈现和运用,融入现代流行的网红墙打卡地、潮流元素等设计,整体风格更能体现现代化设计。在整体区域设计划分中,分为前台区、吧台、就餐区、多人就餐区、后厨、饮品操作区、展示区、卫生间等。

综合类
SYNTHESIS

Z 次方度假酒店

作者 / 沈枫耘、王苗媛、岳章　　　　　　综合类

指导老师 / 周炯焱、林建力　　　　　　金奖

四川大学艺术学院

设计说明

新疆喀纳斯贾登峪风景如画，与阿勒泰草原文化、图瓦文化共同形成当地特色景观资源。Z次方度假酒店拟在此地引领青年度假风潮，打造客房经济舒适，公共区丰富多彩的复合空间。酒店整体遵循造价低、体验多元的设计目标，主体建筑采用切割重组（当地木屋）的设计手法，并结合 Z 时代出行特点，设计出单人间、双人间 A、双人间 B、六人间共四种房型；折线形的共享廊道与雪道，作为公共区的过渡，增强了空间的流动性和趣味性。

剖面图

Z Z次方度假酒店设计方案

韧性空间：游牧文化草原裕固族人居环境更新设计

作者 / 张峻澎、童梦洁、沈佳琪、吴悦彤　　综合类
指导老师 / 胡月文　　　　　　　　　　　　银奖
西安美术学院

村民活动中心中庭

设计说明

　　游牧，是传统游牧民族生产与生活方式形成的生存机制。民族之间频繁互动的当下，游牧性给所有栖息者提供了一个不同的思维与感知维度。裕固族作为中国特有的游牧民族，其传统的建筑形式与游牧文化密不可分。在此基础上通过认识裕固族早期赖以生存的居住方式，分析其空间形态与场域的空间结构，构架独具地域韧性、空间韧性、行为韧性的聚落新体系。设计从裕固族的"高车穹庐"形态出发，以大草滩村及康隆寺遗址为基础，传承与保护传统文化与民族文化资源，

发掘裕固族新样态建筑语言，从村落相关节点与民居形态进行设计，更新规划整体村落肌理，研究传统文化下裕固族人民与外来人群的行为与空间需求，思考何为适应其需求的空间，如何联系汉民族与少数民族的文化纽带，完善村落基础设施的同时，发掘更深层次的建筑语言。引领多民族文化融合，裕汉民族发展与融合也将成为重要的时代课题。

游客服务中心/TOURIST SERVICE CENTER

效果图展示/RENDERINGS

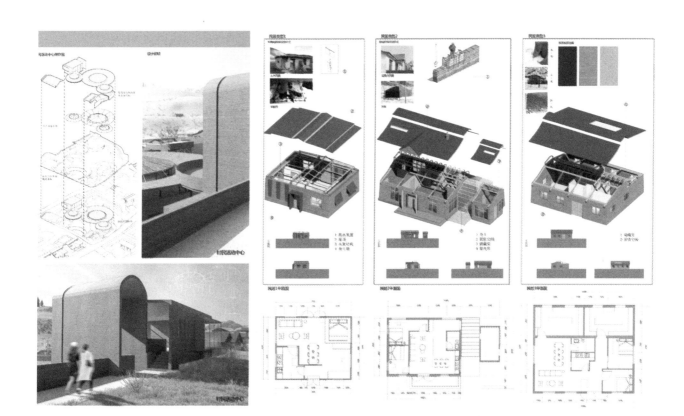

大城小村——基于城市触媒理论的城中村更新设计

作者 / 田雨阳、雷云霓、李屹
指导老师 / 潘召南
四川美术学院

综合类

银奖

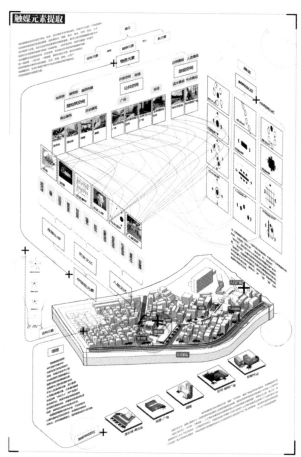

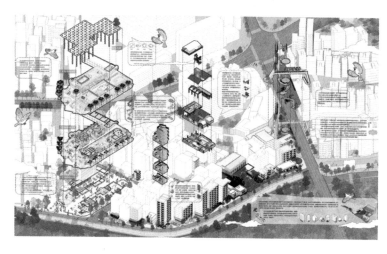

设计说明

我国城市化进程中暴露出了城市发展中的诸多问题，城市更新也从"拆"走向"改"，"增量"转向"存量"，城中村改造当前已成为城市更新中十分重要的一部分，其更新不但包括对物质环境的改造更新，还包括对社会、经济、文化等多方面的考量，需要依据自身特点探寻合适的更新模式。城中村所面临的物质环境衰败、服务功能单一、基础设施建设滞后、原真性文化丧失、生命力下降等问题，虽是缺陷却具有潜在价值，亟须触媒式的更新模式。本设计结合实践考察进行了详细的前期分析，提出了相应的更新策略，从空间结构和人群需求层面构建出点线面的触媒作用层级，通过点线面交织和空间、功能、文化三维度共同引导触媒反应，重塑遗余空间，以承续地方文脉，保留区域的原真性和社区的多元化，促使城中村重焕新生。

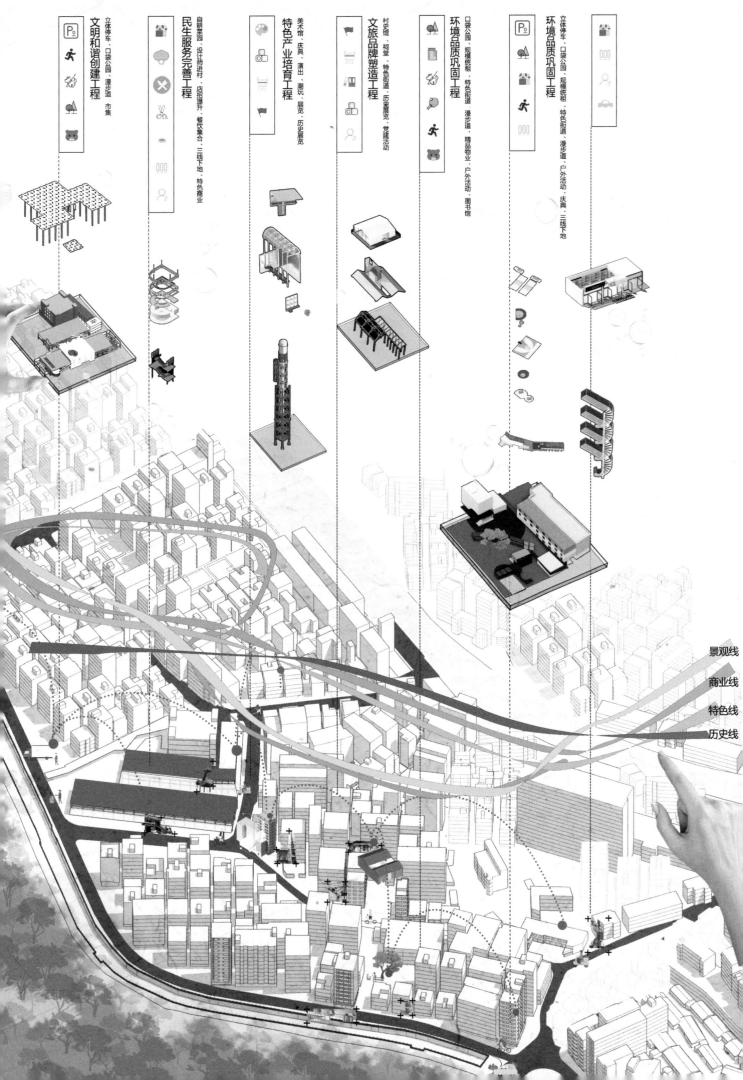

文明和谐创建工程
立体停车、口袋公园、漫步道、市集

民生服务完善工程
自耕菜园、设计师进村、店招提升、餐饮集合、三线下地、特色商业

特色产业培育工程
美术馆、庆典、演出、潮玩、展览、历史展览

文旅品牌塑造工程
村史馆、祠堂、特色街道、历史展览、党建活动

环境品质巩固工程
口袋公园、规模统租、特色街道、漫步道、精品物业、户外活动、图书馆

环境品质巩固工程
立体停车、口袋公园、规模统租、特色街道、漫步道、户外活动、庆典、三线下地

景观线

商业线

特色线

历史线

代际梦想

作者 / 刘卓铭、林航星、李浩楠　　　　　　综合类

指导老师 / 林建力　　　　　　　　　　　　银奖

四川大学艺术学院

设计说明

　　本设计关注欠发达地区的教育资源紧缺问题，用便宜、循环利用、无污染的材料制作教学家具，并尝试把可调节高度的系统引入其中，试图用最简单的手法、最朴素的材料达到实用、好用。能够解决现实问题的立件教学家具组成了这个教室系统，主要给初等教育如小学使用。我们摒弃五金件的连接方式，依靠板材最简单的插接组装、用最简单的绳索系统加固结构并实现可调节高度的设计。这种连接方式使得家具可以快速拆卸、轻易组装，拆下的绳索充当了打包绑带，以此实现便携运输，在任何场地都可以快速搭建一个临时教室。

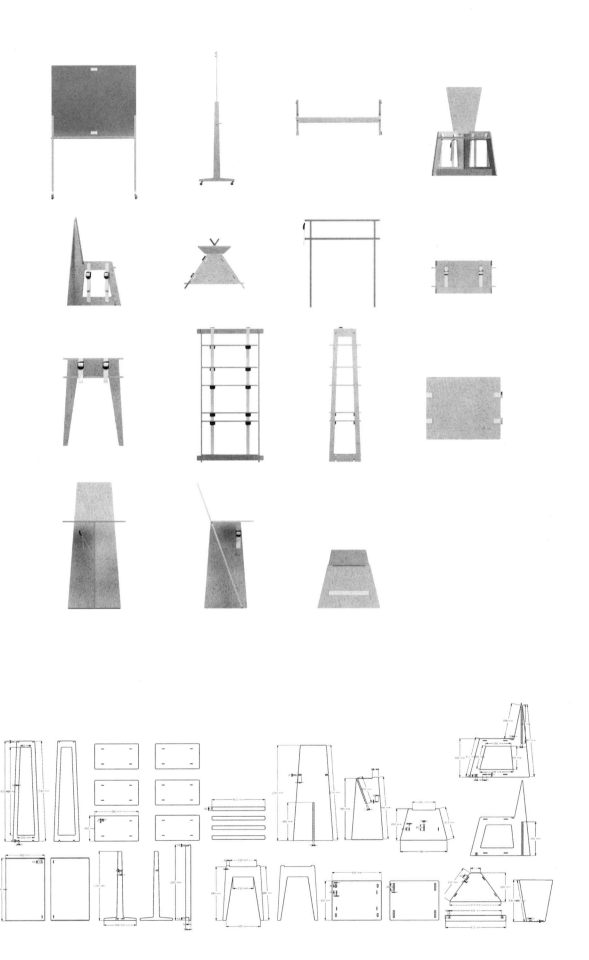

烈火雄 " 心 "

作者 / 李源 袁小超   综合类

指导老师 / 潘召南、谭晖、赵一舟   银奖

四川美术学院

设计说明

    每一个故事都有价值，每一段历史都值得铭记。《时空穿梭——重庆特殊钢厂艺术创意产业园区设计改造》采用过去、现在、未来三种空间表达方式，试图让人们通过穿越不同的场地，体验不同的时空，探索平行世界存在的可能性。该作品利用回收材料和大型钢铁景观装置定格重庆特殊钢厂过去的光辉岁月，再布局艺术探索游线串联艺术博物馆、创意产业园和时空穿梭营等功能空间，引导游客从过去回到现实。在塑造未来的场景空间中，该作品尝试采用 AI 技术和 Chatgpt 搭建场地的智能化建筑和生态化景观模式，以前瞻性的设计思维探索场地中人类未来生活模式的可能性。缆车、空中轨道和地面步道三层交通体系表现穿越时空的不同主题，在场地中营造了三种时间并置的场景，使作品充满了丰富的想象力。

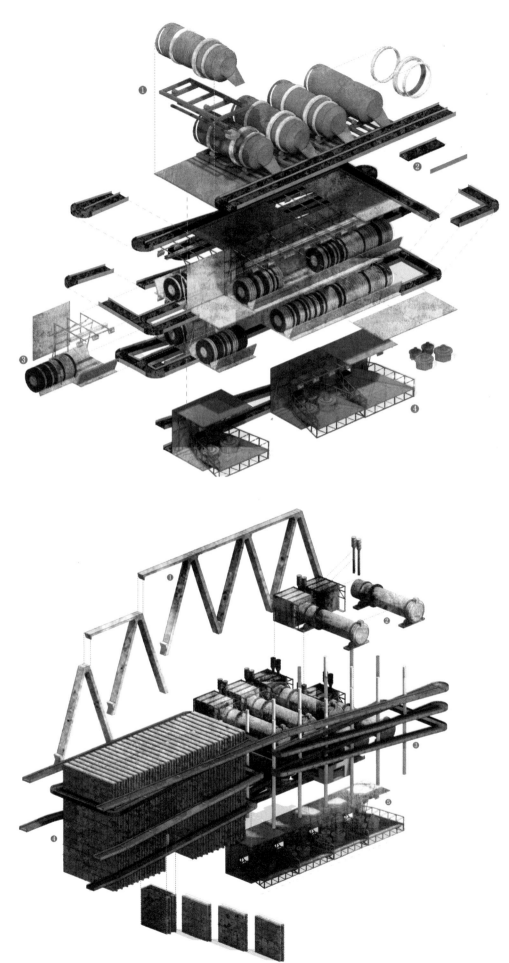

涅槃——基于文化遗产保护视角下的古村落公共空间更新设计

作者 / 吴佳怡、韩雨莹

指导老师 / 王晓华、吴晓冬

西安美术学院

综合类

银奖

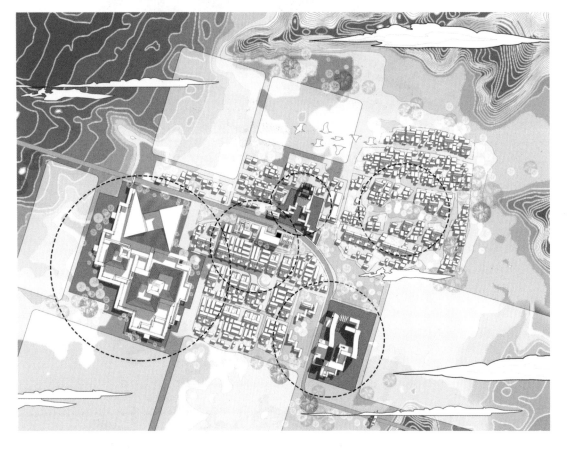

设计说明

　　大河汤汤，华夏泱泱。黄河是人们心中的"母亲河"，更是中华文化的主要源泉和象征表现。黄河文化是古今黄河流域中各民族人民和自然环境相互作用所产出的璀璨民族历史文明。

　　在历史长河中，原生态古村落的存在正是黄土高原黄河文化得以

延续的原因，位于陕西渭南的灵泉村恰好保留了黄河文化的基因。本设计意从文化入手，寻求建筑设计与地域文化的有机合，结合黄河文化，将整座村了打造为一个展示黄河文化、合阳文化的古村落博物馆。

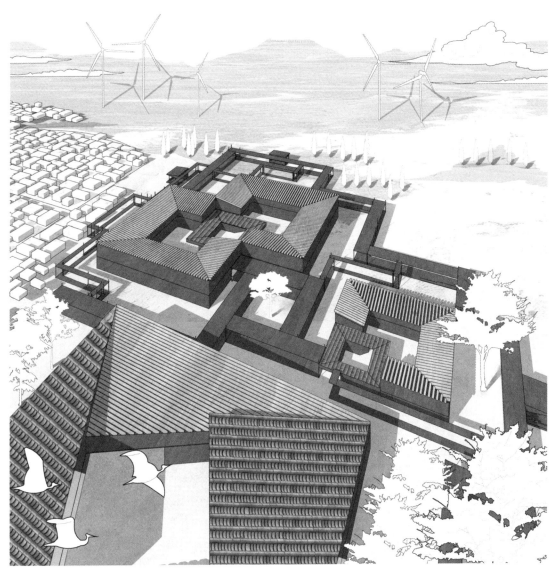

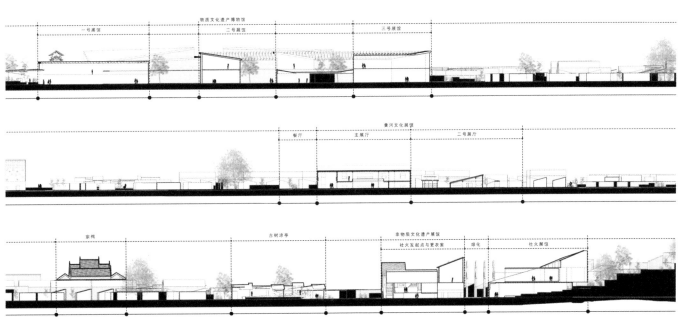

墟市·叙事——以记忆延续为导向的东门老街商业片区城市更新活化设计

作者 / 洪佳琦
指导老师 / 周维娜
西安美术学院

综合类
铜奖

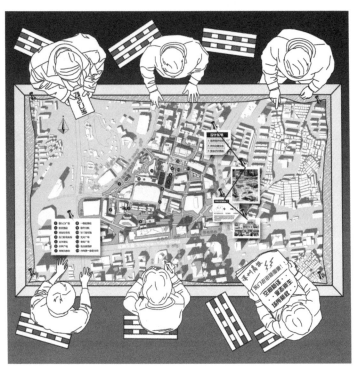

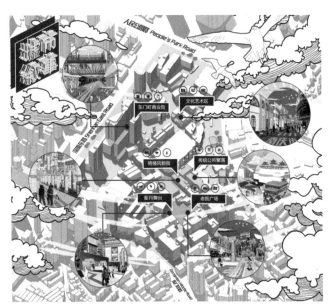

设计说明

目前就城市形象趋同、本土特征逐渐弱化、城市记忆载体流失、场所文化传承面临困难等诸多问题。如何延续场所记忆，维护城市特色，构建文化共同体，实现城镇人文复兴，成为城市更新背景下的重要任务。历史商业街区作为城市中重要的公共空间是城市活力的源泉，同时也是历史文化的载体，蕴含着公众市民的集体记忆。

本次设计的场地，位于深圳市东门老街商业片区，深圳建特区后，老街依旧为最早的商业中心，长期引导和左右着深圳的消费潮流。此次设计通过重译场所空间、优化功能业态、营建记忆情境三方面，进行东门老街商业片区的活化设计。凭借人群在街区中的感观体验，建立个体、场所、社会间的情感联结，加强东门老街商业片区的文化性表现，以此激发其内生动力，做到永续发展，实现真正意义上的活化。对于历史商业街区此类与人群日常活动联系紧密的场所，其场所记忆不仅是宏大的历史文化，更多的是日常性的空间记忆，这是人群生产活动中推动着社会运作的重要印迹，也是最能引起人群情感的归属和共鸣。

暖山

作者 / 南一帆   综合类

指导老师 / 彭宇   铜奖

四川大学艺术学院

设计说明

　　"暖山"麓湖立体口袋公园是为应对全新发展的城市所带来的强需求与高要求社区服务的市民中心。基于在地历史悠久的雪山文化与场地不远处的陈家水碾遗址现状,建筑被设计为一个有如天外来客一般的圆盘与流线交错体量的组合体,其间穿插溪地水景和互动空间,作为文化的呼应与回忆。

　　由需求出发,建筑本身作为市民中心、活动茶室、科技展馆、地下停车场综合体,其特殊的体量与形态,以及空旷的灰空间式地面空间,为其带来了应有的地标性,如日照金山,以特别的标志形式为市民指引;

又如曲水流觞,为当地居民提供了活跃与互动空间;再如夜幕星河,通过虚实、高差来实现视线安全,无论是老人、儿童、青年人都能在这片乐园里安全、高效、舒适地生活。

　　设计创新性地将人工几何式的建筑与自然地景相结合,将城市缝合理念应用于公园设计以达到建筑、景观、交通、功能一体化,营造了人与自然互动的良好环境,水景与自然植景观相得益彰,使到访者可以获得中国古典式园林现代化的空间体验。

浔光

作者 / 南一帆、欧阳嘉璐、张溱源
指导老师 / 周炯焱、彭宇
四川大学艺术学院

综合类
铜奖

设计说明

项目立足中国四川成都，外揽山水之幽、内得人文之胜，书写了2300余年城名未改、城址未迁的城市发展传奇。今天的成都，现代社会的快节奏与休闲之都的慢生活完美融合，优雅时尚与乐观包容交相辉映，是一个"来了就不想走的城市"。天府新区则是"一带一路"建设和长江经济带发展的重要节点，总体规划需突出公园城市特点，生态价值是其不可或缺的重要部分。

以生态导向为设计主旨，以在地性极强的经典古蜀文化"三星堆"

文化为设计背景，考虑区域公众人群的喜好特性和切实需求，围绕公园城市发展理念，从古蜀自然崇拜出发，将可持续发展概念融入现代生活，打造"浔光"叙事性游览路径，人与自然无界的全新公园体验模块——集文化、娱乐、休闲、商务为一体的自然公园社区。

主要方法为"城市针灸"，以"点式切入"的方式来进行改造，以丝绸之路为一轴，分三期进行设计。

拾文·院——基于乡村振兴下的乡村院落改造

作者 / 晏晶晶、余文玉
指导老师 / 黄洪波
四川美术学院

综合类
铜奖

设计说明

　　在基于乡村振兴的理念下，乡村院落群体以提高精神生活为载体，同时作为"授人以渔"的功能性建筑群体。以"拾文"为主题，拾：拾取，重拾；文：文化，内涵；旨在唤醒村落中的活力，将文化植入其中，带动乡村自给自足之路，走上首富物质，后富精神的道路。乡村教育不仅限于对孩童，更应该针对整个村民的居民们，通过在书院里学习、看书，接受农作相关知识再回到书院里对他人进行指导，互相学习，从而形成循环的学习模式。不仅希望乡村有书院的形象化体现，更希望乡村的居民们能够真正的学习并有着可持续的生活状态，使居民们在生活上、精神上能够真正地在田园一居。该项目希望对于培育新型职业农民、增进农民福祉、解决新时代我国社会主要矛盾有一定的帮助。

迈向幸福感的栖居——香港未来非城市空间城乡融合的新聚居模式

作者 / 赵倩、卢颖萱、李哲
指导老师 / 丁向磊、周维娜、李华
西安美术学院

综合类
铜奖

设计说明

你幸福吗？中国的城乡转型发生得非常迅速，城市化不断深入。物质生活水平的提高并没有使人们追求幸福生活的愿望得以实现，反而出现了人们的精神危机。面对这一现实，我们迫切需要对"人类怎样追求幸福生活"进行深刻剖析。宏观来看，一个幸福的栖居环境应该是健康的、安全的、自然宜人的、社会和谐的、生活方便的和出行便捷的。

城市空间目前趋于饱和，现如今还有很大的开发空间。因此，庞大的城市需要被"肢解"。将城市中过度集中的生产生活系统在非城市空间中"去中心化"分解、再组织是我们预期的设计目标。

我们的设计论述将分成理论构想与落地实践两部分。理论部分将从概念角度入手，构想出一个符合在非城市空间中构建幸福栖居的空间类型与系统模式。实践部分则是选择了城市矛盾与居民心理最为典型的香港地区。我们设计了健康系统、交通系统、社区活力系统、生产系统、生活保障系统、生态系统、文化教育系统七大系统作为社区的基本构成单元，并以此为原则对场地进行基本划分。这七大系统的创建是基于影响幸福的主要因素推导而来，基本可以解决人们在幸福生产生活中的方方面面。此外，我们还将地域建筑特色进行设计转译，融入规划，进而探索理论部分的在地适用性。

绿合生态——盘龙江沿岸 4×4 叙事文化空间设计

作者 / 张铭峰、李虎能、谭祖鹏　　　　综合类

指导老师 / 王尧　　　　　　　　　　　铜奖

云南师范大学

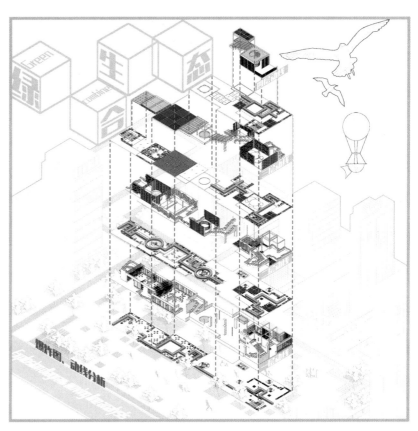

设计说明

　　以 4×4 的基本模块，进行重组重构，由最初的简单形式，一生二，二生三，三生万物，赋予之生命，构建出可拆卸的、可移动的、可重组的多形态文化空间。通过对盘龙江沿岸的特定人群行为方式与在地

叙事的线性总结，规整为空间的叙事路径，引导设计、融合生态，利用植物的特有功能——五感，提升空间感知度，特定的空间随之生长、涌现，成为盘龙江沿岸居民的一个绿色、健康、多元、多态的文化空间。

BOX PARK 设计

作者 / 赵军 、查庆、杨子墨、李孟柱、邢晨、陈婷郁、　综合类
杨晗、冯海鑫、陈榕斌、杨紫璇、江文秀　　　　　　铜奖
指导老师 / 杨春锁、潘子尧、穆瑞杰
云南艺术学院

设计说明

衔接过去，面向未来。设计方案应当有鲜明的特色主线，以集装箱为载体，融合社区进行呈现。同时满足人群需要，在高价值经济增长产业的基础上寻找卖点，继而形成一个特色鲜明、主题明确探索、休闲、娱乐、购物一体化的综合商业体。

"别有侗天" 虚拟侗寨空间设计

作者 / 梁敬祥、杨梓楠、林可超　　　　　　综合类

指导老师 / 涂照权　　　　　　　　　　　　铜奖

广西艺术学院

设计说明

　　在全球化、城市化、数字化等背景下，科技创新不断突破，新兴文化不断涌现，人们对传统文化的关注度逐渐降低，民族文化的传承与发展面临着严重的问题和危机，特别是许多具有悠久历史和丰富内涵的民族文化，如侗族文化，正逐渐被边缘化，渐渐消失在人们的视野中。因此，如何利用新兴科技与文化，化问题为机遇，加快民族文化的弘扬与发展迫在眉睫。

　　"别有洞天"构建了一个以侗族文化为背景与核心的元宇宙，打破民族文化表现的局限，描绘一个独特的世界观，并采用创新的形式和载体，将神话与科幻相融合，传统与创新相碰撞，创造一个新的侗族世界，丰富民族文化的表现形式，艺术化展示和创新性诠释侗族传统建筑、风俗习惯和生活方式等，同时也为现代社会中的文化交流搭建了一个新的桥梁，传承与弘扬优秀传统文化，唤起人们对民族文化的兴趣与热爱。

移动的桃花源

作者 / 李明飓、时瑾、周芊芊　　　　　　　　综合类
指导老师 / 涂照权、梁献文、黄清穗　　　　　　铜奖
广西艺术学院

设计说明

　　"移动的桃花源"是每个人逃避世界纷扰的一座梦幻岛，一个太阳不会沉睡，季节不会变，睁眼就能看到星星的虚幻的梦境世界。这个虚拟世界能暂时留住人们憧憬的美好，使观者可以将理想生活暂时寄托于虚拟世界。

　　古往今来，每一代人有每一代人的"桃花源"，每一个人也有每一个人的"桃花源"，人们追求不同的"桃花源"，同时人们又在追求同一个"桃花源"。从古至今，人们对"桃花源"的追求是持续且变化的，因此以《移动的桃花源》为题，映射自古以来人们对世外桃源的臆想，而"桃花源"其实是一种主观的构想，因人而异，因时而异，它就在我们的身边，在我们每一个人的心里。

　　因此，作品利用太湖石这一投射文人对臆想世界的现象作为切入点，将太湖石空间化，结合以中国古典园林元素与造景手法进行设计的建筑物，构建一座像中国青绿山水画的山水场景，并将亭台楼阁、道路等若隐若现地藏匿于山中，营造空灵、幽远、自然等意境，意为告知人们桃花源是变化的、虚拟的、主观的，我们应珍惜当下，知足常乐。同时将不同的太湖石安放于城市之中，结合游船、游鱼、代码、诗词等元素，象征隐于野、隐于市、隐于朝的一种心境。

物尽其用——重庆九龙电厂美术公园景观设计

作者 / 马振凯、陈贤湫
指导老师 / 谭晖
四川美术学院

综合类
铜奖

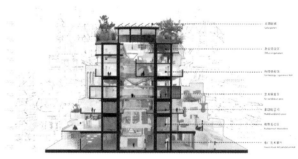

设计说明

　　场地位于重庆市九龙坡区，占地约 7.9 万平方米，发电厂北临四川美术学院黄桷坪校区、涂鸦街、501 基地等为代表的艺术文化地标，场地以南倚靠长江的滨江绿带、火车轨道以及码头。方案将遗存于场地中的废旧材料进行提炼，以工业遗产景观更新为主要的塑造对象，构建为城市群体服务的公共休闲景观公园。

　　设计以原始场地中废旧建筑材料为切入点，在尊重九龙电厂片区历史发展脉络的前提下，对九龙电厂片区进行景观修复与塑造。将场地置换为集艺术、文化、休闲、展览、娱乐为一体的艺术文化园区。

　　利用废旧建筑材料的物理属性、文化属性，重塑原始工业场地的文脉价值、历史记忆，进而实现材料、空间、场地的共生关系。设计以公共空间营造与建筑开放性为出发点，立足于建筑群原有空间布局、体量形制，通过柔化空间边界，构建多样性活动空间，通过旧电厂改造将工业遗存建筑从城市发展的观察者和见证者转化成为积极的参与者和引领者。在新和旧之间创造一种对话，通过设计为空间赋形，为场所赋能。

酶界·媒介——触媒理论下有机垃圾处理中心环境设计

作者 / 傅慧雪

指导老师 / 周维娜

西安美术学院

综合类

优秀奖

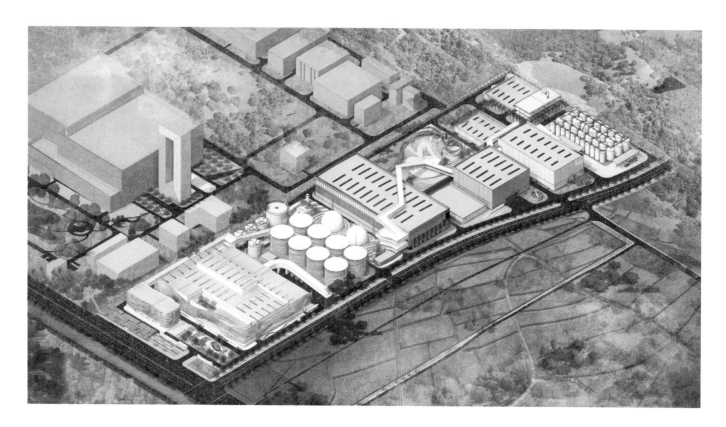

设计说明

　　《酶界·媒介——触媒理论下有机垃圾处理中心环境设计》这一作品以触媒理论为研究视角，探索触媒理论与有机垃圾处理中心环境设计的契合与应用，对有机垃圾处理中心环境中的"触媒化"特质进行分析并由此确立原始触媒点。随后从功能、空间、文化三个不同层面对触媒媒介进行塑造，同时提出触媒理论指导下的有机垃圾处理中心环境设计原则与策略，并总结出有机垃圾处理中心环境设计的价值体现。

未来城市空间下的市井夜市

作者 / 陈俊燊、卢柳静
指导老师 / 陆玲
广西艺术学院

综合类

优秀奖

设计说明

　　设计主题为"城市更新"。城市更新贯穿于城市发展的各个阶段。伴随着城市化率逐步提高和城市规模不断扩大，"大城市病"开始凸显，人口密集、交通拥堵、环境恶化、社会矛盾突出生活品质下降等问题逐步显现。西方国家为了解决城市中心区衰败问题，从城市的可持续发展角度提出了"城市复兴"或"城市更新"的概念，其重点在于通过对城市资源的调整、整合和更新，提供创新制度并引入金融支持，使城市得到改善和提高，从而实现城市的永续利用。

　　我们将改造的地址选在南宁市的老街农院路，针对农院路夜市老街的各种问题，从街道功能扩展改善微观空间，打造潮流新街区三个大方面出发，通过合理地规划商铺、架高天桥、开发天台等设计方案，来提高街道利用率，传播夜市文化，推动南宁市的精神文明建设、在街道的外观风格设计中我们运用 VR/AR 等现代科技，以及赛博朋克风格的融入和炫酷的灯光布置，加之对当下"元宇宙"热点的追踪，打造出一条充满年轻活力的潮流街区。

　　这个项目是我们对农院路改造的大胆畅想，也是对未来城市空间下市井夜市的美好期待。

具身视域下龙泉山森林公园度假区体验设计

作者 / 冯雨晨
指导老师 / 万征
四川大学艺术学院

综合类
优秀奖

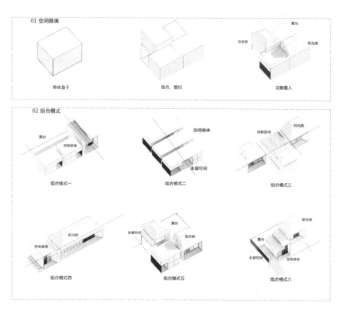

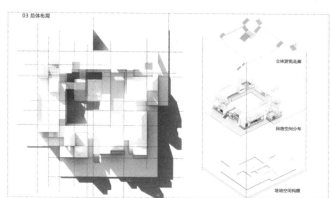

在整体布局维持"院"模式的同时，对单体建筑进行变形与异化，利用空间形态结构来打破传统院落单体的形式，营造非日常的"陌生感"，以增强度假的"遁世氛围"。单体之间采用6种不同的组合模式，满足不同的功能及房型需求。内部庭院及一、二层游廊空间与住宿区内部空间不构成视线关系，公共游廊只能到达公共露台，与每种客房的私密露台不构成交通关系，以保证住宿区的私密性。

住宿区的空间在传统院落形制的基础上增加了游廊与露台。游廊串联起所有的单体建筑，并连接了上下两层空间，形成丰富的漫游体系；充分利用屋顶平台营造露台空间，与游廊相连接，配合整体院落空间的结构，以此形成行走、停留、观景、交流与冥想等丰富的使用行为场景。

设计说明

　　本研究的设计实践项目度假区项目位于龙泉山森林公园数个"园中园"中的龙泉驿大兴场板块，主要的发展定位为森林康养度假，并聚焦于休闲旅游度假区的产业需求传统语境下的建筑空间具身体验，从设计和使用的角度出发，为森林区休闲度假建筑空间设计和体验感的提升提供一种更具有操作性的方法。设计方案对大兴场度假区进行现状分析，在方案中规划度假区空间格局与业态功能，并对度假区的建筑空间形态与功能、空间组织与秩序、公共空间与景观进行具身化的方案设计与效果呈现。

岩下拾趣——乡村振兴视角下的天笙风铃谷特色岩洞改造设计

作者 / 张粲、杨镇宏、朱琳　　　　　综合类

指导老师 / 续昕　　　　　　　　　　优秀奖

四川大学艺术学院

设计说明

　　本项目是在乡村振兴视角下的岩洞改造项目，在村域的规划中，有一处被人忽略的，具备廊道空间与落差的天然岩洞风光。基于场地，我们整理立面，运用自然落差，设置折叠栈道；利用岩上岩下形成的廊道空间与天然泉眼，引流设置薄水，并在水与栈道相接处设置儿童互动设施，如爬网、秋千等。形成一处需要探索才能到达的自然神秘空间；一处充满无限可能性的"耍"空间；一处与大自然亲密接触的"耍"空间；一处村域规划中引流的点睛之笔。

拾哩——营旧活动进行时

作者 / 王周宇、杜若涵、寇田　　　　　　　综合类

指导老师 / 王娟、李建勇、海继平、李喆、夏伟　　优秀奖

西安美术学院

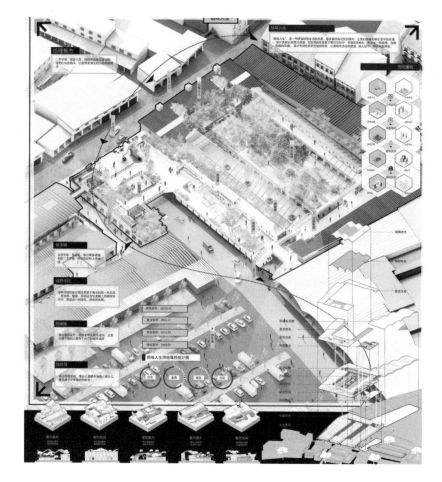

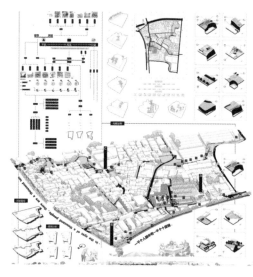

设计说明

在存量规划为导向的城市更新背景中，被迫城市化往往会造成不可逆的后果，导致像城中村这样承载大量城市记忆和文化样本的存量土地迅速消失。于是我们尝试构建一个缓冲带，在留存和拆建中寻找一种平衡。以阅读的视角，客观看待城中村的存在，以更新的方式梳理这片土地的旧人、旧物、旧事。设计以西安城东十里铺为例，将其看作一本书，一本在西安厚重典籍里的章节。通过多次调研，我们总

结梳理出了速读、略读、精读三条路线，围绕对棚户市场、台垣地貌、废弃铁轨三个板块的微更新保护设计，进而形成拾物上会、拾地蕃田、拾轨嫚转三篇章节。同时在阅读路径的基础上，广植林木，以改善人居环境，织补绿地系统。设置灯塔，以点亮东十里铺，指引读者阅读。

循城集——城墙下的集市 2.0

作者 / 李心雨、高楚、卜秋燕、毛佳薇　　　　综合类
指导老师 / 张豪、石丽　　　　　　　　　　　优秀奖
西安美术学院

设计说明

　　本次设计的场地位于西安城墙下的小南门早市至西南城角街段，是具有浓郁的陕西文化特色的传统市场，是游客和当地居民品尝美食、购物休闲的好去处。小南门早市承载了世世代代西安人的老西安情结，尤其对于西安城墙内生活的老一辈西安人来说是一个不可或缺的存在。

然而，由于街道狭窄、车辆拥堵和环境脏乱差等问题，这一地区的空间利用率和居民生活质量受到了较大的影响。因此，我们计划进行一次全面的街区改造，旨在解决上述问题，提升小南门早市至西南城角街段的功能性、美观性和可持续性。

栖舍——融入关中民俗的乡村民宿

作者 / 赵祎晨、居泽筠
指导老师 / 屈炳昊
西安美术学院

综合类
优秀奖

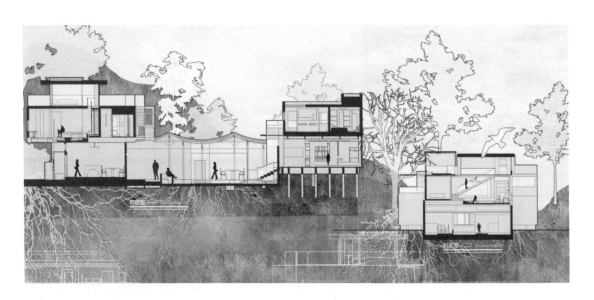

设计说明

　　为贯彻落实乡村振兴战略和《中共中央国务院关于做好 2022 年全面推进乡村振兴重点工作的意见》，文化和旅游部、教育部、自然资源部、农业农村部、国家乡村振兴局和国家开发银行联合印发《关于推动文化产业赋能乡村振兴的意见》。本项目紧随乡村振兴这一发展战略，聚焦关中平原的土门子村，结合当地脱贫攻坚取得的阶段性成果，制定出如何打造康养文旅的新蓝图，推动该县"网红效益"引流入村，从而引领乡村文化产业、文旅产业的发展 。

　　为激活城乡之间的联系，增加乡村适青化的活动公共空间，培育年轻人回归自然的兴趣，提供乡村民宿的平台。本方案以适青化关中民宿为主题，将关中民俗与民宿结合，以夯土简约风格为主调。总体布局满足对民宿的需求，以皮影和关中剪纸为表面的装饰以及渗入的色彩，更体现对关中民俗的重视，创造适合青年居住的环境。室外庭院与民宿内部景致融合，不但外观简单明了，小小的空间在此体现得淋漓尽致。

游叠单元——历史记忆视角下福安"MAKET"古滇开渔节活动空间设计

作者 / 刘晓萱
指导老师 / 王尧
云南师范大学

综合类
优秀奖

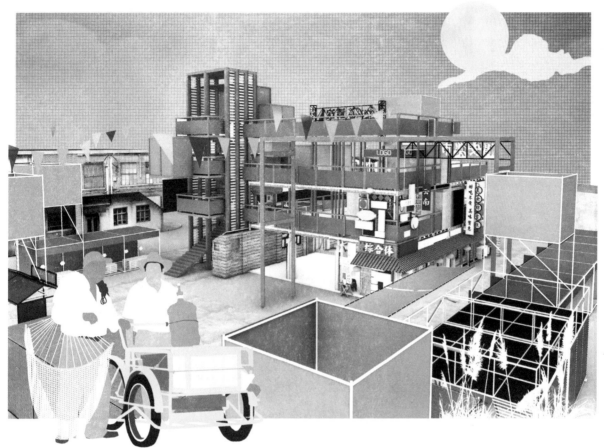

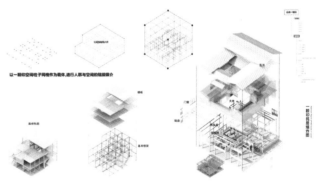

设计说明

　　城不可无市，无市则"民乏"，福安古村落形成与明代，有着属于自己的集市文化，故设计目标以集市为核心，一方面利用叠构单元让集市内的建筑、公共空间等拥有可变性，以满足集市居民不断变化的需求；另一方面，基于交互数据的收集给予反馈，对集市叠构单元的可变性进行一定的控制与引导，重新定义集体验过程，回应场地，回应文化，更新重塑街坊市的福安集市文化。

赓续民族文脉——西双版纳勐海县布朗山布朗族乡老班章寨传统村落风貌规划设计

作者／王琳玲、魏雯慧、郭婧妍、赵军、杨俊凡

指导老师／杨春锁、穆瑞杰、张一凡

云南艺术学院

综合类

优秀奖

设计说明

文化自信是一个民族、一个国家以及一个政党对自身文化价值的充分肯定和积极践行，并对其文化的生命力持有的坚定信心。老班章别名班章老寨，位于云南省西双版纳傣族自治州勐海县布朗山布朗族乡政府北面，是一个有着 300 多年历史的爱伲人村落，民族文化丰富多彩，多年的历史沉淀，留下了丰富的人文环境和人文资源。

然而经济的快速发展，迅速提升了村民的经济收入，但盲目的审美倾向使村落风貌严重异化，传统民族文化赖以生存的环境已荡然无存。国家乡村振兴战略的实施为勐海县经济社会发展带来了新的机遇，设计充分考虑村民诉求，通过设计的合理介入，传承发展爱伲人的传统民族文化。

社会的发展不应以文化断层为代价，财富的积累不应以灵魂的遗失为代价，老班章应重拾文化自信，守住文化根基

老城新生——青岛四方路里院街区更新设计

作者 / 丁佑才　　　　　　　综合类

指导老师 / 李春　　　　　　优秀奖

广西艺术学院

设计说明

　　本案是青岛里院四方路历史文化街区更新改造设计，项目位于山东省青岛市市北区中山路与四方路交叉口，面积约为43600平方米。周边业态丰富，交通便利，旅游景点众多。历史文化街区景观是自然景观与人文景观的双重体现，在历史商业街区的景观提升设计中，如何基于历史文化片区的现状，提升原有的景观层次，再现青岛市集生活的活力状态，改善场地居住环境，是方案设计的重要核心点。本次方案尊重场地原有现状，旨在满足不同人群的需求，对该片区的景观层次进行改造提升，提高片区的整体景观效果。在不破坏场地历史肌理的前提下，尽可能地植入新的绿化景观，实现人与自然环境的融合。方案研究了人在街道空间、院落空间、公共空间等场所中的行为，对不同人群的需求进行了调研与分析，并提出了相关的设计策略。方案以串里文化作为纽带，展现青岛市井生活的活力魅力，延续了当地的历史文化。

　　方案旨在对该片区进行相关的更新改造，在尊重场地需求下，植入相关的设计模块，回归市井图腾，提升场地景观层次，主要包括街道空间更新、院落空间更新、景观提升三个方面。在尊重原有建筑特色的前提下，植入多功能的模块设计，恢复街道秩序，提高空间使用率，改善居民生活环境，提升空间绿化层次，让不同人群获得精彩多样的体验。

满水之间——基于居游混合型传统村落视角下的东塔满族村公共空间设计

作者 / 林宇宏
指导老师 / 鲁苗
四川大学艺术学院

综合类
优秀奖

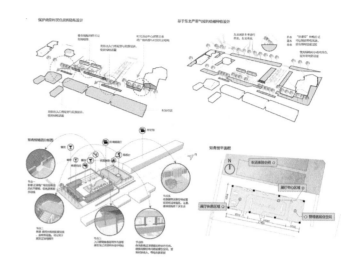

1.辽水园平面布置图

2.设计概念推导

3.场地设计策略

(1) 红砖景墙迷宫——基于儿童心理

(2) 融入乡土肌理

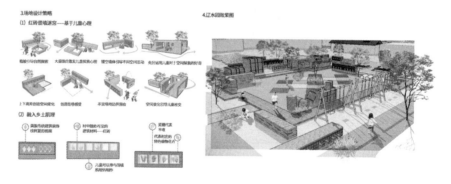

4.辽水园效果图

设计说明

东塔满族村隶属于辽宁省沈阳市新民市公主屯镇下属村落，被评为辽宁省省级历史文化名村之一，因位于古塔辽滨塔东侧且满族人口众多而得名。村庄公共空间存在功能形态单一、基础设施不足、缺少绿色植被。空间使用率低下等问题。

本规划设计将从"居游混合型传统村落"视角对村落公共空间进行规划改造，结合前期调研走访，以"居"主体村民入手，"游"主体游客为辅，充分调动村中辽滨塔、知青点、供销社、校舍等公共空间的联动与再利用，结合共生理论调和"居""游"二者矛盾与冲突，实现东塔满族村文化继承与经济发展。

无界·共生

作者 / 钟雨悦、徐礼杰　　　　　综合类

指导老师 / 周炯焱　　　　　优秀奖

四川大学艺术学院

设计说明

　　我国城市建设实践逐步进入到存量优化与品质提升的新时期，国内多数地区的人口与居住面积处于双高密度，对于老旧街区的更新改造迫在眉睫。

　　因此，本次设计选址成都市武侯区神仙树社区的紫瑞北街。紫瑞北街的微更新改造将以"无界·共生"为设计概念，街道定位为老成都的现代烟火街道，以"一轴四点"的空间结构展开实践探索，为街区

居民与周边校园亲子人群提供活动场所。"一轴"是指以紫瑞北街街道为街区改造中心轴；"四点"是指在紫瑞北街由北到南依次布置的街道形象展示处、活动广场、文化广场、等候区。通过在四处公共空间置入相关联的城市家具与公共艺术，体现街区文化与形象，完善人群活动需求，引起人群情感共鸣，最终实现激活城市老旧街区紫瑞北街的烟火气，完成对紫瑞北街的微更新改造。

织锦入园——公园城市理念下成都四圣祠片区旧城微更新设计

作者 / 张曼由页、张粲、魏佳乐　　　　　综合类

指导老师 / 鲁苗　　　　　　　　　　　优秀奖

四川大学艺术学院

设计说明

　　该设计针对成都市锦江区四圣祠片区具有的典型的城市中心区存量空间的问题，运用公园城市理念作为设计指导思想，利用点、线、面的设计手法，将公园系统与城市生活系统进行耦合，实现四圣祠片区生态、人文、空间的融合共生，促进旧城可持续发展。

寻遗·拾忆·重生

作者 / 范晓芳 综合类

指导老师 / 周靓 优秀奖

西安美术学院

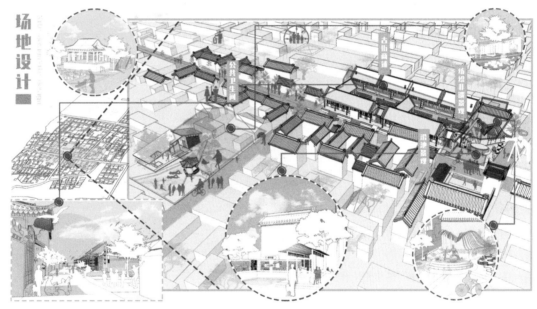

设计说明

此作品设计主题为"文化传承视野下的丁村公共空间更新",以"找寻文化遗产,重拾文化记忆,唤醒失落空间"为设计理念,通过对丁村文化遗产与公共空间的梳理,明确丁村物质文化遗产与非物质文化遗产要素,构建"点、线、面"的空间格局,形成"一轴、一心、多组团"的空间骨架,在文化传承的大背景下,在遵循整体性、延续性、持续性、以人为本的基本原则上,从宏观、中观、微观层面提出延续传统山水格局、建立公共空间体系、典型公共空间更新的思路,以直接、抽象、隐喻、象征四种表现方式提取文化符号,以丁村特色文化构建历史记忆,以界面肌理延续历史文脉,以旧带新手法利用旧废空间的策略重塑典型公共空间文化场景,提升空间活力,实现功能激活,从而营造体验式、具有鲜明地域特色的公共空间场所。

大理鹤庆造物文化研学馆设计

作者 / 赵军、杨俊凡
指导老师 / 杨春锁、穆瑞杰、张一凡
云南艺术学院

综合类
优秀奖

设计说明

　　大理鹤庆县新华村、三义村、母屯村分别为银、铜、铁民族村落手工艺传承特色区域，而在整个鹤庆县草海镇内，缺少了对其传统手工艺传承和与外界接触的一个传统手工艺传承空间场所。

　　因此，结合乡村振兴背景，以设计推动产业振兴的实施，以产业振兴助力经济发展，此次设计选址于在三个村落核心辐射区域，与草海生态旅游观光区相结合，作为此次传统手工艺"造物文化研学馆"

设计区域。鹤庆的传统工匠打造出的银器不仅仅璀璨绚丽，而且极负盛名。"中国银器看云南，云南银器看新华"，匠人们锻造无数个日日夜夜，锻造出了声名远播的鹤庆银器，也锻造出了誉满全球且具有代表性的银制品。鹤庆辛勤劳作的手工艺匠人们，敲出了具有时代意义的云南银器，敲出了鹤庆银器千秋不朽的回声。

天上的街市——大理诺邓村闲置空间活化设计

作者 / 江杰、纳鹏、李成锴、陶瑞洋、尹欣怡、尹晓凤、
陶泽贤
指导老师 / 穆瑞杰、杨春锁、彭谌
云南艺术学院

综合类
优秀奖

设计说明

　　以天上的街市为主导作为本次再生设计的切入点，由于地形带来的挑战和机遇，设计主要依托于建筑为主体进行改建与提升。

　　村里建筑二层多为闲置，又因地形限制，有前二后一层对等的现象，我们就想借助建筑本身打破原有街道狭、窄、长的局限性。通过提取

传统元素、进行空间现代转译、材料新旧运用，焕发新生，赋予建筑本身新的空间形态，利用共享经济思维整合资源，激活天上街市再现繁荣景象，感受时空带来的魅力。

艺术空间中社区的构建与演变——基于公共艺术的住区再生设计

作者 / 付艺琳、王玲
指导老师 / 陶雄军、邓楠
广西艺术学院

综合类
入围奖

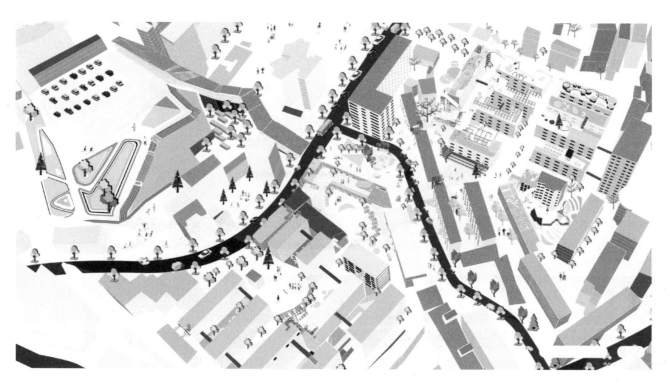

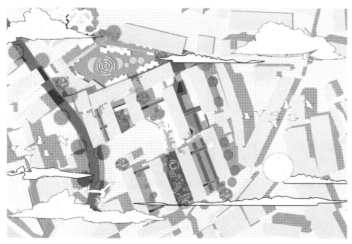

设计说明

设计将情景规划的系统分析方法融入公共艺术的社区"大艺术"环境氛围，提升城市设计的识变性、思辨性、应变性。在分析手法上采用"认知—总结—借鉴—运用"的技术路径，在表现手法上引入盲盒设计理念，给观赏者带来意外的惊喜。设计探索以社区场地作为研究蓝本，从情境认知规划和公共艺术空间两个层面，为居民及游客带来"此物从何来，对之惊且喜"的空间体验。在消费主义的大背景下，借力打力，对空间进行重新规划与设计。

生生不息——大理金梭岛鱼群基因库

作者 / 袁一然、王林锋、郭郑龙、左烨婷、李晓波、刘
晓彤
指导老师 / 潘召南
四川美术学院

综合类
入围奖

设计说明

金梭岛位于大理洱海上唯一的人居岛，现阶段整个金梭岛景区的旅游产业是以合作社的方式在运行，有岛上的居民合作管理，包括景区管理、游船、渡轮的运营等。

金梭岛的游游行业起步较晚，没有明确的旅游目的地定位，基础设施滞后，旅游服务管理能力不足。

旅游发展前景岌岌可危，我们设构金梭岛游客中心，搭建在岛上喀斯特地貌龙宫景点的入口之上，其作用一是统筹岛上现有资源做展示，二是在龙宫内做高原淡水湖泊鱼群基因库。

南北岛均中部是山体，建领分在沿岸环线和南北岛连接部位，所以我们大面积的游客中心选择了覆土式单体建筑的形式，依附山势地型进行方案呈现。同时，由于对游客中心包含鱼群基因库这一现实功能的考虑，我们采用了并不规则的异形形态来模拟这一种较为野性的建筑语言。

在建筑平立面的规划上，我们选择了等腰三角形的平面布局形式，以六层楼叠加为一个三角形平面，依托山势，每层各为一个梯形平面布局，最高层为等腰三角形平面，从立面看为阶梯状。

怀旧的未来

作者 / 马雨俊、李思琪　　　　　　　综合类

指导老师 / 李喆　　　　　　　　　　入围奖

西安美术学院

设计说明

　　改造目标河南安阳老城区是承载城市历史文化的核心区域。反思性的城市更新是对过去已有的设计实践知识通过再认识进行新的设计实践再发展，需要保障规划设计的客观性，而不是力求打破原本的设计学体系。

　　随着时代的发展与现代城市体系的革新，城市承载的历史记忆逐渐冷却。我们基于古城更新，拟加入反思性空间，古建筑遗产作为城市记忆的一个关键点，不影响遗产建筑本身的情况下，通过重设古建筑、民居与街道间的联系，给予一个崭新的体系，提供人们一个思想自由碰撞的空间，引发对历史和时间的思考，同样重视城市记忆延续的未来。设计将着重材质、形式的拼贴，古建新建的对比，空间的引导重构，达到多个时间空间的对比反思，维持记忆的延续，实现新与旧的同构，时与空的缝合。

漂浮——基于水下遗址发掘的博物馆设计

作者 / 黄杰、孙辰、李美玉、岑奕能
指导老师 / 吴晓冬、王晓华
西安美术学院

综合类
入围奖

设计说明

　　漂浮的水下遗址博物馆是一种非传统的建筑空间设计，它以海洋遗址的发现和海洋历史文化的挖掘为视角，采用追击而非搬运的方式，适应而非改造的原则，让人们能够直观、全面、沉浸地体验海下环境的氛围。该博物馆的空间设计分为三个部分：水上部分、水下部分和配套社区化功能。水上部分是人工科技展厅，展示与海洋相关的科技成果和发展历程；水下部分是文物实地参观区，游客可以近距离观察沉船遗址和被海水淹没的古代建筑遗址，感受海底文化的博大精深；配套社区化功能包括主体博物馆、次体博物馆、辅助博物馆、码头机场交通货运空间、酒店餐厅休憩空间、观景平台、下沉广场、特色廊架、

污水处理、气候检测等节点，构成聚落性空间一体化。为了体现漂浮的博物馆主题，该博物馆采用了贝壳仿生建筑的设计风格。建筑外观呈现贝壳的形状。内部空间则采用曲面流线型空间与叙事性手法相结合，提高博物馆的序列性、故事性、体验感。水下部分则采用了螺旋下沉式玻璃廊道建筑的设计，让游客可以沿着螺旋形的廊道下沉到海底，感受到水下文物的神秘和魅力。此外，博物馆内部还设置了良好的照明系统，通过合理的灯光设计，让游客更好地观察展品的细节和特点，同时也营造出一种神秘而又舒适的氛围。

扶摇直上

作者 / 姚昊、王薇、严英杰、张泽宇　　　　综合类
指导老师 / 陆玲　　　　入围奖
广西艺术学院

设计说明

项目将在吴圩镇选定场地内规划一座综合型的接待场所，并对周边环境进行景观规划，以达到与机场职能相匹配、疏散一定客流量、减轻机场负担的目的。同时，该规划将在后续建设中逐步改善吴圩周边环境，向进入南宁市的中外来宾彰显良好的广西风貌，提升广西的国际形象，规划建成后将设立大量就业岗位，为周边居民增加就业机会，推动镇区经济发展，形成经济效益。所获得的收入再反馈于镇区的改造建设中，以一个积极的姿态响应空港经济区的构建。

溯源

作者 / 杨翃、龚宏、阿初都呷
指导老师 / 向坤
云南艺术学院

综合类
入围奖

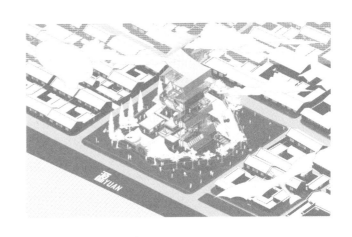

设计说明

　　设计基于大理白族传统建筑三坊一照壁的形式上与现代形式美法则和装配式木构相结合，结构上将装配式木构营造技术与形式美法则相联系，在体现现代建造技术的同时展现传统建筑的形式美。结构上利用纯木构架与混凝土墙的混合结构，造型上结合大理独有的苍山洱海的地势地貌将屋檐造型与苍山的重峦叠峰相联系，合院中央放置水塘与洱海相呼应，屋顶形式起伏的参差变化和传统的对称形式形成对比。内部陈设则重点展示了白族的传统文化精髓，如扎染、木雕、木构等，为之提供了一个体验学习传统文化的功能性场所，旨在创造一个承载着传承与发扬传统文化的功能性空间。

长乐

作者 / 郑进向、刘钰焜、朱飞扬 综合类

指导老师 / 向坤 入围奖

云南艺术学院

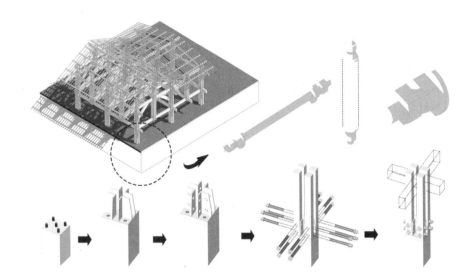

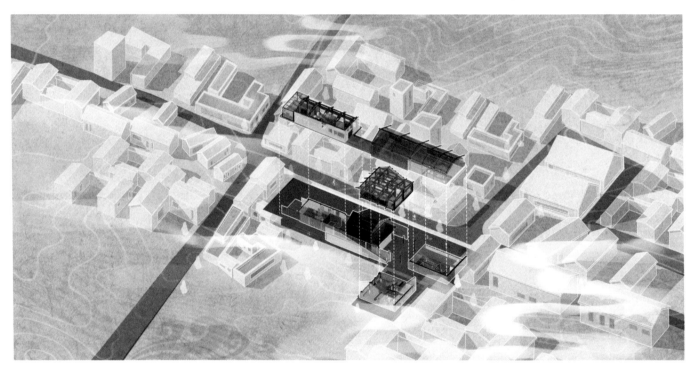

设计说明

为改善喜洲镇城东村社区空心化和老龄化严重、留守儿童众多的现状，建设乡村公共服务中心为村民提供娱乐、文体、教育等方面的资源和支持。在乡村服务中心可设置图书馆、儿童活动中心和老年服务中心等公共设施。同时在传承文化的基础上，在其内部设置了文化传习馆，引入各种文艺、体育、教育等组织和活动，促进社区凝聚。

这样，村民们可以在劳作之余有一个放松身心的场所，增强生活品质，同时也有了更多的社交机会，可以更好地融入到社区中来。最终，这些举措将提高乡村的整体形象和吸引力，带动更多的投资和旅游，促进城东村乃至周边地区的发展。

迭觅拾趣——大理啄木郎村公共文化空间设计

作者 / 杨思雨、杨顺夷、杨可欣、周天慧、杨旋艺、杨艳、张才梅、张崇兵、钟凯
指导老师 / 穆瑞杰、杨春锁
云南艺术学院

综合类
入围奖

设计说明

　　本次设计通过在啄木郎村的彝族特色民族文化、节日习俗等基础上设计一个彝族文化传承的活动广场以及对村子基础设施的完善与建设。不仅推动文化传承和革新，也逐步解决啄木郎村留守老人的心理关怀、身体健康、少年儿童的身心发展等解决问题。保护更新村落内的传统民居，营造村落村公共空间，探析乡土建筑未来的可能性。设计旨在有效地保护历史风貌，进一步挖掘人文内涵，了解地域文化及民风民俗，在政治文化和时代环境的双重作用下，增加居民对历史文化遗产的了解和认同，这将有助于我们增强民族文化自信。有效地为乡村赋能、为乡村扶智，修复村民或地方村落的弹性生态系统，建立可持续的协作式社会创新体系。

自长

作者 / 刘新伟、黄志斌
指导老师 / 向坤
云南艺术学院

综合类
入围奖

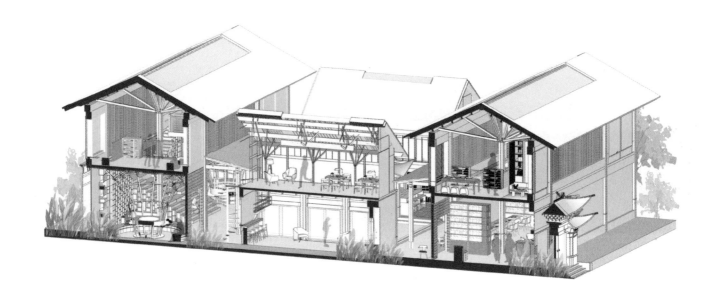

设计说明

　　"全球化"危机已席卷到世界的每一个角落。人类与自然的关系在不断恶化，大量高楼大厦涌现，像是一道道钢铁围墙，将人类与自然相互隔绝。此"反人类"的现象与人的自然天性相互违背。未来的建筑空间中需要尊重万物生长的有机规律，顺应自然生长秩序。正如罗素所说：须知参差多态，乃是世界的本源。即人类应多感受自然形态的多样化，去感知自然的魅力。或许是在一次林间散步，抑或抑坐于溪边，听水声潺潺。

　　白族建筑对于人类来说是十分珍贵的文化遗产，但随着时间的流逝、社会生态环境的恶化、社会经济的影响，当地建筑风貌遭到严重破坏，如同一个生命体，已经到了停滞与萎缩的生命状态。因此，为

防止文化遗产的流失，我们将对它进行"修复"与"重生"。

　　我们在未来的白族木构民居空间中，借助装配式手段，结合钢木节点的连接手法，可将建筑构建件单独拆解便于后期更新修缮，亦可在原有的建筑连接基础上"再生长"，去加强支撑整个建筑空间，满足建筑"自我生长"的理念。

　　本设计将木材中的自然性质与建筑的结构理性美学相结合，以"自然生长"为出发点，以木构形态模仿"树"的生长形态，将"自然"元素融入建筑结构当中去，创造一种自然与人相互融合、相互交流的空间关系。

梦·溯岛奇境计划——数字化沉浸式灯光视觉设计

作者 / 刘涛　　　　　　　　综合类

指导老师 / 谭晖　　　　　　　入围奖

四川美术学院

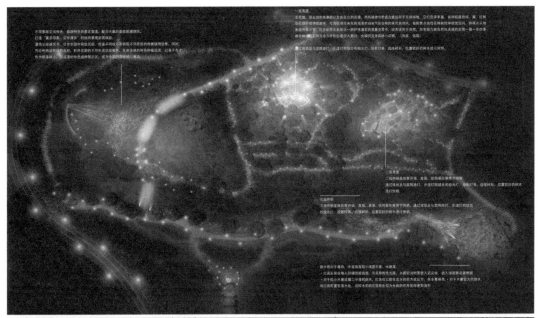

设计说明

　　有生命的艺术常常是野生的，而不是温室里的。艺术与花园之间的联系既有趣又恰如其分。

　　20世纪早期的许多伟大艺术家都沉迷于花园，花园是画家研究光和环境的地方。这其中以印象派之父莫奈最为典型。塞纳河畔的莫奈花园，便是莫奈倾注半生心血的结晶，完美的色彩组合，承载了莫奈艺术造诣的灵韵，犹如画家的调色盘，吸引着全世界神往。如今这座传奇的艺术花园穿山越海扎根于《南柯岛》奇境生长计划。

　　设计源于莫奈的花园艺术，将印象派的艺术审美和对光、色彩的理解转嫁到花园设计中，一座容纳英式浪漫与场地在地秀色的数字化、沉浸式花园由此诞生。整个设计从一入大门的惊叹，到园林的嬉戏，将起迄、渐变、高潮、尾韵的心情进行巧妙设计，徜徉其间，便可尽情领略莫奈笔下的光影美学和斑斓艺术，可以沉浸其中进行想象与冥思。

　　主题花园源于莫奈的艺术笔触，打造精美绝伦的天光水影和色彩无穷变幻的花园。摒弃传统的花园栽种和修剪花木的模式，不去刻意修剪花草树木，并将莫奈的经典名画复本置于室外，以视觉感知为出发点，在花园中雕刻自然；水镜之庭将莫奈钟爱的睡莲用于造景，筑造睡莲、汀步小景，通过光与色的融合，营造波光粼粼、莲影扶疏的沉浸式视觉之美。

寻迹·滇越·复兴

云南农业职业技术学院云安产业学院

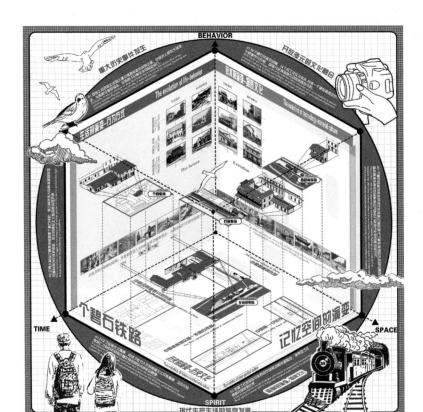

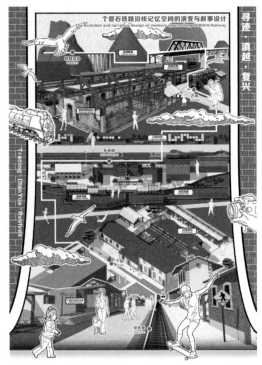

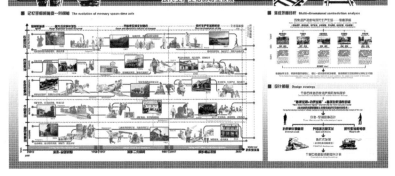

设计说明

　　个碧石铁路沿线历史文化深厚、自然景观优美，通过多学科交叉研究，结合铁路沿线历史事件重塑、开放多元的文化挖掘、现代生活的转型发展，运用叙事性设计手段，对个碧石铁路沿线记忆空间的演变进行梳理，再更新铁路沿线记忆空间。在此过程中对记忆空间进行空间要素分析及空间句法分析，对其沿线设计迭代式发展，最终实现个碧石铁路沿线的复兴计划。

智行合一、寻迹古滇

作者 / 赵吉欣、王招鑫、郑亚茹　　　　　　　综合类

指导老师 / 张春明　　　　　　　　　　　　　入围奖

云南艺术学院

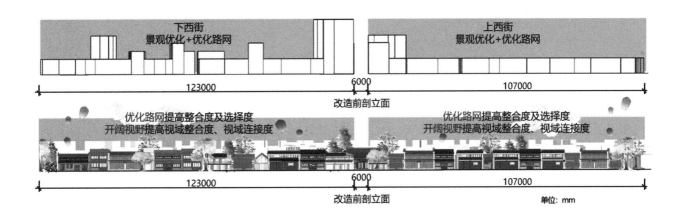

下西街
景观优化+优化路网

上西街
景观优化+优化路网

123000　　　　　6000　　　　　107000

改造前剖立面

优化路网提高整合度及选择度
开阔视野提高视域整合度、视域连接度

优化路网提高整合度及选择度
开阔视野提高视域整合度、视域连接度

123000　　　　　6000　　　　　107000

改造前剖立面　　　　　　　　　　　　　单位：mm

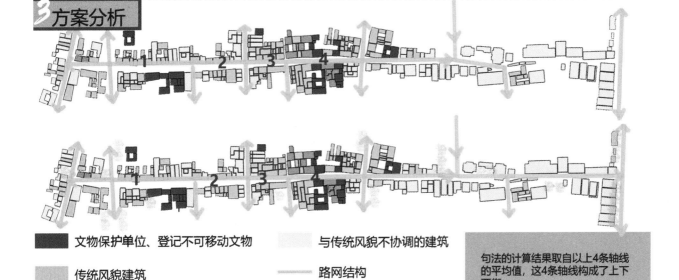

3 方案分析

■ 文物保护单位、登记不可移动文物　　　　与传统风貌不协调的建筑

传统风貌建筑　　　　路网结构

推荐历史建筑

句法的计算结果取自以上4条轴线的平均值，这4条轴线构成了上下西街。

设计说明

该方案利用空间句法作为量化分析手段，对昆明晋城历史文化街区进行微更新设计研究。在实地调研的基础上结合定量分析，使设计更加具有科学依据，达到历史文化街区空间优化的目的，激活空间的同时展示当地的特色文化。

学术论文
THESIS

《清明上河图》市井文化与场域空间栖居语汇的古今之变

胡月文

西安美术学院

摘要： 依据《清明上河图》中市井文化的语汇媒介，思考城市社会形态这一载体古今之变与未变，以窥社交文化形态下场域空间栖居的设计模式与生活态度。在辩证的关系中寻找不同栖居价值观念的融合，不同时期与人群社交文化视域下对生命意义的解读，是对传统文化意识形态的一种继承，也是基于地域主义的一种人文态度。

关键词： 市井文化；场域空间；空间栖居语汇

早在 20 世纪初，国际思潮就不断冲刷着人们对未来城市的愿景。在乌托邦和理想城市产生的早期至 20 世纪中后期，分别出现了"工业城市""田园城市"和"当代城市"等观念，以及"批判性地域主义""拼贴城市"和"建构文化"等理论认知，这是对现代建筑的审慎与整体性社会反思。反观中国传统文人墨客则留下了《桃花源记》的"田园时代"、《山居赋》的"山居时代"和《山庄图》的"论禅时代"等对人居栖居环境的描摹。中国城市工业化中后期进程中，终可见有宏观的地域人文资源体系成为不可控的隐形力量，对当下传统、习俗与经验沿袭的匮乏给予修正，事实上从奢与逸甚或是诧寂美学等多角度孜孜以求的也正是栖居品质。张择端的《清明上河图》以"散点透视法"全息风俗画的形式，呈现了北宋东京汴梁街巷纵横交错、车马骈阗的市井生活，也充斥着生活行为的认知空间与建筑空间的场域栖居文化特征，囊括了汴梁室内与室外及不同市民阶层的寻常活动，包括穿行、观赏、劳务、买卖、休憩、交往、卜卦、娱乐、服务、祭祀等行为类别状态。以此为契机探讨古今城市日常生活形态与空间形态的关系，有助于探索传统文化的继承与对城乡融合及更新的思考。

一、市井文化的古今之变

市廛即市井，古代城邑集中买卖货物的场所。《管子·小匡》曰："处商必就市井。"一语道破了街市的焦点与核心。尹知章作注对市井解释曰："立市必四方，若造井之制，故曰市井。"依此明确"市"与"井"的场域空间关系。栖居是栖息、居住的人文概念，是以市井为构架基础的上层建筑文化空间形态的表象。《清明上河图》城市文明的性质、内容与空间格局，包含河道、街市、山林、648 个人物、95 匹牲畜、122 座房屋、29 艘船只、15 辆车、20 多家店铺及 8 顶轿子。[1]北宋城市工商业是中国文明史和城市发展史上划时代的变化，唐宋之变的社会转型，使中国的社会结构由豪族社会进入平民社会，是市井文化得到长足发展

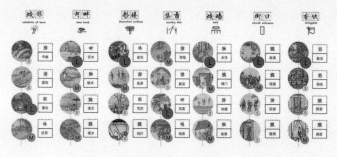

图 1 《清明上河图》城市各阶层状态和习俗特征

的平民生活文化阶段，这一时期的文化甚至被有些西方学者称为中国的文艺复兴，这一文化的爆发决定了后续将近一千年的中国文化气质。

市井文化背后隐形的力量是社交文化的无形之手。由《清明上河图》中城市各阶层百姓生存的状态和社会习俗特征，如望山、茶肆、宴坐、对弈、驻足；凭栏、等位、踏青、登高、寻幽；修面、远眺、说书等社交行为（图 1），可品鉴出郭熙中国山水画栖居的四可品质——可行、可望、可游、可居的半山半水城市雅态之妙品，亦感受到以人为行为尺度的空间场域体系亘古未变。北宋打破了自周代以来行政性及封闭式的"里坊制"和官办的"市肆"，出现了"城郭户"的市民阶层，自由从事制造、贸易和娱乐等活动，由传统行政划分为主导的城乡转变为工商贸易型城市，使得市井文化得以在新的城市文化体系下获得长足发展。相较于 12 世纪北宋都城汴京的社交文化，当下大数据去中心化时代，"元宇宙"概念的提出也涵盖城市空间对未来的多重思考，社会交往关系已由单一社会线下转为线上线下之分，且深化至生活的各个领域。无可厚非的是传统的社交方式依然深刻影响着自身个体的生活体验，社会文化、社会形态和行为特征都与社会交往息息相关。

二、《清明上河图》市井文化中人群行为空间承载隐含的设计信息

《清明上河图》城市空间面貌及社会阶层的市井物态，以宋代汴城居民的食、住、行、游、交易为行为空间转换，依次为彩楼欢门（酒肆）形成市井空间的凝聚力；宅舍一类为城市住宅，另一类为茅屋农舍；瓦舍是以一个或数个有遮盖表演场所的"勾栏"为主导空间；郊野连接城市与郊区，承载踏青出游传统风俗活动的场域空间；河市为汴河两岸及虹桥桥面形成的热闹集市，隐含着市民文化生长和社会发育的集散地。有研究学者"推断沿街界面形态的店铺建筑共计 33 栋，其中进行商业行为的业态场所包括酒店 5 栋、饮食店 19 栋、零售 6 栋"[2]，以及汴河船屋等多形态沿河商业交易场所。而市井生活更为鲜明的恰恰是流动商贩、固定商铺、半流动半固定地摊商贩的叠合。商业建筑的特点体现在交易人群流动的线性之间，即商品交易所赋予的城市肌理和形态功能，是以人为尺度的建筑单体错综复杂紧密地嵌套在多形态社会活动空间之内。根据行为类别分析《清明上河图》，"街市空间穿行占 26.97% 和买卖占 25.71% 时分布人数比例最高，处于劳务占 13.99% 和观赏占 13.61% 时，汴河上游及虹桥空间人数为最高，当休憩占 5.47% 时汴河中下游空间分布人数最高"，说明不同空间与行为类别之间的微妙关系，决定着城市空间主体承载量的调节对应性。美国新城市主义创建人彼得·卡尔索普提出 TOD 规划理念，以公交站点地区行为尺度的概念，

强调步行优先的邻里社区关系。我国香港推行"大疏大密"的城市策略，以城市地铁站作为节点，组织推行购物再到居住的层级规划，造就紧密便利宜居的生活环境；温哥华在此基础上提出"混合街区的邻里模式"，加强城市不同阶层和文化商业的注入，使城市步行生活更为便捷宜居；曼哈顿 80 米 x120 米的街道网络虽密，但尺度适宜步行。强调人群行为信息分布的集结程度，提出对应人群空间结构承载的驱动机制，可有效引导商业设施、社区生活圈、分类型服务设施和行政服务设施规划的设计方向。

三、《清明上河图》市井文化的古今行为时空并置

人群行为信息可以从事物的宏观、中观、微观层加以分析，即行为载体空间和功能特性、行为个体和空间类别、行为时间和空间分布。市井文化空间反映了大量的人群行为信息，反之行为信息又限定了空间的场域形态，两厢互为的时空演绎可形成对场域空间组合、建筑形态、街巷肌理的时空并置构架。《清明上河图》布局节奏首段从图卷开始至汴河，茅檐低伏僻静稀疏的郊野布局；虹桥中下游段休憩为主的行为渐向空间密集递进；汴河上游及虹桥河市集散也达到空间密度的高潮；卞河上游至城门内外空间可见府衙、寺庙与市井生活嵌套的日常街市，伴有"前店后寝"的空间形态。空间载体表现为郊野 - 汴河中下游 - 汴河上游及虹桥 - 城门外至汴河上游 - 街市五部分的空间职能逐渐趋高的运动状态。由此看出市井文化在社交文化的支配下，使必要性活动（穿行与买卖）、自主性活动（劳务、观赏及休憩）和社会性活动（交往、娱乐、卜卦、服务及祭祀）自然融汇于日常人群行为信息状态中。以行为方式定位"时间 + 空间"的立体维度（图 2），是空间行为限定社交功能，满足行为的功能需求、行为秩序、空间选择倾向与行为界限。因此，城市结构群是历史渐进积淀中的前行，是由更迭年代的、场域的、功能的、种群多因素叠加的立体型城市形态，承载有时空的秩序性与连续性。演绎现世的"诗意栖居"是市井生活中那一点点"烟火气"的微显与放大。

图 2 "清明上河图"时间 + 空间的场域维度分析

四、《清明上河图》市井特性对当今的设计启示

将《清明上河图》总体的生活场景比拟为多个幕剧行为的维度冲突节点，将"市井行为 - 场域空间"看作"空间系统""事件系统"和"运动系统"的重叠，可以从认知理论、研究范式和保护方法，以及适应性利用等研究角度，去探索市井文化对当代的设计文化启示。

《清明上河图》作为典型传统空间原型，从中亦可获得偶然性与不确定性的感知体验。设定七处古今空间行为对话场域（图 3），"郊野"在空间与掇山的处理上借以苏州留园"五峰仙馆"前的山石台阶，以调节建筑与地形高差关系的方式契合空间形态，形成的一体山势正如李渔

图 3 《清明上河图》行为场域古今对话

《闲情偶寄》所讲的"气脉之说"；"河畔"传统画意早期理水多做平远之法，至五代画家关仝与巨然画理中山水可见的山石曲折而赋形之水，亦可探究人与亲水的行为特征营造域空间，理解传统"山水两相"；"彩楼"设置观景平台，与街巷酒肆内外联动，达到空间交通一统动线，增加空间及景观的地标性与空间凝聚力，契合刘勰《文心雕龙》中"离合同异，已尽厥能"的阴阳相生所指的文法，可谓空间上的"离合"之法；"集市"解读传统的官办市肆场所，形成绵密错落的空间结构，以达到行人穿梭、迂回、仰止、洞察等多感官的空间体验，是动静之间意境转换的宛转环动，保持流变中静有动、动中有静的秩序；"城墙下"设定一组可显可隐的公共设施折叠装置，满足随性"坐、立、观、行"，计成《园冶》的装折篇形成"因读借景，重读装折"建筑与景与物错综空间的居游关系；"街口"说书空间的形态满足"看与被看"景观构造，兼备壁与山两种意向样式，归入"小中见大、咫尺隙地"的空间谋略；"香饮子"以周文矩《文苑图》的山居意向是树和石与人体的相宜彰显，探讨社交文化中"一人饮""两人饮"以及"多人饮"的休憩空间。冲突节点在望、行、游、居的隐匿线中凸显城镇结构群，强调行为空间的联动性、秩序性与流动性，根据行为设定取位与特征确定空间发展倾向；提升周边建筑物的空间差异性，确保空间连续性的场域效应；从而使生活的冲突行为设定和时间、空间系统嵌套发生同质互融，转译并重构时空维度的跨越体验。

后现代社会发展的异质性使得空间设计不仅要蕴含传统文化的气韵，也需符合生活行为的诉求模式，寻求过去、现在与未来的同一性，提出古今行为设定和空间系统嵌套，以此把握共性和个性的特征，对恢复市井文化尺度及人性化空间的自然生成多有裨益，提升传统社交空间的秩序性与行为流动性，增强场域空间核心的共情与归属，使更多的行为人在参与场域空间中获取社交生活的质朴与本真，以达到传统社交文化空间的继承与创造。

参考文献：

[1] 刘涤宇. 北宋东京的街市空间界面探析：以《清明上河图》为例 [J]. 城市规划学刊,2012 (3):112.
[2] 丁文清，等. 街区空间人群行为信息层研究分析——基于对《清明上河图》的解读 [J]. 安徽农业大学学报 (社会科学版),2017(5):137.
[3] 薛凤旋. 清明上河图：北宋繁华记忆 [M]. 上海：上海人民出版社,2020:3.

基于城市更新理论下滨水空间的策略研究
——以南宁市洋关码头为例

金煜翔 蔡安宁

广西民族大学

摘要：传统滨水空间随着城市的发展失去其原有功能，面临衰败、丧失活力等问题，文章总结国内外滨水空间的发展情况，基于城市更新理论，分析城市滨水空间的更新难点和更新价值，提出安全生态韧性、历史与现代连接、公共开放水陆连接、多元功能有机融合的提升策略，并以南宁市洋关码头为例提出针对性的更新策略，为城市更新在城市滨水空间中的保护发展提供参考。

人类自古以来近水而居，江流河海除了提供生活和工会农业用水外，还具有航运、养殖、旅游之利，而承载这些重要功能的近水区域就是滨水空间，它具有极强的公共性和人口聚集性，还能够提升城市整体面貌和居民生活环境。但随着城市的不断发展以及很大一部分小型港口码头在其使用功能上的重要性降低，许多依水而建的城市滨水空间逐渐走向衰落。[1] 因此，在存量规划的城市发展中，更新改造滨水空间对提升城市个性化形象、宣传城市历史文化和传承和促进城市经济发展都具有重要意义。

一、滨水空间国内外发展状况

20 世纪 80 年代中后期至 90 年代中期，国外滨水区的开发研究处于起始阶段。1987 年在英国南安普顿大学首次召开的全球滨水区再开发国际研讨会，促进了全球各界人士对该现象的广泛关注，但陈述的问题主要集中在再开发的了解层面。20 世纪 90 年代中期至末期，国外的港城再开发研究开始围绕"商住、办公、旅游、休闲、娱乐、历史建筑和遗迹保护"等多重角度的研究探讨。自 1990 年以后，世界进入信息化时代，滨水区改造的理念也进一步变化提升，更加强调其整体性、多元性以及和城市形象、城市整体规划、历史文化要素的融合匹配。[2]

2010 年后，中国开始逐步进入后工业时代，我国的沿海港城、沿江码头也迎来了滨水区的改造热潮。然而，国内的滨水空间改造实践仍然存在一些突出问题，如生态韧性可持续建设不够完善、功能多元化融合以及城市历史或者当地文化元素表达不显著等问题。我国的滨水空间更新改造需要避开生搬硬套来借鉴国外的研究成果，探索能够解决我国实际问题的滨水更新改造策略。

二、城市更新背景下的滨水空间

城市更新理论最早起源于西方经济大萧条时期和第二次世界大战后的城市恢复计划，当时定义为对于自己所居住房屋的修理改造，对于街道、公园、绿地和住宅区等环境的改善有要求，以形成舒适的生活环境和美丽的市容市貌。而城市更新整体的演变规律是从大拆大建的改造方式演变到小规模、分段式的改造提升方式；从政府主导的自上而下的指导方式到上下结合的双向改造方式；从注重基础设施完善到注重多方面效益结合的方式。该理念在国内首次于 1979 年由吴良镛教授提出，主要针对城市的"保护与发展"角度，在如今国内城市存量优化的城市发展路线中，如何将城市中"剩余空间"进行有机更新，是城市更新的主要目的。

（一）城市更新背景下滨水公共空间的价值

城市滨水空间是集合了一个城市多种发展要素的区域。首先，滨水空间是城市中的重要公共开放空间，它的亲水性可以给人们提供不同的临水娱乐休闲活动，丰富人们的日常生活。其次，滨水空间还是城市临水区的生态自然空间，它承载着调节微气候、水质净化、抵挡洪水等功能。此外，在城市规划上它还是介于城市陆地与水域的边缘化区域，将滨水空间活化既能有效地提升城市形象，还能促进城市边缘灰空间的活跃，减缓城市交通压力。

（二）滨水空间的更新难点

1. 滨水空间的连接性

伴随着我国城市化的高速发展，城市水运的需求下降，滨水空间失去其原有的功能，逐渐成为城市的灰色空间和消极地带。因为城市陆地的发展规划方式与滨水空间的再开发方式完全不同，陆地倾向于整体发展框架的整合，导致滨水区与陆地的连接性不高，滨水区与陆地有着一道"无形的分界线"，滨水空间存在着公共开放性不佳等问题。

2. 滨水空间与城市建设的协调

在城市更新对滨水空间的改造更新过程中，一个城市的发展与形象是必不可少的。如今部分滨水公共空间较生硬呆板，河堤的形式也呆板，各景观界面与元素缺乏互动融合，界面的景观视线不佳，缺乏本土文化和地域文化的表达，导致对游客及附近居民的吸引力大大降低。[3] 因此，滨水区改造应当与城市建设结合，起到推动经济发展和树立城市形象的作用。

3. 滨水空间的生态问题

部分滨水空间的滨水岸线生硬僵直，景观生态功能薄弱；对生态缺乏保护意识，使得外来水生植物入侵，抢占原生植物的生长空间，导致原生态系统失衡，水质保护不佳，影响动植物生长。

三、城市更新背景下滨水空间策略

（一）生态韧性安全提升（安全性）

滨水空间是城市中连接陆域和水域的空间，它拥有陆、水的交互系统，因此提升生态韧性和安全健康是滨水空间活化的前提。一是防洪安全，城市滨水区开发利用和保护水资源，应当服从防洪总体安排，在保证防洪堤坝的安全标准高度情况下根据场地进行改造。二是生态景观修复，应当将滨水空间的水、陆二元性考虑其中，合理地结合陆生水生植物的配比，并且将大部分滨水空间的高差问题考虑其中，打造富有变化的轻缓台阶，在条件允许的地段利用大坝反坡塑造雨水花园，实现低影响开发，实现抗洪功能和生态韧性双重提升。

（二）历史文化现代连接（文化性）

首先，滨水空间是城市历史文化的重要载体。很多城市的发展起源于水域，滨水空间通常承载着悠久的历史和丰富的文化遗产。通过将历史文化与现代建设相连接，可以让人们在现代城市中感到历史的沉淀和文化的传承。滨水空间的历史文化元素，如古老的建筑、传统的艺术表演、文化遗址等，能够成为城市的独有特色，吸引游客和居民，提升城市形象。在改造过程中，对于保存完好或有一定历史价值的建筑物进行保护和修复工作，使其成为滨水空间的亮点，它们也能够被用作文化遗产展示馆、博物馆、艺术中心等。在适合的场所可以设计历史主题公园、创造文化艺术街区、建设历史步行街和文化走廊，以及创造公共艺术和装置艺术等。其次，传统文化或历史元素可以促进社会交流与融合，历史文化的融入使得滨水空间具有更多的故事和意义，人们在这里可以分享彼此的文化经验，相互了解，增进友谊，构建和谐的社会关系。

（三）水、陆连接公共开放（易达性）

滨水空间往往处于城市的边缘地带，失去原有工业生产等功能后成为城市的灰空间。在更新改造中，应当注重其交通规划及滨水空间的公共开放。改善公共交通和步行环境，方便市民和游客前往滨水空间。公共交通提升包括增加公交线路、设置自行车租赁站点等，减少交通拥堵和环境污染，加强城市与滨水空间的连接重点是处理两者之间的接驳点，设置多通道入口能有效促使人们进入空间。城市居民及旅客能够更便捷地到达水域游赏，视线引导也是公共开放必不可少的因素，滨水空间中的设计应当衔接"城市—滨水区—水域"，打破滨水区的线性单调性。

（四）多元功能有机融合（多样性）

首先，滨水空间应当提高功能的多样性，满足不同人群的需求，在这方面不应局限于传统的土地功能融合，而是要探索竖向业态功能的混合。其次，要强调功能与功能之间的有机联系，[4] 不能将不合适的功能强行安装其中。如在滨水空间中亲水性就是一个天然特性，在滨水区域建设人行桥和观景平台或亲水活动区域，人们能够近距离欣赏水景和享受水体。这些设施可以提供观景、散步和休憩的机会，增强亲水性体验。

四、南宁市洋关码头更新改造规划

（一）洋关码头

邕江是南宁的母亲河，也是南宁旅游发展的重要轴线。洋关码头建于清光绪三十二年（1907 年），是南宁第一个沿邕江而开拓的通商口岸，也是南宁最重要的交通关口，河堤设计长 330 米，码头分 3 处，共 168 级，砌以巨大石条，因当时由外国人管理，故名洋关码头。洋关码头展现南宁开埠、海关、码头文化，承载着红色历史足迹，与影响南宁城市发展历史格局的三个重要事件节点密切关联。

（二）洋关码头的问题

洋关码头位于广西壮族自治区邕江北大道段滨江绿地，城市环境相较市中心更为安静舒适，它的地理位置起着串联邕江滨水活力带、休闲旅游发展带、南宁历史文脉线路的重要作用。但洋关码头却因为种种问题导致活力不足、人流量较少等现状，对该滨水空间进行更新改造是南宁市发展的重要一环（图 1、图 2）。

图 1 洋关码头鸟瞰空间

图 2 洋关码头的问题

1. 高差变化,江城两不见

城、路、堤、滩、江位于不同的标高断面,江堤与路面、江面高差较大,自身地形不利于江城相望,市民体验感较差。

2. 绿植浓密,视线遮挡

南宁市地处亚热带南缘,植物长势良好,特别是很多南方树种,树冠高且大,易产生视线的阻隔。现状沿堤主要为城市行道树与堤路园,景色优美,但丰富的种植层次也使得这堵绿墙成了市民见堤望江的阻隔。

3. 市民活动场地亲水性差

目前堤路园及部分绿地内布置有一定的市民休憩场地与活动设施,但亲水区域较少。

4. 历史文化塑造不够

洋关码头承载着南宁开埠、海关、码头文化以及红色历史足迹,还有影响南宁城市发展历史格局的三个重要事件节点,但现状场地文化表达建筑物不足,只有在滨水城市绿道边摆设的一块纪念石,缺乏特色性,文化氛围不足,既没有洋关码头历史原貌的痕迹,又没有展示出红色文化足迹。

5. 其余问题

洋关码头作为城市的滨水空间,逐渐成为一处灰色地带,其入口处简陋、不明显,路过的游客见而不知,没有足够的吸引力;风物廊是洋关码头连接陆域的一条长廊,其建筑富有民国建筑特色。但此地人流量过少,风物廊由于其形式变化单一且廊距过长,导致该空间利用率极低。

五、城市更新理论下洋关码头策略提出

(一)历史文化再现

洋关码头提升改造可以重现洋关码头历史原貌。据史料记载,码头长330米、高9米,展现码头新形象与历史文化内涵,将历史文化元素与自然景观结合起来,以丰富市民游客在洋关码头遗址的参观活动、激活场地,营造开埠文化长廊、伟人纪念长廊、红色文化长廊和码头文化长廊,强化历史与洋关码头的关系,反映开埠对南宁城市发展的影响,增加纪念性。组织由南向北延伸的空间叙事游线,从中穿插景墙、地面铺设以及历史情景化的景观小品,展现洋关码头历史文化、红色文化与展现南宁港口发展建设情况,打造成为反映开埠文化、红色文化为主题的滨江文化亮点。(图3、图4)

图3 洋关码头节点布置

图4 洋关码头文化展示分区
(图片来源:南宁洋关码头复兴项目文本)

(二)安全生态韧性

首先是防洪安全问题,洋关码头的防洪墙最早起源于唐代始建的古城墙,在之后的不断修缮特别是2003年民生广场的修缮将江北大道一带的防洪墙一同修建完毕,用沉重的红砖堆砌出古老的传统韵味。其次是洋关码头的绿化池虽然面积不大,但绿植长势良好,容易造成视线遮挡,可以通过低成本的修剪原生场地中年份较早的古老树种,再适当种植低矮形灌木丰富绿植,以最少的人为干预实现低成本的修复模式。[3]在高地到江岸复杂的生态系统中种植本土物种,也能为野生动物提供良好的休憩场所。(图5)

图5 港口文化长廊空间

(三)公共开放、多元功能

加强城市与洋关码头的连接,重点处理与周边路口的接驳点,使其成为多个陆域与滨水空间的交叉点。以特色人行道、历史标志入口、增设便民停车场所等形式将城市人群引入滨江公园。[3]同时结合现状滨江步道、风物廊打造三层码头活动空间,与邕江滨水景观有机融合,游客进入滨水空间可以在不同的高度欣赏邕江美景。同时,在滨水空间中提升功能的多样性,通过人流动线设计将不同高度的不同功能串联起来,游客从路口引入滨水空间后到达设有六角亭的一级高度,连接风物廊形成休闲长廊;二级高度则是长达两百多米的红色文化、港口文化游览区;三级高度靠江水岸则营造诸多码头场景,打造开埠场景并设置亲水平台,让人们能够近距离欣赏和感受水体。最后,通过人行步道将整个多功能场景形成游览路线,满足了不同人群的需求,发展休闲文创、文旅商业和居民配套等产业业态,构建沟通洋关码头和滨水空间之间的混合功能廊道。(图6、图7)

图 6　红色文化展示空间

（图片来源：南宁洋关码头复兴项目文本）

图 7　洋关码头小品节点

（图片来源：南宁洋关码头复兴项目文本）

六、结语

　　基于如今存量优化的城市发展路线，城市滨水空间是城市公共空间系统的重要组成部分，所承载的功能更加多元，既是城市形象和景观特色的代表，也是城市居民主要的休闲、游憩、交流场所。本文提出生态安全、历史文化、公共开放、多元功能的策略对滨水空间进行更新改造，并对洋关码头提出针对性方案，以特色入口为导入点，打破陆域与滨水空间的界限，串联开埠文化、红色文化，结合现状滨江步道、风物廊打造三层多功能码头活动空间，期望为国内城市更新中的滨水空间改造提供参考。

参考文献：

[1] 王冠 . 城市滨水空间更新研究 [J]. 城市住宅 ,2020,27(6):161-162.

[2] 王海壮，栾维新 . 国外港城滨水区再开发研究进展与启示 [J]. 地域研究与开发 ,2014,33(4):13-18.

[3] 陈跃中 . 从混凝土护岸江堤带到充满活力的滨水公共空间——四川遂宁南滨江公园规划设计 [J]. 中国园林 ,2022,38(02):54-59.

[4] 袁诺亚，梅磊，张志清 . 滨水工业地区活力再生更新策略与实践 [J]. 规划师 ,2021,37(7):45-50.

[5] 魏春雨，何立伟，李少波 . 城市公共空间营造——活化"剩余空间" [J]. 中外建筑 ,2017(1):28-33.

[6] 毛健 . 洋关码头 [J]. 人事天地 ,2017,230(5):57-58.

[7] 邹锦 . 城市滨水空间的韧性机理及其设计响应 [J]. 上海城市规划 ,2023(1):40-46.

[8] 王悦，姜洋，韩治远 . 面向提升新城活力的步行系统规划策略研究——以上海市嘉定新城中心区为例 [J]. 上海城市规划 ,2017(1):80-87.

[9] 杨一帆 . 中国城市在发展转型期推进滨水区建设的价值与意义 [J]. 国际城市规划 ,2012,27(2):108-113.

城乡融合下陕北村落乡土景观营造策略与设计

朱琳 续昕

四川大学 艺术学院

摘要：以地域文化的现代转译运用为视角，首先界定与分析陕北延安市赵家河村的地域文化内涵与原始营建策略；其次以赵家河村颐养空间设计为载体，深入挖掘地域文化，并进行提取与现代化转译运用，使其乡村环境能和现代生活保持融合发展；最后有助于让人们重新审视乡土景观，保护传承陕北地域文化，固守延安乡土特色，从而推动城乡共融与发展。

关键词：城乡融合；乡土景观营造；地域文化转译

费孝通先生在《乡土中国》中指出："从基层上看，中国社会是乡土性的。"究其原因，"乡"是农民们世代传承的居所空间，"土"则是农民生活的根基，而以"乡"和"土"串联起来的是中华五千年来的农耕文明，与土地紧密地捆绑在一起。一方水土养一方人，在不同的地理环境下，人们利用并有限地改造自然；一方人育一方土，不同地域环境下的人顺应依托所处的自然环境，不断摸索建造出不同的生产与生活方式，形成形态各异、复合功能的乡土景观。

随着经济社会的变革，一方面，据《国家统计局公报》[1]可知，中国老龄化人口已经超过 2.5 亿人次，其中更是 60% 以上都分布于农乡村地区，并呈现出城乡倒置、乡村空心化两个显著特点；另一方面，乡村建设质量得到重视，且更注重乡村公共空间及居住环境的人性化研究以及人文价值的保留。于是，在乡村振兴的浪潮、城乡融合模式的推进下，反观当前破坏性的建设中，乡土景观以及乡土遗产保护引起了各界的深刻关注。

一、历史文脉与空间现状梳理

（一）相地而生

在陕北地域文化中，乡民多选择"弱行为、低介入"的态势在自然中宜居，因天材，就地利。

其地貌景观经历了长久的流水侵蚀，进而形成了波浪体态，乡村聚落因地形的复杂多样而高度分散，逐渐演变为河谷平原、坡台、支毛沟和梁峁坡四种比较典型的陕北乡村规划地带（图 1）。其中乡村最有代表性的建筑形式便是窑洞，分为靠崖式、下沉式和独立式，随"基"而变，组构成了"虽由人作，宛自天开"的完美运用。在此自然环境下，设计将围绕着其乡民与自然共融的建造生活方式而进行，并结合现代技术改善自然环境问题。

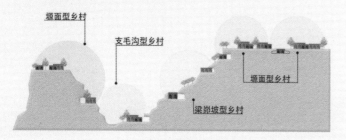

图 1 陕北乡村聚落类型地缘分布

（二）渊源历史

历史上，陕西是华夏文明重要发祥地之一，有着黄帝、炎帝陵寝。毕沅著作中有载"陕西已周公主之，陕以东召公主之"①。而延安，是我国红色革命根据地的中心场所，更是黄帝文化圈的中心，地形上素有"三秦锁喉，五路襟喉"的说法。基于此历史文化大背景下，形成了独特的建筑风貌与民俗文化。

延川县民俗文化分类及元素提取　　　　表 1

类别	所属行政区						
	刘家山村乾坤湾镇	碾畔村乾坤湾镇	太相寺村关庄镇	甄家湾村关庄镇	梁家河村文安驿镇	赵家河村永坪镇	上田家川村贾家坪镇
曲艺、非遗技艺	陕北民歌、布堆画	陕北道情、布堆画、剪纸	陕北道情、布堆画、剪纸	陕北道情、陕北秧歌、布堆画	陕北民歌、延川大秧歌、剪纸	陕北秧歌、剪纸、布堆画	延川大秧歌、口头文学
方言、宗族	晋语	晋语、宗族和睦	晋语	晋语、耕读传家	晋语	晋语	晋语、耕读传家
习俗信仰	转九曲	转九曲	转九曲	转九曲	—	转九曲	祈雨

（三）民俗文化

延川县中，既承袭了陕北地区普遍存在的民俗文化风貌，又创立了属于延川县特有的民俗风情，提取特色村落文化，分为以下四类（表 1）。

陕北地区传统村落布局是乡民凭借长期累积的生活经验，因势利导、敬畏自然、向山要地、自主营造栖居环境而演变形成的，是在大自然中获得的生活所需的物质空间，从而创造出独特的窑洞形态与空间格局。在近现代阶段，陕北成为中央红色革命根据地中心点，使得其在原来的特征中增加了一层红色文化特色。

（四）有机布局

延川县内大都为窑洞聚落，大都按照"背有靠山，前有案山，玉带环绕"的基本风水格局，多在黄土沟壑中的"沟道、山头"等区域。呈现出"少聚多散"的方式弹性灵活地融入黄土自然环境，往往没有固定的中心和边界，形成"自然、沟壑坡地、聚落"的有机融合，充分体现了协调人地关系与实用适形的重点。

综合表 2 内容，窑洞建筑的保护与传承有着以下问题：(1) 传统窑洞建筑逐渐被现代建筑所取代，呈现消亡状态，面临着民居文化的巨大损失。(2) 传承与保护途中，未结合窑洞原有空间价值以及核心内涵，未遵循其原有地理以及空间价值，而是盲目地提取与使用其外观形式。

延川县建筑特征及空间布局提取示意　　　　　　　　　　　　表2

类别		所属行政区						
		刘家山村 乾坤湾镇	碾畔村乾坤湾镇	太相寺村 关庄镇	甄家湾村 关庄镇	梁家河村 文安驿镇	赵家河村 永坪镇	上田家川村 贾家坪镇
传统民居特征	屋顶	平屋顶	平屋顶	平屋顶	平屋顶	平屋顶	平屋顶	平屋顶
	山墙	—	—	口字形	—	—	—	口字形
	屋脸	嵌入式拱形木门窗	嵌入式拱形木门窗	嵌入式拱形木门窗	嵌入式拱形木门窗	嵌入式拱形木门窗	嵌入式拱形木门窗	嵌入式拱形木门窗
	院落平面	多孔联排式窑洞院落	多孔联排式窑洞院落	多孔联排式窑洞院落	多孔联排式窑洞院落	多孔联排式窑洞院落	多孔联排式窑洞院落	厢窑式窑洞四合院
	装饰	砖雕、木雕	木雕	砖雕、木雕	木雕、石头插花墙	木雕	木雕、石头插花墙	木雕
	材质	土、木	砖、石	砖、石	石、土	石、土	砖、土	砖、石
主体性公共建筑	公共空间	刘家山堡、清水关古渡口	碾畔原生态博物馆、黄河乾坤湾	太相寺、毛主席旧居	拔贡家	知青院、知青井、沼气池	知青坝、知青林	—
环境特征	地貌	山梁	黄土沟壑	缓平沟谷	缓平沟谷	缓平沟谷	沟壑丘陵	沟间川道
	河流	黄河	黄河	八河绕村	—	梁家河	赵家河	无名溪
布局特征	形态（平面）	鱼刺状	带形	带形	扇形	带形	人字形	扇形
	结构（空间格局）	带枝式	带枝式	沿沟分布	环山式	沿沟分布	带枝式	环山式

二、营造原则与策略探析

（一）选址特征

赵家河村，位于陕西省延安市延川县永坪镇，西北部为山坡，整体呈东南走向，多住宅，南部有较大规模的农耕梯田，受季风气候和黄土高原土质影响，植被覆盖率低，有小片山杨林、白桦林、油松等林木外，主要以稀疏灌木草丛为主，杨、柳、榆、槐等零散分布。

而在基地基础设施上，赵家河村大约有56间建筑，以单层民居为主，散落分布，有300~350名居民（长居，且80%为老年人），聚落呈狭长形分布，与沟壑地形相容。村级道路上，一级道路一条，连接四条二级道路，汽车保有率低，通达度低，并横穿整个狭长的村落，村样貌较为原始，有小型卫生室，在公共空间建设上极为稀少。对此，基于乡村振兴与医养结合的方针，方案设计定位于赵家河村颐养空间景观设计。

（二）区域规划

在传统的乡村养老中结合了医养模式后，使用医院对病床数量预测公式，推测出赵家河村医疗区内所需要的床位数以及医疗资源的大概使用情况，为其平面及功能区划分提供科学、有效的途径（表3）。医院对病床使用情况的预测公式：$B=P\times D/U$（B：休息室的床位数，P：每小时使用的老人数，D：平均使用床位小时数，U：床位的平均利用率）。在赵家河村约56间建筑，大约300名居住者的基础上，床位应不少于4张，在方案设计中，规划使用输液治疗室6张床位，休息康复室2张床位。

不同等级的日间照料设施需设设施空间和配置　　　　　表3

所需最少容纳人数（人）	≤600	601~1000	1001~3000	3001~6000	6001~10000
下棋打牌	0.86	1.44	4.32	7.92	12.96
健身按摩	0.29	0.49	1.47	2.70	4.41
聊天交流	1.44	2.40	7.20	13.2	21.6
读书看报	0.05	0.09	0.27	0.50	0.81
书法绘画	0.02	0.04	0.12	0.22	0.36
康复训练	0.18	0.30	0.90	1.65	2.70

据调研所得以上功能区对应人数与对应使用平均面积，但在赵家河村这类小规模村庄中，所需功能区较少但共同、重复使用的概率较高。综上，当村庄老龄化程度较为严重时，可适当增加平均使用面积，且乡村日间照料设施配置按10平方米/人较为合理。所以，赵家河村颐养空间建筑面积350~400平方米较为合理。

（三）营造原则

1. 地域化原则：颐养空间的设计主体是乡村老人，其有很深的乡土执念、地缘性和怀旧情结。提取原有乡土建筑风貌，双管齐下，事半功倍，打造本土共生的建筑与景观形式。

2. 适老化原则：乡村受限于财力水平，且在陕北乡村地区多为单层建筑，在交通动线上，免去楼梯及电梯的使用，多用坡道（坡度12°以内）以四合院厢窑的形式组织为设计首选。其余设施则严格按照《适老化居住空间与服务设施评价标准》完善与配置。

3. 维持生活常态化原则：乡村老人有着规律的生活作息，长期从事着农耕活动，在方案设计中应考虑其生活的常态化，打造其必经或经常从事的活动场景与场所，提升其参与感与趣味感，从而提升乡村老人对其景观及建筑形式的珍惜之情，达到可持续化的效应。

4. 环境配置多样化原则：针对陕北的自然环境，筛选其适合栽种的植物品种，且在配置上不仅要注重其自然条件与景观疗愈的过程，还要注重其观赏性及其他价值，如药用价值、食用价值，要确保景观的舒适度，同时还能提升乡村老人的参与感。

（四）表达策略

"低技"高效：乡土景观其核心在于"匠人"，他们深谙结构以及建造程序，明白营建方法，并全程参与建筑过程，随时更改完善其需求。在乡村中，由于财力受限，只能就地取材、材尽其用。从建造初始的备料、加工到完成，在这个过程中看似流水线的复制与程序化的流程都体现着匠师因地制宜营造的变化与思考，形成乡土景观中"低技"高效营造体系。在这个自主营造的过程中，需要在设计中传承与发展"匠人"

的营造方法，降低成本的同时兼顾人性化建设。

创新融合：所谓"取其精华，去其糟粕"，而创新也并不是一味地寻求新意，应客观、理性地看待地域文化元素的创新，在文化自信的基础上科学、有效地解读，通过创新的方式增加其价值。

保护传承：乡土景观取之于自然，即在设计过程中需要对自然、生态在发展平衡的状态下进行取舍与保护。对于赵家河村的整体风貌，最主要的是保留其因地形因素所遗留下的黄土景观以及窑洞居所。在不破坏其布局、本土生态系统下遵循其基地条件进行传承。如对古窑洞、石磨、百年枣树、古井等传承了地域文化脉络的特色景观资源进行全面维护和再运用，使承载文化历史的景观元素得以延续。

协调发展：虽然地域文化元素是乡土景观的关键，但并不是全盘展现。其不能轻易地堆砌使用地域文化元素，以免本末倒置、过度表达，最终设计出富有地域特色又相得益彰的乡土景观，从而带动城乡人口流动，促进城乡边界交融。

三、地域文化的现代转译应用设计

（一）地域文化提取手段

乡村地域文化特色的类型多种多样，童本勤、施旭栋（2013）提出乡村的特色主要由非物质和物质两大类别（表4），包含以下内容：

在非物质因素方面提取了：陕北道情演绎、戏曲文化、"北京后生"故事、转九曲、剪纸文化、布堆画文化因素；在物质因素方面，提取了窑洞形式、夯土技术、石磨、枣树、沟壑乡土景观等意象。

（二）地域文化在空间层级的转译运用

地域文化提取手段与内容 表4

资源类别	特色元素	涵盖内容
非物质因素	乡土语言	体现地域传统的语言特色
	历史传说	乡村记录着历史实事，成为历史的载体
	村民活动	体现村民的农业活动与生活方式、特色手工技艺等
物质因素	乡村建筑	具有地域特色的民居建筑与文物古迹等
	乡土物件	包含乡村农业生产工具与乡村居民生活物件等元素
	动植物	自然生长的植被与村民饲养的动物都能够体现当地的自然风貌

在空间视觉层面上，一方面，赵家河村位于黄土沟壑区域，在沟岔交会处聚集而成，分布于沟底，周围沟壑山体的挤压塑造了赵家河村狭长的"人"字形态（图2），山脉分支在线形村庄的位置上向四周延伸，利用沟壑与村庄的空间关系，可在场地形成"大脉络，小分支"的空间布局，引导步行流线和视觉流线。

另一方面，沟壑地貌是由两座山体从两边向中心挤压出的一条狭长空间，再由狭长空间连接着无数更为细小的狭长空间，犹如凹凸空间连

图2 分支状态示意　　　　图3 黄土沟壑区道路形式提取

接这两边折线状的不同功能区更为细长的空间。将其转换到设计语言中，由地上与地下的空间自然挤出狭长空间，并在山体部分中连接颐养空间内所需的其他功能区（图3）。

在空间布局层级上，赵家河村以多孔联排的窑洞院落为主，并选择从地坑窑中演绎出整个乡土景观庭院的形态，从联排窑中演绎出庭院功

能区退台的空间变化，从围合窑中演绎颐养区围合的空间状态（图4~图7）。在传统地域文化中寻求创新，在创新中融合传统地域文化，为使用者塑造熟悉的休闲环境。

图4 传统地坑窑　　　　图5 联排窑　　　　图6 围合厢窑

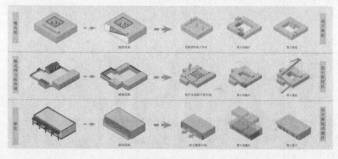

图7 窑洞形式转译表达

（三）地域文化在景观元素中的转译运用

1. 窑洞建筑外围饰件的创新运用

窑洞居所与西方拱形建筑最大的区别在其窑脸[2]的结构与装饰。西方拱形门洞的特征在于高大与细长，并且只承担着门洞或装饰作用，但在陕北窑洞的特征中，窑脸不仅具备门的功能，还具备窗与图案装饰的功能，是窑洞外墙与门窗结构功能的合体（图8~图10）。

在设计中保留最具特色的窑脸结构框架，首先提取其平面构成关系（图11），然后进行简化，制作成几何元素（图12），重组其砖纹构成，不再使用传统的平铺，变成横竖组合的几何构成，使用淡黄色金属材质模拟木材质感，以镂空衔接。随着光照角度的变化，产生不同的室内光影效果，既在传统中保留了窑洞窑脸形式的构成感，又使其具备现代特点（图13）。

图8 陕北传统窑脸　　　　图9 陕北改良窑脸　　　　图10 西方拱形门洞

图11 传统窑脸平面结构　　　　图12 提取平面结构　　　　图13 现代化转译

2. 地域植物的搭配运用

陕北传统的村落植物组合形式主要是庭院绿化和边坡绿化两种（图14）。基于陕北的地域植物和自然环境，结合场地形态，采用以下三种

图 14 地域植物搭配选择

植物组合形式：

（1）以在陕北具有特殊意义的枣树为主导的围合搭配形式，装点在地上医疗区"回"字形处以及地下庭院阶梯状戏台延伸处，辅助搭配槐树桂树两种芳香型树种，提升下沉庭院的疗愈性。

（2）坑栽的形式，搭配使用枸杞、黄刺玫、海棠、迎春花等带有观赏性的草本植物，以孤植栽种，散点分布，丰富庭院中的色彩层次以及视觉观感，提升老人在庭院中的体验感与趣味性。

（3）坡道上散点分布长芒草、紫苜蓿、百蕊草等草本植物，其防沙固土能力较强，较为适应黄土沟壑区的自然条件，且具有一定的药用价值，丰富场地的立面表达等。

3. 文化符号的创新运用

根据陕北剪纸图案，以牛、蛇盘兔、农耕场景为主，并提取其常用的符号形式进行重组设计，做成长条状的图案以浮雕和冲孔板的形式作为立面装饰。如在阶梯空间的立面，进行线形装饰；在拱形廊道退台的立面做线形装饰，并合理利用陕北地区光照充足的特点，做镂空质感，随时间及光线角度变化，呈现出不一样的光影质感。

以提取的基础剪纸平面符号（图15）、围绕蛇盘兔图案进行重组创新，制作出长条状的"新"剪纸图案（图16）。将其应用于梯级坡道、戏台区域与庭院食堂区域的立面区域，作夯土墙的立面浮雕装饰。

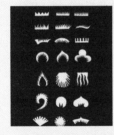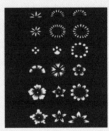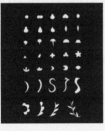

图 15 陕北剪纸常用符号及元素提取

图 16 提取符号后重组图案示意

根据陕北传统建筑纹理，提取其建筑外表上常用的引水纹，引导水从中流走，陕北人民在筑造窑洞时会事先在墙壁上凿出纹路，防止土墙被水冲击。以此肌理为基础，柔化边缘，用浮雕的形式装饰在医疗区外围顶部（图17）。提取陕北常见的女儿墙 [5] 上的十字镂空纹，转变其正负镂空关系，用砖块做十字组合，装饰在医疗区下部的墙上凹凸展示。用来区分医疗区与庭院的建筑功能，具备一定的导视作用，同时能够利用光影，形成不同的变化效果（图18）。

图 17 引水纹提取过程以及庭院区使用效果

图 18 十字纹提取过程及医疗区使用效果

综上，在地域文化的转译与运用上分为两个层面：空间层级与景观要素。主要提取运用窑洞聚落、剪纸文化及图案、陕北风情表演及秧歌活动，从空间格局、平面符号、视觉感受上去运用与创新。最后形成赵家河村颐养空间的整体设计方案。从理论研究到初步实践表达，形成完整的研究过程。即，从城乡问题到乡村养老形式的严峻，以乡村颐养空间设计为载体，相继提出赵家河村乡土景观营建的手段与策略，而后验证地域文化附着到其中的可行性和推广性。

四、结语

将养老问题与乡土景观结合从而达到设计颐养空间的目的，这种形式的结合不仅是养老问题，也是乡村旅游发展、城村融合的一部分，本质上是城乡差距大的问题。以期以此形式，吸引更多的群体来到乡村，见证乡村地域文化的美好，带来更多的人地互动场景（图19），从而带动城乡人群之间的流动和城乡边界的交融。

图 19 城乡交融未来场景设想

参考文献：

[1] 延川县志编纂委员会 . 延川县志 [M] . 西安：陕西人民出版社 ,1999.

[2] 刘黎明 . 乡村景观规划 [M]. 北京：中国农业大学出版社 ,2003.

[3] 郭冰庐 . 窑洞风俗文化 [M]. 西安：西安地图出版社 ,2004.

[4] 王江萍 . 老年人居住外环境规划与设计 [M]. 北京：中国电力出版社，2009.

[5] 蔡英杰 . 陕北黄土丘陵沟壑区"原生态"聚落空间形态演化研究 [D]. 西安：西安建筑科技大学 ,2012.

[6] 祁嘉华 . 陕西古村落成为新农村的路径探索 [M]. 西安：陕西人民出版社 ,2015.

[7] 罗涛，黄婷婷，张立峰，等 . 基于生态——文化空间关联的乡土景观区划方法研究 [J]. 中国园林 ,2019.

[8] 杨月 . 地域文化视角下陕北城郊型乡村旅游景观设计研究 [D]. 西安：西安建筑科技大学 ,2020.

注释：

①国家统计局 . 中华人民共和国 2021 年国民经济和社会发展统计公报 [R]，2022.

②窑脸：窑洞装饰的主要部位 .

基于视觉感知的西南少数民族乡村景观评估研究

温旭 鲁苗

四川大学

摘要： 从视觉感知层面探究少数民族乡村景观价值，提高少数民族地区乡村活力，并寻找少数民族地区乡村景观建设方法。以四川省理县藏羌走廊为例，首先通过专家评价法和层次分析法确定评价指标与权重，其次利用问卷调查法进行数据采集，最后对数据进行分析，得到该地区乡村景观评价结果。结果显示具有特色的乡村景观节点设计会吸引大众的视觉，进而对该景观环境产生兴趣。通过少数民族乡村景观评估研究，为乡村景观规划设计提供科学依据。

关键词： 视觉感知；少数民族乡村景观；乡村景观评价；乡村景观设计

在党的二十大报告中对新时代振兴战略提出明确指示，强调建设"和美乡村"，这也为乡村景观设计本土化发展指明了基本发展方向[1]。其中，少数民族乡村作为我国乡村的重要组成部分，是展示我国文化特色的关键。我国作为统一的多民族国家，呈现出大杂居、小聚居的民族分布特点，进行少数民族乡村景观视觉感知评估，有利于乡村建设的本土化地方化区域化发展。乡村景观评价作为乡村景观设计的关键，是乡村景观设计本土化发展的重要组成部分。我国的乡村景观评价研究受到西方国家影响，主要从生态层面、感知层面和景观特征层面对乡村景观进行整体评价，对于少数民族乡村的针对性关注较少。由此，本文从视觉感知层面对四川省理县藏羌走廊乡村景观建设进行评估，寻找少数民族乡村景观设计与人视觉感知的耦合关系，为乡村景观设计提供科学参考。

一、视觉感知理论

视觉感知理论是视觉心理学研究的一部分，主要研究人对于视觉环境的感受与认知。从心理学的观点讲，视觉感觉可以分为从外界信息刺激到感官的"视感觉"和从感官传达到大脑过程的"视知觉"两个部分。视知觉作为一种视觉思维，以视觉刺激为研究对象，将传达到大脑中所见的场景进行信息提炼与分析。[2] 这种视觉思维不仅是单一地接受外界信息，同时更包含了大脑思维的知觉活动。同时由于每个人的生活环境、性格特点以及教育程度不同，对于同一外界信息的视觉感受会存在一定的差异性。因此，视觉感知对于外界环境的感受包含客观感受和主观感受两种。景观作为一种视觉效果，人对景观的视觉感知自然也包含生理上的视知觉和心理上的视认知。在视觉感知理论的基础上对当前少数民族乡村景观进行评估，是对乡村景观形成的物质与精神双重视觉关系的综合，有助于探究少数民族乡村景观的深层结构，为后续的乡村景观设计与规划提供意见与参考。

二、乡村景观感知评价内容与方法

人对环境的认识是从环境对人的刺激中得到的各种信息。这种刺激主要通过感觉器官传送给大脑，使大脑产生判断和行为等。在当代乡村景观评价当中，人的心理感知是众多学者对研究对象关于视觉感知的研究时间最长、范围最广的因素，主要由色彩、肌理质感、如画性与独特性等指标因子构成[3]。乡村景观评价方法是景观评价方法的新发展，受20世纪60年代景观美学评价中专家学派、心理物理学派、认知学派、经验学派公认的四大学派影响，逐步形成适用于乡村景观的专家评价法、层次分析法、心理物理学法等评价方法，为少数民族地区的乡村景观评价方法发展奠定了坚实基础。

三、相关研究综述

20世纪60年代我国景观评价研究兴起，刘滨谊、俞孔坚、谢花林等相关学者对景观评价的研究使得景观评价得到了快速发展。景观评价研究的发展与逐步成熟为乡村景观评价研究奠定了部分基础，并为乡村景观评价提供关于研究思路、研究方法和研究技术的借鉴。我国的乡村景观评价研究也随着景观评价研究发展和乡村振兴战略得到了深入的研究与广泛的应用。目前，根据相关文献整理，我国的乡村景观评价研究主要集中在乡村景观生态评价、乡村景观感知评价、乡村景观特征评价、乡村景观评价指标与体系研究和乡村景观评价方法与技术研究五大方面[4]。在乡村景观感知研究中，我国学者偏重从乡村旅游的视角，对居民和游客进行不同人群的景观偏好程度。2016年，邵钰涵、刘滨谊以山东烟台初旺村为例，通过照片访谈，对乡村景观视觉质量进行评估并分析不同人群对乡村景观的视觉感知，为乡村景观发展建设政策制定提供新视角[5]。2022年，谈石柱通过对居民态度与价值认知分析乡村景观，从居民视角揭示乡村景观感知价值的空间特征和潜在问题[6]。综上所述，目前我国的乡村景观研究主要以乡村景观的整体评价和旅游偏好感知为主，对于具有独特民族风貌的乡村景观评价研究较少。由此，本文从视觉感知理论的视角，对西南少数民族地区乡村景观进行评价研究，讨论少数民族地区乡村景观感知路径差异和分异规律，寻找乡村景观可持续发展之路。

四、理县藏羌走廊景观设计视觉感知评价

（一）区域概况

本文以阿坝藏族羌族自治州理县下属的桃坪村与甘堡村作为调研对

象，桃坪村与甘堡村为典型的西南少数民族特色村寨，藏羌民族占比高达98%，具有强烈的民族地域性特征。同时，该地区生态环境良好，自然资源丰富，人文内涵深厚，对于人居环境、乡风文化传承与弘扬具有指导作用。桃坪村位于理县杂谷脑河畔桃坪乡，羌族人口约占总人口的96%。村中保留着羌寨传统碉楼建筑与非遗文化羌族多声部民歌。2007年桃坪村被评定为国家级重点文物保护单位，2012年成功申报国家级AAAA旅游景区并入选首批中国传统村落，2016年荣获联合国教科文组织颁发的亚太地区文化遗产保护奖，2018年获批省级风景名胜区，2020年被评为全国乡村旅游重点村。甘堡村位于理县至马尔康百里藏寨文化走廊中心地段，藏族人口约占总人口的98%，是典型的嘉绒藏族聚居地，被称为"嘉绒藏区第一寨"甘堡村的藏寨碉楼——"博巴森根"非遗文化历史气息浓厚，2012年4月被中国古村落保护委员会授予"中国景观村落"称号，2012年12月正式通过国家旅游局验收成为AAAA旅游景区。（图1、图2）

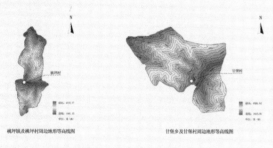

图1 桃坪村、甘堡村等高线地形图

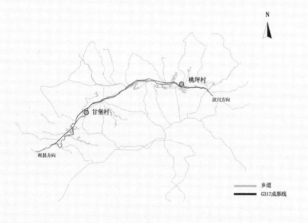

图2 桃坪村、甘堡村的周边交通道路

（二）问卷设计

在遵循审美性、生态性、科学性和可行可比性的指标构建原则基础上，问卷内容既要考虑乡村景观的多重感知体验，也要考虑受测者的个人需要。首先，通过聚类分析法构建乡村景观视觉感知评价指标因子。其次，利用专家评价法和层次分析法确定各指标权重。本文在感知层面的指标因子设立涉及对于乡村景观刺激带来的直接感知，在视觉层面进行乡村景观评价，根据乡村振兴目标主要在物质文化和精神文化文化层面构建指标因子，具体如表1所示。在问卷设计中，通过SD法（语义差态度表法）对乡村景观评价目标进行修饰和描述，将指标因子的程度根据语义进行层次分级，进行数据收集。

评价指标因子及其权重   表1

目标层	指标层	权重	因素层	权重
乡村景观视觉感知评价体系	自然景观	0.3467	自然植被	0.0322
			生态环境	0.1765
			乡村意象	0.1380
	文化景观	0.2610	传统建筑	0.1598
			民族服饰	0.0512
			民族习俗	0.0500
	人工景观	0.3923	基础设施	0.0677
			特色节点	0.2544
			公共空间	0.0702

（三）数据来源

本文选取四川省阿坝藏族羌族自治州理县甘堡乡甘堡村、桃坪镇桃坪村2个代表村落。从所选村落地区分布看，样本集中在藏羌走廊路线上，具有明显的地域性，对于地域少数民族特色村寨乡村振兴建设具有一定的代表性。本次调研共发放问卷260份，回收问卷240份，回收率约为92%，其中有效问卷225份，有效率为93.75%。问卷采用随机抽样方式，选择不同年龄段、不同职业、不同文化水平的游客与村民进行调查，以保证数据的广泛性与可靠性。

（四）样本特征描述

从问卷统计的样本游客性别看，藏羌走廊的女性游客占比为70.15%，男性游客为29.85%，其中女性游客要略多于男性游客。从问卷统计的样本游客年龄看，藏羌走廊游客10岁~20岁的占比31.34%，21岁~30岁的占比52.24%，31岁~40岁的占比5.97%，41岁~50岁的占比4.98%，而50岁以上的占比5.47%，总体样本游客年龄结构合理。从问卷统计的样本游客学历看，藏羌走廊的游客75.12%为大学生，20.9%为大学以上学历，以及少部分的小学、中学学历。受调研群众具有一定的文化程度，文本理解能力强，样本对象可以清楚表达意见。

从问卷统计的性别看，受访村民中 58.33% 为女性，男性占比为 41.67%，受访村民男女比例均衡，有利于报告结果的合理性。问卷统计的受访村民中 21 岁 ~30 岁的占比为 54.17%，51 岁 ~60 岁的占比为 29.17%，60 岁以上的占比 12.5%，41 岁 ~50 岁的占比 4.16%，受访村民样本年龄结构合理。问卷统计的受访村民中文盲占比 8.33%，小学学历占比 16.67%，中学学历占比 29.17%，大学学历占比 20.83%，大学以上学历占比 25%，其中大学及大学以上学历的受访人群以驻村、包村干部为主，受访村民之间学历差距较大，访问时需要注重将书面化用语口语化、方言化，提高与村民的问卷效率。受访样本村民中，66.67% 为本地农民，8.33% 为外来务工人员，12.5% 为外来个体经营户，4.17% 为景区管理人员，8.33% 为其他从业人员，调查问卷职业分布均匀，地方各阶层都在问卷调查范围之内。

（五）数据分析与结论

利用 PASS 软件对问卷数据进行整理，具体评价值如表 2 所示。根据数据结果可见，在少数民族乡村景观建设中，人的视觉感知对乡村中特色景观节点兴趣最高。对于自然景观的生态环境以及展示出的田园乡村意向也具有浓厚视觉感知兴趣的同时，对文化景观的传统建筑视觉感知关注度较高。由于少数民族生活方式的转变，民族服饰、民族习俗在整体村落发展中展示空间范围较小，以服装租赁和节目表演为主，由此公众对其视觉感知较低。同时基础设施建造受到的关注较低。

根据数据结果与走访可知：具有特色的乡村景观节点设计会吸引大众的视觉，进而对该景观环境产生兴趣。具有特色的传统建筑与自然风貌也会受到人的视觉关注。由此，在进行少数民族乡村景观规划与设计时，需要通过色彩、肌理等要素加强景观节点设计特色，注重自然环境的保护，同时在进行基础设施设计时要进行一定的特色化、艺术化处理，增强整体乡村景观的美感。对于特色文化景观，在景观设计中需要注重其展示方式，可以利用特色空间营造达到对民族文化的推广和宣传目的。

桃坪村、甘堡村乡村景观视觉感知评价结果　　　表 2

评价指标	指标因子	评价值
自然景观	自然植被	0.0295
	生态环境	0.1250
	乡村意象	0.1167
文化景观	传统建筑	0.1152
	民族服饰	0.0257
	民族习俗	0.0249
人工景观	基础设施	0.0197
	特色节点	0.2150
	公共空间	0.0618

五、结语

我国是一个农业大国，农村是国家发展的"稳定器"和"蓄水池"。乡村作为我国重要地理单元，承载着大规模的人民活动，乡村蓬勃发展是社会稳定繁荣的基础。以人为本的乡村景观设计需要以村寨特有文化为基准，不断挖掘当地村落的文化资源与生态资源，加大对于特色藏羌碉楼等特色民居建筑、生态景观的保留与再利用，推动藏羌传统民族舞

蹈、美食、传统节日庆典、非遗文化、传统手工艺等文化遗产活化与现代化开发，留住文脉、留住乡愁，坚持"退耕还林"，建设美丽宜居的生态村寨。

参考文献：
[1] 习近平 . 高举中国特色社会主义伟大旗帜为全面建设社会主义现代化国家而团结奋斗——在中国共产党第二十次全国代表大会上的报告 [M]. 北京：人民出版社 ,2022:10-11.
[2] 韩君伟 . 步行街道景观视觉评价研究 [D]. 成都：西南交通大学 ,2018:27-29.
[3] 鲁苗 . 环境美学视域下的乡村景观评价研究 [M]. 上海：上海社会科学院出版社，2019，6:414.
[4] 周心琴 . 城市化进程中乡村景观变迁研究 [D]. 南京：南京师范大学 ,2006.
[5] 邵钰涵，刘滨谊 . 乡村景观的视觉感知分析 [J]. 中国园林 ,2016,32(9):5-10.
[6] 谈石柱，黄莹莹，郑叶静，等 . 基于居民感知的乡村景观价值空间特征分析 [J]. 南京林业大学学报 (自然科学版):2023，3.

项目基金：
1. 国家社会科学基金民族学一般项目（22BMZ138）。
2. 教育部人文社会科学艺术学一般项目（20YJC760067）。

具身与空间：夹江手工造纸传承与复兴研究

蒲晶晶　潘召南

四川美术学院　建筑与环境艺术学院

摘要： "具身"理论主张身体与环境互动引发知觉感受，传递认知信息，从而产生记忆、情绪、感情等认知。身体、认知与环境是一个紧密相连的完整运作系统，身体是基本前提，是发生认知的关键基础。夹江的手工造纸技艺就是一种"具身化"的技艺，这种技艺的传承不靠书籍纸本的明晰知识和记录，而是依赖于口口相传的实践经验，其更多地偏向于一种手工艺人默会性的技艺。将"具身"理论引入对传统手工艺复兴与传统民居的保护研究，从传统民居的活化保护出发，反作用到传统手工艺保护认知的复兴，最后再反馈于身体。对于传统手工艺的传承与复兴，从空间角度探索一条基于"具身"理论的路径，遵循身体、认知与环境的内在有机系统，从传统手工艺的"具身性"延续到身体与空间的学说，保护与活化传统手工艺的生产性民居建筑，推动传统造纸技艺的多元化发展，拓宽夹江造纸产业的发展思路，以实现传统手工艺的永续发展与延续。

关键词： 具身；具身设计；传统手工艺；传统民居；手工造纸

一、"具身"的空间解读

（一）"具身"

"具身（Embodied）"一词来源于哲学领域，并且广泛涉及心理学、现象学、认知科学等多学科方向，后来又在梅洛-庞蒂提出的"具身的主体性"（Embodied Subjectivity）概念中被重新定义。"具身"理论主张身体与环境互动引发知觉感受，传递认知信息，从而产生记忆、情绪、感情等认知。身体、认知与环境是一个紧密相连的完整系统，身体是基本前提，是发生认知的关键基础，身体与环境互动产生认知，且身体的局限因素和条件会影响认知的生成。

"身体是所有表达的基础。"[1]梅洛-庞蒂所提出的具身现象学是关于身体知觉、身体意识的"现象学"。他主张从身体向度审视空间，并且身体是人对空间理解的基础，一切人对于空间的认知都基于身体。身体本身的空间性是人们感知外部空间的原始条件，但从认知层面来看，人认知外部世界的方式又受到人类对自我身体认知的限制，自我身体的空间向度奠基了对外在世界的认知。

（二）"具身设计"

"具身设计（Embodied Design）"来源于"具身"一词，是一种基于身体的生命特性对建筑中人的精神影响作为出发点的建筑设计方法。[2]现代建筑的超尺度性、单一性及抽象性极大程度上远离了人类所需的精神需求，建筑被称为"冰冷的居住机器"，单一地追求视觉效果，而忽略了空间所需的文化性、实用性和尺度性。"具身设计"聚焦于以身体为介质研究人与空间的互动，通过身体的特性推动人与建筑更加融合的、多样的互动，通过身体的感受传递认知，从而形成身体、认知与环境的良性互动。传统建筑设计中的场地、功能、材质、结构等问题，在"具身设计"中极大地受到人类的感知、认知和行为的身体性所影响，从而在设计过程中生成新的方向和解决方式。

"身体"在空间的研究中越来越成为重要议题，身体的物理特征直接影响人与空间的互动，其互动在身体与空间中体现为身体与建筑在感知、认知和行为三个层次上的关联。建筑的精神内核来源于人类身体与空间的互动，身体作为感知建筑主体的向度，人类通过身体特性触碰建筑的空间范围，从而生成建筑感知，身体与空间的互动产生认知，身体的局限性也会限制对空间的认知，这些感知和认知又反作用影响建筑中人类的行为。

将"具身"理论引入对空间场所的设计研究，从空间体验者的认知与身体向度审视空间的合理性，由于人对空间理解的身体性，身体带来的直观体验和认知经验都会影响人对建筑的感受，从而在空间的设计上能更加符合使用群体的需求。在中国的传统文化和传统思维中，"身体性"是极为重要的核心特质，中西方对"身体"与空间的认知虽存在差异，但都肯定了"身体"的重要性，将中国的传统文化与当代建筑拟合，从身体的感知影响认知的产生，从传统手工艺的"具身性"解读空间，从而起到活化手工艺生产空间、保护和传承传统手工艺的作用。

二、"具身"与传统手工艺

（一）凝结的技艺：夹江手工造纸

图1 夹江造纸民居聚落　　　　图2 夹江造纸民居建筑

夹江县富有"千年纸乡"的美誉，当地手工造纸的历史起源还未有准确的时间论断，但根据已有的记载，夹江手工造纸最早可以追溯到两晋时期，有浓厚的历史基础，一度成为"贡纸"。抗日战争时期，著名国画大师张大千寓居夹江县石堰村，他在夹江和纸农一起研究改良夹江纸，研发出质量更加优质的"大千书画纸"，闻名全国。夹江竹纸曾在同行业中盛名一时，早在2006年就以其独有的制作技艺成功申报了国家级非物质文化遗产。

夹江的竹纸生产是以家庭为单位的个体生产模式，因此生产周期长、产量小且人力资源耗费极大。虽然机器生产已经是时代的宿命，但手工造纸的制作技艺仍然无法被机器完全替代。家庭作坊式的生产方式定会带来民居建筑的差异化，夹江竹纸的主要生产场所就是纸农们的家，夹江的民居建筑与普遍的川西民居有所不同，在历史的发展中，为适应当地的竹纸生产，当地的建筑极具地域性特色（图1、图2）。夹江造纸的生产与生活紧密相连，整体民居排布沿溪修建，更加便于抄纸生产。

建筑以木构结构为主，墙体由特定的泥土、稻草以及石灰修建而成，由于用于晒纸，墙体表面光滑细腻，洁白无瑕，纸农们会将抄好的纸铺在墙体上阴干，为避免太阳直射，屋檐普遍较长，能达到1～2米，也能防止雨水的滴溅。与此同时，家家户户都会在民居附近单独修建用于生产的小作坊，面积较小，设备简陋，但都能适应于家庭作坊式的生产。

（二）传统手工艺的"具身性"

图3 造纸工坊遗址一　　　　　图4 夹江民居墙体

图5 废弃的民居　　　　　图6 造纸工坊遗址二

中国的传统手工艺是一项极具地域性与记忆化的"技艺"，这种技艺的传承不靠书籍纸本的明晰知识和记录，而是存在于口口相传的实践经验中，其更多偏向于一种手工艺人默会的、经验性的、情景依赖性[3]的技艺。传统手工艺的技艺者们在生产过程中依赖于身体千百次的实践经验，不必完全依照着规定好的生产条件和要求，这些技艺都深深地根植于生产者的肢体和血液里，是身体本身与认知相互作用下进行的生产活动。"默会"知识是一种隐性知识，其存在于身体的感悟与自然而然的行为中，来源于环境中长期的行为实践，与传统手工艺的传承方式有共通之处。

夹江的造纸技艺传承以家族血脉为路径进行技术再生产，传承者们从小耳濡目染，经过数十年的言传身教和实践经验，才得以继承这一复杂的技艺。夹江造纸工序与《天工开物》中所记载的造纸术一脉相传，皆有七十二道工序，主要由"制料"与"抄纸"组成，但纸本上的记载并不能完全如说明书一般指导手工竹纸的生产。德国学者雅各布·伊弗斯对夹江手工造纸技艺有大量研究，他提出夹江造纸技艺是一种"具身"的技艺。他提出"造纸行业的技术是具身化的"，造纸的技艺对身体状况产生巨大的影响，且造纸的过程中造纸匠人只需通过听觉、嗅觉等感觉就可以判断生产是否有效，在长年累月的生产中生成了一种直觉上的反应，只可意会，不可言传。造纸匠人在造纸生产的千百次反复机械式运动中产生了对技艺的认知，手便是他们生产时的"尺"，生产不依赖于纸本的教程标准和明确的定性，而是依靠手的体会，从而形成了一种"默会的"知识（图3、图4）。

（三）生产空间的具身认知

环境是"具身"理论系统中重要的三个构成要素之一，身体通过感知环境从而传递认知。具身设计在建筑基于身体的理论学说中探索了一条新的路径，以人类身体性的空间感受为视角，探讨身体、行为与建筑的关系。环境是承载身体感知、传递认知的空间基础。身体与建筑三维世界内存在的三维物质，身体在建筑中的感受来源于自身个体对边界的认知，对于建筑的认同感来源于建筑特性是否满足人的精神需求。而对建筑空间最直接的感受通过尺度、方位、质感来实现，这些最基础的感受由于人理解空间的差异化，会转变为情绪、记忆等认知。对传统手工艺生产空间的认知主要来源于生产时所需的空间范围、操作程序，以及制作需求。工序的不同直接导致生产空间的差异，以生产需求为导向衍生出高屋檐、低矮墙、高烟囱或是光洁墙面等特殊空间。生产时的情景又赋予场所生产的意义，生产空间不能独立于生产活动存在。（图5、图6）

三、传统手工艺的"具身性"活化

（一）"居"以载道：生产性传统民居保护与开发

传统民居及其聚落能够在一定程度上最直接反映出不同阶段当地居民的生活状况及经济体制、生产力、生产关系等社会状况。中国的传统民居极具地域差异性，其来源于不同的自然条件和独特的文化背景。传统民居的保护与开发相辅相成，开发以保护为基础，保护是核心行动，开发是方式和手段，开发为保护提供经济保障，两者相互作用使得传统民居获得新生，更大限度地传承中国传统文化。夹江传统民居特殊的风貌深深地植根于当地生产的需要，当地的民居建筑不仅有川西传统民居建筑的穿斗结构、斜屋顶、薄封檐，还有其适应生产需要的晒纸墙、宽屋檐等形态，这些独特的建筑形态和内部结构都反映了数百年来当地造纸技艺的发展和文化的延续。当地保存良好的传统民居应定期维护，保留其生活状态，而对于保存状况较差的民居进行修复，在修复和重建过程中尽量保持原始风貌，保留夹江造纸民居的木构结构和内部形态，复兴当地特有的晒纸墙工序，呈现出其原汁原味的本质特征。

由于夹江传统民居的特殊性，在保护与开发过程中，不仅要保护民居建筑本身，还要关注到夹江传统民居特有的生活习性和历史肌理。夹江的传统建筑由于当地的手工造纸技艺，生产与生活紧密相连，像这样的生产性民居的保护与开发应当以恢复生产时的生活状态为基础，鼓励村民恢复手工造纸的家庭作坊式生产。生产性的传统民居空间保护应激活其生产时的历史场景，让空间重新获得手工造纸技艺文化延续其中的生产状态，由此达到活化非物质文化遗产的目的。

只有动态与静态两者结合，建筑的空间保护与生活状态才能恢复齐头并进。通过对人文因素和物质因素的双重保护，夹江传统民居才能够继承下来，并且得到永续发展。当承载身体与认知发生的环境被激活，才能更有效地反作用于身体感知与认知，夹江竹纸的生产民居得到有效保护与适度开发，从而实现夹江传统造纸工艺的复兴。

（二）以纸为媒：传统造纸技艺的多元发展

夹江的造纸技艺高超，生产出来的宣纸品质优良，在清朝一度成为"贡纸"，在迈入现代社会之际却逐渐荒废，被机器生产的造纸工厂所替代。夹江的造纸工艺独特，就地取材，以竹为原料，工序复杂，是极为珍贵的非物质文化遗产，这一珍贵的文化和技艺应得到延续与传承。

图7 夹江年画

1. 重视造纸工艺保护与创新

首先，重视夹江手工造纸的文化价值，加强对夹江手工造纸技艺的研究，兼顾物质与非物质的双重保护。大力鼓励纸农们恢复生产，传承手工造纸技艺，出台相关政策来鼓励和引导当地纸农生产，吸引青壮年生产力回流。在传承和利用方面，防止文化断层与现代化背离，兼顾造纸技艺传统与现代的协调发展，重视创新的重要性，灵活地运用各种可以推动它永续发展的方式，鼓励技艺互换与创新，使手工造纸技艺不断地推陈出新，适应时代发展。与此同时，以造纸业的发展带动随之产生的民俗活动与文化发展，如夹江年画（图7）和竹麻号子等。随着国民对物质精神的提高，只有足够的手工技艺与创新的文化创意才能满足现代人的审美。通过相互交流与合作，形成具有相当强的文化共性与产业互补性的造纸产业集群。这种集群效应有助于促进手工造纸知识和技术的创新与扩散，实现纸品创新，从而形成夹江的特色支柱产业。

2. 推动"产学研"模式多元合作

扩大夹江造纸业的影响受众人群，与教育资源展开"产学研"多元合作的模式，产教融合，通过高等教育对传统造纸工艺进行传承与创新。利用四川地区的高校资源，夹江手工造纸与高校学生展开产学研合作基地，将夹江的造纸技艺带入课堂，组织夹江造纸工艺传承人在校园中开展造纸技艺传承与交流活动，这样既可以扩大夹江造纸的知名度，也使学生与传承人的开展学习交流，有利于为传统手工艺注入新鲜血液，带动手工造纸工艺人才培养。在这样的模式下，学生们更加了解夹江造纸工艺的同时，也能带动夹江造纸工艺的创新与研发，加强非物质文化遗产的理论基础，从而使夹江造纸工艺得到弘扬与发展。

3. 促进造纸工艺与新兴产业融合

顺应时代潮流，促进造纸业与新兴产业的融合。依托"互联网＋"技术，构建夹江造纸宣传的新模式，提高社会文化认知度；将夹江造纸工艺融入现代生活物品，创新非遗传承方式，提升存续能力；实施文旅融合发展，提供非遗造纸工艺体验，开拓生存空间。信息时代的到来为人们的生活带来了便利，促进了夹江造纸与"互联网＋"模式的融合，结合本地特色文化与民俗打造独特的夹江文创产品，将手工技艺品转化成文化产品，融入人们的生活，增强了传统手工艺对人们生活的影响。

四、结语

传统手工艺技艺的保护与传承一直以来都是当今时代的重要议题。夹江古法手工造纸是当地地域文化的凝聚和展现，是夹江文化的内核，并于 2006 年被列为国家第一批非物质文化遗产，具有极高的艺术价值、文化价值和经济价值。对于传统手工艺的传承与复兴，从空间角度探索一条基于"具身"理论的路径，遵循身体、认知与环境的内在有机系统，从传统手工艺的"具身性"延续到身体与空间的学说，保护与活化传统手工艺的生产性民居建筑，推动传统造纸技艺的多元化发展，拓宽夹江造纸产业的发展思路，以实现传统手工艺的永续发展与延续。

参考文献：

[1] 雅各布·伊弗斯，胡雯，张洁.人类学视野下的中国手工业的技术定位 [J].民族学刊,2012,3(2):1-10+91.

[2] 伍端.凝视的快感：空间审美的具身化转向 [J].装饰,2022(6):108-112.

[3] 谢亚平."器"以载艺——四川夹江手工造纸技艺工具和生产空间价值研究 [J].装饰,2014(9):94-97.

[4] 燕燕.梅洛—庞蒂具身性现象学研究 [D].长春:吉林大学,2011.

[5] 李若星.试论具身设计 [D].北京:清华大学,2014.

[6] 谢亚平.手感的体悟——四川夹江传统手工竹纸技艺中的隐形知识 [J].装饰,2013(10):139.140.

[7]Jacob Eyferth,胡冬雯.书写与口头文化之间的工艺知识——夹江造纸中的知识关系探讨 [J].西南民族大学学报（人文社科版),2010,31(7):34-41.

集体记忆视角下重庆社区公共空间更新研究

胡梓毓 朱猛

四川美术学院

摘要： 快速城镇化推进过程中，城市大规模改造与文脉衍续、城市记忆保护之间的矛盾越发尖锐。城市公共空间具有独特的历史价值与社会价值，是记录历史、保护集体记忆、塑造城市文化特征的重要场所。在城市公共空间更新过程中，如何保护城市集体记忆、衍续城市文化内涵，成为理论研究和更新实践中亟须解决的重要问题。重庆作为山地城市的代表，其多变的地形高差和复合的城市功能，形成了丰富的公共空间形态；但同时，由于现实关注度不足和理论指导的缺失等原因，当前公共空间面临着原有空间结构被破坏、场所记忆丢失、日常邻里交往空间不足等问题。在集体记忆理论视角下，以重庆市九龙坡区同乐园社区公共空间为例，展开重庆老旧社区公共空间更新策略研究。

关键词： 集体记忆理论；社区公共空间；社区更新；山城

一、国内外研究述评及研究意义

（一）国内外研究述评

1. 集体记忆理论研究

历史上，"集体记忆"的概念被定义为"一个特定社会群体的成员共享过去事件的过程和结果"（莫里斯·哈布瓦赫，1925）[1]。随后，研究发展到引入"文化记忆"一词，这一概念认为记忆传播主要通过两种媒介进行，即仪式和文化（扬·阿斯曼，1992）[2]。后来，涂尔干引入了"集体表象和集体欢腾"的概念，强调日常文化、仪式习俗、实践规则和程序在社会群体中的普及，并以隐形的方式塑造人们的实践记忆（涂尔干，1999）[3]。人文地理学家强调，集体记忆包括对城市空间环境的意义及其形成过程的全面历史理解，并以地理相关性、连续性、时间定位和选择性为特点（Crang M，2000）[4]。目前，关于城市记忆的元素、资源、媒介和载体的研究似乎有些不连贯，缺乏一个整合的有序结构[5][6]。

国内学者已经从不同的学科视角参与城市记忆研究。例如，在区域文化观念的背景下研究了历史建筑的物质价值和社会价值（舒韬，2004）。通过心理学和社会学的视角，检验了城市历史文化的延续性（朱蓉，2005）[7]。从认知角度进行的实证分析得出，著名人物是城市记忆中最重要的变量（汪芳，2012）。值得注意的是，尽管国内学者在城市记忆方面一直在借鉴国际研究成果和经验，但似乎在深入探索中国独特的国情和城市发展背景方面存在短板。

2. 集体记忆理论介入城市社区公共空间设计研究

国外学者在研究视角和内容上展示出丰富的多样性。他们认为，城市记忆的要素在构建"以创新为驱动的城市"中起着关键作用（萨贝德，2008）。此外，实证研究通常优先考虑检查"被遗忘的城市建筑和文化景观"，包括纪念性空间（李彦辉，2012）。然而，在城市社区的公共空间重新设计方面，学术关注明显不足。

面对当前快速城市化进程中出现的"特色危机""文化丧失"和"记忆遗忘"等紧迫问题，国内研究从多个角度探讨了老旧社区公共空间的更新，包括文化、事件、空间体系、微更新以及人的生理、心理等方面。然而，从城市集体记忆的角度进行分析的研究较少。黄瓴及其同事介绍了与老旧居住社区空间文化景观相关的基本概念、构成要素和结构特征。赵万民和同事采用事件空间理论的视角，建议采用以活动为驱动的方法连接空间组织，以增强社区空间的认同感。肖洪未基于文化线路的概念，在城市和社区两个不同层面探讨了城市老旧居住区的更新策略。公伟从开放社区的角度尝试构建以社区为基础的公共空间体系。

综合这些不同的研究视角至关重要，以全面应对日益城市化的社会中城市记忆、文化景观和社区翻新的交织层面。此外，弥合国际和国内学术成果将有助于采取更加综合和具有全球意识的方法来处理城市记忆和社区重建问题。

3. 研究述评

综上，集体记忆视角下城市公共空间更新理论中，价值和理念层面的研究较多，但设计策略、设计手法等相关研究成果较少，尤其不足的是，在"记忆方向"下的城市社区公共空间设计在记忆系统要素提取、记忆资源的甄别与评价、记忆结构谱系的建构尚属空白，是本文研究的重点方向[8][9]。

（1）研究意义

城市风貌的丧失、"千城一面"的出现已成为城市空间规划与建设的一大顽疾。城市记忆的延续面临巨大的危机，空间认同感的丧失严重影响了城市可持续发展与社区公共空间品质[10]。习近平总书记曾指出："城市规划和建设要更多采用微改造这种'绣花'功夫，注重文明传承、文化延续，让城市留下记忆，让人们记住乡愁"。

社区作为城市的基本组成细胞，记录着城市的发展历程，承载着人们的日常生活，是历史和日常生活之间重要的记忆场和关联体。在城市化进程中，老旧社区面临着空间结构破碎、场所记忆丢失、日常邻里交往空间衰败等主要问题[11]。在旧城存量更新背景下，重庆老旧社区公共空间的积极塑造对于空间品质的提高和城市记忆的延续有着重要现实意义。

围绕集体记忆理论介入重庆老旧社区公共空间品质提升研究，提出四个问题：①集体记忆的内涵和外延特征是什么？②集体记忆系统要素如何提取？③集体记忆资源如何甄别和评价？④集体记忆结构谱系的建构如何指导更新实践？

（2）理论意义

建构集体记忆视角下老旧社区更新范式，将记忆符号的提取及其功能演化、记忆资源的甄别及其评价体系的构建作为研究重点，旨在形成集体记忆结构图谱，进而指导重庆老旧社区公共空间更新实践，使得城市记忆有序传承。

（3）实践意义

融入城市更新国家发展战略，延续城市历史特色，打造地域性景观，引导技术与艺术全面融合。回应"特色危机""文化沦丧""记忆遗忘"等现实且迫切的问题，为重庆老旧社区活力的激活提供一种不同的视角。

二、集体记忆理论引入重庆老旧社区体系建立（图1）

图 1　研究内容框架

（一）问题提出：重庆老旧社区现状问题

聚焦社区空间结构破碎、场所记忆遗失、日常邻里交往空间衰败等问题，将集体记忆理论引入重庆老旧社区公共空间更新框架体系，旨在提升空间品质、突出地域特色和加强地域认同[12]。（图2）

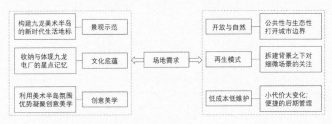

图 2　场地需求解读

（二）理论研究：集体记忆的内涵和外延特征

在理论基础分析和实践地域考察阶段，主要应用文献归纳整理、田野调查、PLPS评价等方法。借鉴人文地理学、社会心理学和行为科学等跨学科理论框架，对这些交叉研究领域的现有理论和方法进行细致的分析和综合，总结集体记忆的内涵和外延特征，明确城市记忆客体、城市记忆主体和承载这些记忆的媒介之间的动态相互作用和持续演变[13]。

（三）评价体系构建：集体记忆结构图谱

在集体记忆结构图谱构建阶段，主要应用案例探究、多情景分析、主成分分析等方法。首先，通过对记忆要素的内涵、形式、功能进行研判并提取城市记忆系统要素。其次，从城市记忆的载体和主体两个方面入手，通过对城市记忆主客体之间相互作用的机制以及时空关联下动态的更新演变过程分析，进而对城市记忆资源进行甄别与评价。最终，将记忆系统要素与记忆资源评价进行系统耦合、叠加分析形成集体记忆结构图谱[14]。

（四）更新提升策略：集体记忆视角下的同乐园社区公共空间品质提升实践

在更新策略提出阶段，主要应用情景模拟、网络数字技术、空间分析复杂网络分析等方法。从空间层次结构、历史文化线索和日常生活需求三个层面进行入手，提出空间结构完善、记忆线索叠合、日常交往场所构建和城市记忆演化发展四个更新设计策略，对同乐园社区公共空间进行积极塑造，以改善其空间品质，激活老旧社区活力，延续城市记忆[15]。

三、同乐园社区实证研究

（一）位置与周边环境

同乐园社区位于九龙坡区，连接重庆电厂、四川美术学院黄桷坪校区、重庆南站等标志性场所，是重庆当前重点打造的城市名片——长江艺术湾区的核心地段。同乐园社区始建于20世纪90年代，辖区面积约为7900平方米。社区周边艺术氛围浓厚，工业文化遗存丰富，是山地高密度旧城区不可多得的一处公共活动场所。（图3～图5）

图 3　九龙半岛上的区位　　　　图 4　周边用地功能关系

图 5　场地现状

（二）更新实践中的重点

1. 集体记忆系统要素的提取

记忆要素识别系统基于地域性、完整性和连续性，对社区的历史文化信息和物质空间载体进行分类分析，对空间要素、景观特征、综合感知要素和社会关系成分进行提取，为评估集体记忆资源构建基础。

2. 集体记忆资源的甄别和评价

通过对社区历史演变、空间结构及记忆空间层次的分析进行集体记忆资源甄别。从工业时代符号叠拼、重庆地域特征拟合、艺术美学感知互动、历史空间切片再现四个方面对集体记忆资源进行评价，将空间域和人的记忆范围在时空关联的状态下进行叠合对应，构建能直观显示集体记忆理论介入老旧社区公共空间更新所带来效益的评价体系。

3. 集体记忆结构图谱指导更新实践

通过场所环境营造、山城特色呈现、共享空间打造、历史记忆转译与功能性、层次性和复合性的结合，建造更具地域认同、弹性、可持续性的社区规划更新与集体记忆介入模式，完成集体记忆理论指导下的重庆老旧社区公共空间更新设计。（图6、图7）

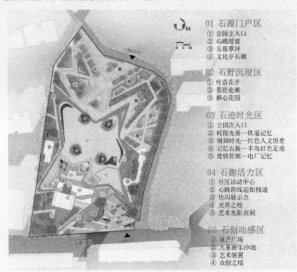

01 石源门户区
①公园主入口
②心跳缓坡
③乐现草坪
④文化亭长廊

02 石野沉浸区
①叶落花开
②旷野走廊
③栖心花园

03 石迹时光区
①公园次入口
②时限光筹—铁道记忆
③铜刻时光—红色人文历史
④记忆石板—半岛红色足迹
⑤废铁管廊—电厂记忆

04 石趣活力区
①社区活动中心
②心跳路线起始栈道
③快闪展示点
④无界之境
⑤艺术光影虫洞

05 石创动感区
①星迁广场
②儿童游乐沙池
③艺术装置
④众创之境

图6 设计总平面图

图7 设计鸟瞰图

（三）更新实践中的创新之处

1. 集体记忆理论本土化实践

基于城市有机更新重大国家任务，聚焦城市集体记忆保护、地域文化衍续、社区形象塑造等需求，将集体记忆理论本土化，拓展了相关理论的研究边界，其可适性和可靠性进一步得到论证。

2. 集体结构图谱的建构与应用

这是贯彻总书记"注重文明传承、文化延续，让城市留下记忆"指示的创新性尝试。以集体结构图谱为指导，建立重庆老旧社区公共空间的更新指引，有助于群体认同和地方依恋感的发展。

3. 集体记忆研究方法从"单一的定性描述"到"定性与定量相结合"的多种方法综合应用

采用数字网络技术和利用复杂网络分析进行空间分析等方法，对城市记忆的历时性变化进行严格的考察。现代技术工具有助于进行动态模拟和科学预测，对于捕捉城市记忆随时间演变的本质起着重要作用。

四、结语

本文研究对象为重庆九龙坡区同乐园社区更新设计，围绕其公共空间结构破碎、场所记忆丢失、日常邻里交往空间衰败等问题，建构研究框架。

通过实地调研、问卷调查、网络数字技术等方法对公共空间中的记忆要素进行分析和提取，进而对场所中的记忆资源进行甄别和评价，最终将记忆要素与记忆资源评价进行系统耦合、叠加分析，形成集体记忆结构图谱。在此基础上推导出"空间结构完善""记忆线索叠合""日常交往场所构建""城市记忆演化发展"等更新策略，最终改善社区公共空间品质，延续城市记忆。

参考文献：

[1]Danielle Drozdzewski. Using history in the streetscape to affirm geopolitics of memory[J]. Political Geography, 2014（4）: 66-78.

[2]Maryam Keramati Ardakania, Seyyed Saeed Ahmadi Oloonabadia. Collective memory as an efficient agent in sustainable urban conservation [J]. Procedia Engineering, 2011(2): 985-988.

[3]Andrew Foxall. A contested landscape: Monuments, public memory, and post－Soviet identity in Stavropol [J]. Communist and Post－Communist Studies, 2013(1): 167-178.

[4]Muzaini H., Yeoh B. S. A. War Landscapes as 'Battlefields' of Collective Memories: R eading the R eflections at Bukit Chandu, Singapore [J]. Cultural Geographies, 2005(6): 345-365.

[5]Assmann J. Daskulturelles Gedachtnis. Schrift, Erinnerung and politische Identitat in frühen Hochkul－turen [M. C. H. Beck, 1992: 28- 66.

[6]Mumford L. The City in History: Its Origins, Its Transformations, and Its Prospects [M]. Harvest Books, 1961: 89.

[7] 朱蓉. 城市记忆与城市形态 [D]. 南京：东南大学，2005.

[8] 李和平，杨宁. 基于城市历史景观的西南山地历史城镇整体性保护框架探究 [J]. 城市发展研究，2018,25(8):66-73.

[9] 邱冰，张帆. 基于城市集体记忆建构的城市公共艺术规划——一种公共艺术介入环境空间规划设计的路径 [J]. 规划师，2016,32(8):12-17.

[10] 周玮，朱云峰. 近20年城市记忆研究综述 [J]. 城市问题，2015,(3):2-10+104.

[11] 汪芳，严琳，熊忻恺，等. 基于游客认知的历史地段城市记忆研究——以北京南锣鼓巷历史地段为例 [J]. 地理学报，2012,67(4):545-556.

[12] 汪芳，严琳，等. 城市记忆规划研究——以北京市宣武区为例 [J]. 国际城市规划，2010,25(1):71-76+87.

[13] 李王鸣，江佳遥，沈婷婷. 城市记忆的测度与传承——以杭州小营巷为例 [J]. 城市问题，2010,(1):21-26.

[14] 周晓冬，任娟. 基于城市记忆系统的天津五大道地区城市记忆要素分析 [J]. 城市建筑，2009,(6):97-99.

[15] 薛菲. 城市开放空间风景园林设计与城市记忆研究——深圳中心区公园设计案例 [J]. 中国园林，2006,(9):27-32.

基于包容性理念的社区公共空间更新研究综述

梁丹华 谭晖

四川美术学院 建筑与环境艺术学院

摘要: 社区公共空间是居民生活中进行各种活动的主要场所，承载着日常生活中衣食住行的多元需求，揭示了居民生活的实际质量和城市的真实面貌。对不同能力人群需求的包容，是一个城市公平正义与发展程度的原真体现。本文分析了国内外相关学术研究，对国内外包容设计理论的研究现状进行了述评，分析国内社区公共空间更新设计研究在包容共享政策下的现状，希望对我国包容性社区公共空间更新设计相关研究提供参考借鉴。

关键词: 包容性设计理念；社区公共空间；社区更新设计

我国转型时期进行过大规模的社区改造活动，其中部分传统改造活动主要针对社区物质条件的改善和城市空间的美化，其中的本质更多的是追求土地的价值和经济利益。

新型城镇化建设方针和我国"包容共享"的政策背景推动空间更新向更加注重人的需求这一方向发展。且随着社会物质文化愈发丰富，人的需求也愈发多元，传统以标准而设计的旧范式已无法满足当今时代人们身体上、心理上和文化上的多样化需求。因此，在包容性理念视角下研究社区公共空间更新设计是十分必要的。

一、相关概念界定与类似理论辨析

（一）包容性设计

"包容性设计是一个过程，指通过与使用者共同努力消除社会、技术、政治和经济过程中的障碍的一种基础建设和设计的方法。"目的为所设计的产品、服务或环境可供尽可能多的人使用。它强调对一个或一群人所遇到的各种困难的弥补和对各种能力的包容，公平地享有设计资源。（表 1）

我国相关学者对包容性设计的定义汇总 表 1

（二）社区公共空间

社区的公共空间是指社区内存在着的开放性空间，是社区居民进行自由交流、日常交往、体育锻炼及集会等公共活动的开放性场所，是以广大公众服务为目的而存在的供城市居民使用的共有空间。

（三）无障碍设计、通用设计和包容性设计辨析

无障碍设计提倡充分考虑行动障碍者（包括残障人士、能力衰退人群等）心理和生理上的特殊需求后进行设计，即首先考虑特殊人群需求，而后考虑普通大众需求。

通用设计在坚持为大众服务的基础上，以所有大众的普遍需求为出发点，然后考虑特殊人群的需求特点，希望产品能适合每个人使用，且不会在使用中出现障碍，达到共通性。

包容性设计将设计视为一个弹性的过程，不是将障碍者等人群视为需要特别关注设计的对象，而是将这类人群在设计过程中与多元人群融合在一起。包容性设计是对通用设计乌托邦式理念中不切实际的改善，对无障碍设计夸大设计对象而浪费公共资源的一种矫正。

二、国内外包容性理念研究现状述评

（一）国外包容性理念研究现状

包容性设计起源于欧美等国家的民权运动和残疾人权利运动，受无障碍设计和通用设计理念影响并在其基础上迭代发展而来。总体来说，国外关于包容性设计的研究发展可以分为 4 个阶段。

1. 概念提出前阶段

这一阶段主要表现为对有障碍人群特殊需求的研究。1963 年，塞尔温·戈德史密斯出版了《为残疾人士设计》一书，并于 1967 年修订和扩充第二版，提供了关注轮椅使用者的详尽指导。1971 年，维克多·巴巴纳克（Victor Papanek）出版了《为现实世界设计》，提出"设计不仅要为健全的人服务，同时也要考虑为残障人士服务"。同年，他与玛丽亚·本特松（Maria Bentzon）和文埃里克·琼林（Sven EricJuhlin）等人共同创立了 Ergonomic Design，研究"以用户为导向的设计"和"面向更广泛而平均的设计"，为包容性设计理念的诞生奠定了基础。

2. 概念提出阶段

1984 年，"包容性设计"一词首次出现，由建筑师理查德·哈奇（Richard Hatch）提出：指普通群众有能力参与设计并能控制设计所处

的环境。随后，西方国家有记录的第一个包容性设计研究项目于 1991 年在英国伦敦皇家艺术学院成立。同年，约瑟夫 • 朗瑞基金会成立“安宅一生家园”项目，提出房屋设计应考虑老年人、残疾人及有年幼子女的家庭，并包容他们未来的变化。1994 年，在加拿大多伦多举办的国际人体工程学协会第 12 届大会上，罗杰·科尔曼（Roger Coleman）发表《包容性设计案例概述》，明确提出包容性设计的定义，并指出其与通用设计的区别之处。

3. 快速发展阶段

2003 年，约翰·克拉克森（Clarkson John）等人出版专著《包容性设计》，系统而全面地介绍了包容性设计等相关理论。同年，西蒙·凯斯出版专著《反对设计排斥》，以设计排斥的定义为出发点提出包容性设计的定义。2005 年，英国标准协会 (British Standard Institution) 将包容性设计定义为，让尽可能多的人群可以方便地使用，而不需要额外的适应或调整主流产品与设计内容。2006 年英国建筑与建成环境委员会出版了《包容性设计原则》一书，提出包容性设计的目标是消除人们使用设计内容时的阻碍，让每个人都可以有尊严地、平等地使用设计。2008 年，朗顿·莫里斯等在《设计包容性的未来》从技术、方法等角度对包容性设计进行阐述，提出包容性设计是为了未来而进行的具有前瞻性的设计。

4. 城市规划与政策阶段

包容性理念开始成为一种国家政策在城市规划、经济学等领域快速发展。2011 年，马尔霍特拉 (Malhotra) 提出了包容性的城市规划可以推动城市更好地发展，并以印度城市举例论证。同年，汉森与哈德尔 (Hansen & Harde) 也提出城市发展中应融入包容性理念。2016 年，联合国第三次住房和城市可持续发展大会 (简称“人居三”) 以“包容性”作为城市发展的核心理念，提出要创建人人共享的城市，并在城市规划领域寻求推进包容性理念成为研究前沿的相应的包容性规划策略。

自 1963 年出现包容性设计相关研究发展至今，国外对于包容性设计理念的研究呈现出一种由细微向宏观的发展，即由适应残疾人、老年人等特殊人群的设计研究向城市包容性增长与发展等更加宽广的视角下的研究转变，由此可见包容性理念的价值不仅在个人需求的满足上，同样体现在城市政策、国家政策等宏观领域。（表 2）

“包容性设计”国外相关专著　　表 2

年份	作者	专著名	主要内容
1963	塞尔温·戈德史密斯（Selwyn Goldsmith）	为残疾人士设计(Designfor the Disabled[M])	首次在英国提供了关注轮椅使用者的详尽指导。
1971	维克多·帕帕奈克（Victor J.Papanek）	《为真实世界设计》(Design For The Real World[M])	设计需要为更多的人服务，包括身体不便的人，让设计内容、人、环境完美结合。
1994	罗杰·科尔曼（Roger Coleman）	《包容性设计案例》(The Case for inclusive design-an overview[C])	与通用设计相区分，指出包容性设计应考虑人的能力与需求的不断变化，使产品、服务和环境能为大多数人所使用。
2003	约翰·克拉克森等（ClarksonJ, et al.）	《包容性设计》(Inclusive Design: Design for the whole population[M])	对包容性设计做出全面介绍，包括世界各地包容性设计和相关理论发展、多领域设计案例、包容性设计未来趋势等。
2003	西蒙·凯斯、约翰·克拉克森（Keates S, ClarksonJ.）	《反对设计排斥》(Countering Design Exclusion: An Introduction to Inclusive Design[M])	从设计排斥的定义为出发点，系统阐释其产生原因、设计排斥量化依据和量化的方法，为包容性设计实践提供参考。
2006	英国建筑与建成环境委员会（CABE）	《包容性设计原则》(The principles of inclusive design(They include you)[J])	指出了包容性设计的目标是消除人们使用设计内容时的阻碍，让每个人都可以有尊严地、平等地使用设计，这是每个人的责任，包括使用者。
2006	伊丽莎白·伯顿、林恩·米切尔（E Burton, L Mitchell）	《包容性的城市设计——生活街道》(Inclusive Urban Design:Streets for Life[M])	提出居住社区和街道应不论人的能力大小，都可以易于使用，讨论现有环境特性是否有助于老年人使用户外环境，提出六个设计原则：熟悉性、易读性、独特性、易访问性、舒适性和安全性。
2007	罗杰·科尔曼等（Coleman R, et al.）	《为包容而设计》(Design for inclusivity [M])	内容全面且易于理解，深入浅出，包含包容性设计的方法、工具、实际案例等，也涉及相关标准、法规和商业推广等。
2008	朗顿·莫里斯等(LANGDON P, et al.)	《设计包容性的未来》(Designing inclusive futures[M])	提出包容性设计是为了未来而进行的具有前瞻性的设计。

（二）国内包容性理念研究现状

我国传统文化中已存在包容性思想：《尚书》中提到的“有容，德乃大”和《易经》中记载的“厚德载物”，都体现出古人对于“包容”“和谐”的一种追求。但具体包容性设计在我国学术界起步相对较晚，早期包容性设计基础理论的研究大多是承袭国外的研究成果。其发展可以概括为三个阶段：

1. 经济领域及国家政策阶段

2007 年亚洲开发银行首次提出“包容性增长”理念，倡导机会平等地增长。胡锦涛总书记 2009 年在新加坡举行的亚太经济合作组织（Asia-Pacific Economic Cooperation）非正式会议上明确提出“包容性增长”的概念。2011 年博鳌亚洲论坛的主题是“包容性发展：共同议程与全新挑战”，2012 年中国城市规划年会主题是“多元与包容”，紧扣空间需求与城乡弱势群体发展相对应的规划战略等议题。在 1993 年的人居二会议和 2016 年的人居三会议进一步影响下，包容性理论逐渐向设计领域发展。

2. 承袭、起步阶段

此时期的研究主要集中在对包容性设计概念的梳理和对西方国家包容性设计理论及案例的学习上。包容性设计相关研究在我国最早出现于香港，研究中，香港学者欧阳应霁主张设计应当注重平衡，并将“Inclusive Design”译为“和合设计”。2008 年香港设计中心等机构合作举办了相关竞赛（“‘共生共创’和合设计 48 小时”），推动包容性设计在我国发展。2010 年 10 月，中国第一个相关研究中心——包容性设计研究中心于同济大学设计创意学院成立。2011 年，董华教授发表了《包容性设计：英国跨学科工程研究的新实践》一文，对包容性设计的概念和发展进行了解析，并将其与“通用设计”等相关名词区分开来。同年，张英等学者在中国风景园林学会通过总结日本和美国户外开放空间设计中的包容性经验和启示，提出包容性设计应坚持“以人为本”的核心原则，需要关注留意使用者能力与需求的差异性和多元性，并尽力平衡和满足这些多样需求。

3. 快速发展阶段

2019 年，由我国著名学者董华编撰出版的《包容性设计：中国档案》是我国第一部关于包容性设计的学术专著，书中更加系统地介绍了包容性设计在中国的研究与发展，为我国包容性设计研究发展奠定了理论基础。随后包容性设计理论在我国快速发展，如今已拓展至诸多领域，出现了以健康增进为导向、基于老龄化视角或全龄视角、以重庆为具体研究对象等众多研究成果。（表 3）

以 1990 年以来中国知网数据库相关 409 篇论文为数据，进行主要主题分布分析（图 1），可以看出我国包容性设计研究在早年集中在理论学习层面，近年来研究热点包括老年人视角相关研究、城市设计研究、产品与服务设计研究等。

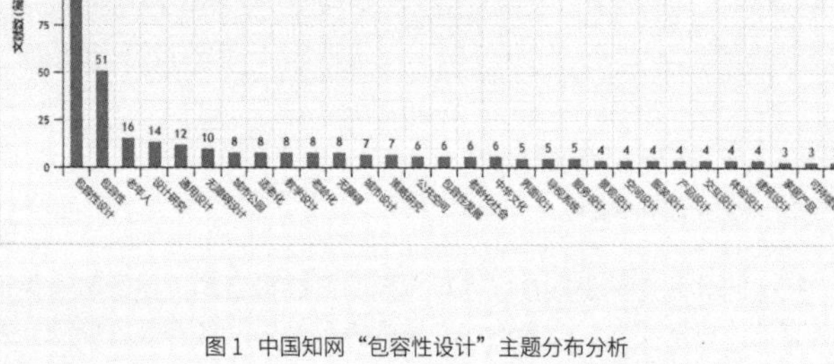

图 1 中国知网“包容性设计”主题分布分析

年份	作者	专著/文献名	主要内容

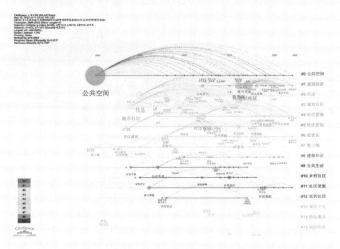

前 600 的有效文献进行可视化分析，绘制出我国社区公共空间研究领域的关键词聚类知识图谱（图3）与关键词突现图（图4），可以得知近年来我国对于"社区营造""微更新""城市社区""社区治理"等方面的研究出现大幅提升。

此外，对聚类内容进行统计（表4），研究结果表明：我国社区公共空间设计研究主要集中在社区更新、社区营造、基于老龄化视角或全龄视角、健康导向、乡村社区等，其中以老旧社区更新研究发文数量最多，社区营造与微更新等研究自 2018 年开始迅猛发展。主要代表人物及文献包括：刘悦来等人在《共治的景观 —— 上海社区花园公共空间更新与社会治理融合实验》中以上海社区花园空间更新为起点来探索公共空间中的公共精神价值，立足四叶草堂团队的研究和实践，系统梳理上海公众参与式微更新的发展脉络；陈敏对上海微更新实践的发展历程、工作机制、成效和问题进行了梳理，归纳了多元化的"微更新现象"，并在《城市空间微更新之上海实践》中提出了建设性的城市更新建设可持续发展思路。

（三）研究述评

1. 研究趋势

近年来关于空间更新类研究已呈现出由粗放大空间大尺度向精细小空间小尺度的转变，出现诸如社区营造、有机更新等理论。

2. 研究不足

在国内社区更新研究中，对包容性设计与更新的研究十分有限，大多关注物理空间、文化符号等，空间更新层面缺乏对具体人群具体需求的重视。

3. 有待补充的方向

包容性设计要求关注所有场地使用者的需求，尽可能满足各种能力、年龄人群的多元需求，对于提升居民幸福感和社区宜居性有重要意义，传统社区更新多关注物理空间及设施、文化风貌等方面，社区更新中的包容性设计研究有待补充。

图3 社区公共空间研究领域的关键词聚类知识图谱

三、我国社区更新设计研究现状与热点

（一）国内社区更新研究现状

我国关于社区公共空间的研究总体上相对于国外起步较晚，以 1996 年以来中国知网数据库中相关的 2103 篇期刊论文为数据，进行总体趋势分析（图2），可以得出结果：我国社区公共空间设计研究主要分为三个阶段：2012 年及之前为初步探索阶段，2012~2020 年为迅速发展阶段，2020 年至今为平稳上升阶段。

Top 10 Keywords with the Strongest Citation Bursts

Keywords	Year	Strength	Begin	End	2000 - 2022
社区营造	2012	5.64	2018	2019	
微更新	2016	3.54	2019	2022	
城市社区	2004	3.38	2015	2017	
社区治理	2016	3.36	2016	2018	
社区	2005	3.32	2005	2011	

图4 关键词突现图

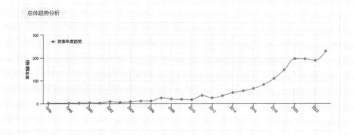

图2　中国知网"社区公共空间"发文总体趋势分析

（二）国内社区更新研究热点

采用文献计量方法，通过 Cite Space 9.8 对中国知网下载的被引量

聚类内容统计　表4

聚类	文献数量	σ值	主要关键词	均值年份	文献名	出版地	典型文献

四、结语

包容性设计理论在英国为代表的欧洲及北美等国家发展较早，我国在该领域的研究与上述国家相比起步较晚，但近年来研究热度也开始逐步提升。

国内传统的社区改造以物质空间质量改善为主，在过去几年中相关学术界逐渐提高了对于社区营造、基于老龄化视角或全龄视角、健康导向等研究的关注度，社区更新设计研究的包容性理念逐步显现。

自 2021 年起中国正式进入老龄社会。一方面，老年人拥有安全且舒适的居家生活空间后，改善老年人日常户外活动环境质量便成为首要任务。另一方面，过于追求经济效益的快速扩张或暴力改造，无法改善老旧社区的宜居性，反而易于造成与城市整体风貌、居民需求的不协调，有可能需要二次改建，造成资源浪费，无法实现新旧之间协调发展和维护城市环境正义，亦不满足包容共享政策要求。社区公共空间作为城市重要的公共生活场所，它的质量可以影响到居民生活品质。而对社区公共空间更新中包容性设计的研究就是一种很好的自下而上的问题导向性策略。

探讨社区公共空间更新中包容性设计，有益于补充学术界社区更新方面的研究。基于包容性理念的社区更新设计研究，以重新激活失意、落魄的老旧社区，缓和城市发展与社会发展中的矛盾，恢复老旧城区应有的底蕴与魅力，对城市和谐发展有着积极的推动作用。

参考文献：

[1] 李小云 . 包容性设计——面向全龄社区目标的公共空间更新策略 [J]. 城市发展研究 ,2019,(11):27-31.

[2] 凯瑟琳·霍韦尔，埃莉·托马斯，庞凌波 . 包容性设计 : 超越无障碍 [J]. 世界建筑 ,2019,(10):20-25+124.

[3] 杨小军，宋建明，叶湄 . 基于情境需求的乡村养老空间环境包容性营造策略——以湖州荻港村为例 [J]. 艺术教育 ,2019,(3):193-195.

[4] 白丽君，田晓冬，萨兴联 . 包容性设计视角下城市生活街道的可持续发展——以南京锁金村街道为例 [J]. 大众文艺 ,2018,(18):83-84.

[5] 刘晨澍 . 健康增进需求下村落开放空间的包容性设计策略——以上海朱家角镇淀山湖一村为例 [J]. 装饰 ,2016,(3):30-35.

[6] 陈汗青，韩少华 . 基于可持续发展的包容性设计思考 [J]. 包装工程 ,2014,(20):1-3+113.

[7] 王贞，刘兴旭，夏鹏 . 基于老年人视角的社区街道包容性设计 [J]. 中国建筑装饰装修 ,2014,(8):118-119.

[8] 张文英，冯希亮 . 包容性设计对老龄化社会公共空间营建的意义 [J]. 中国园林 ,2012,(10):30-35.

[9] 董华 . 包容性设计 : 英国跨学科工程研究的新实践 [J]. 工程研究 - 跨学科视野中的工程 ,2011,(1):19-25.

[10]Lansley P.EQUAL:new horizons for ageing research[J].Quality of Ageing:Policy,Practice and Research,2006,7(1).

[11]Tinker A.Forward[J].Quality of Ageing:Policy,Practice and Research,2006,7(1):23.

[12]BS7000-6, Guide to managing inclusive design[S]. London: British Standards Institution, 2005.

[13]Clarkson J,Coleman R,Keates S,et al.Inclusive Design:Design for the whole population [M]. London:Springer Verlag,2003.

[14]Keates S,Clarkson P J.Countering Design Exclusion:An Introduction to Inclusive Design[M].London:Springer Verlag, 2003.

[15]Keates S,Langdon P,Clarkson P J,et al.Designing Accessible Technology[M]. London:Springer Verlag,2006.

基于中国地域建筑与文化现代性视角下的审美思考

张洲铭 胡月文

西安美术学院

摘要： 中国地域建筑是作为中国文化历史的"史诗"，在近代以来遭到西方文明思潮的冲击以及自身建筑领域的停滞，具有传统性质的地域建筑逐渐被现代主义建筑取代，简洁与功能性成为现代建筑的代表，也同时造成城市同质化严重的现象，地方不再具有特色，地域与地域之间的差异性逐渐被缩小，在便民生活的同时，思维和社会意识也逐步受到影响。随着我国建筑事业的高速展开，经过现代主义思潮后，地域建筑逐渐重新引起重视。文章以地域建筑为引导，思索在新时代具有传统性质的地域建筑如何在受到现代主义洗礼过后的文化下，以适应新时代的思潮，结合时代文化的特征，成为符合未来审美趋势的地域建筑。

关键词： 地域建筑；现代性；传统建筑文化

地域建筑具有独特的诗意和故事性，只有认识到其建筑表象背后的生活文化，才能真正领略到蕴含在建筑中的"史诗"。近代以来，随着科技和文明的高速发展，西方现代主义文化的冲击对中国的传统认知造成了反复的冲击。克里斯·亚伯指出："不管自觉与否，'传统'和'现代'这两个词总会使人们想到矛盾对立二元间长久较量的图景。"这种二元对立的概念伴随着中国近百年的建筑发展思辨。在这种思潮的交融和对立中，中国建筑在近百年的时期内出现了大量建筑风格，这些风格迥异的建筑映射了中国近代以来思潮的转变，是文化对人的影响反映在具体客观现实中的投影。同时，这些建筑也代表着不同时期人们对建筑审美的反应。这种审美的差异带来的结果是地域建筑与现代化的不断碰撞。

从民居、公共建筑、商业建筑到政治领域所需求的建筑风格，都反映了时代的技术和科学水平。建筑作为"史诗"被遗留，经过时间的沉淀，形成了地域建筑的文化特色。这些地域建筑忠实地记录了当时人们的生活方式和价值观念，具有典型的地域建筑本原的文化特色。地域建筑在面对时代的变迁和"进化"时，引发了人们对建筑审美走向的思考。

一、地域建筑审美及文化内涵

（一）地域建筑的审美产生

了解地域建筑首先需要理解地域文化，确立地域与文化间的范围关系。地域建筑中"地域"通常是指一定的地域空间，也叫区。广义的地域建筑指建筑上吸收本地区民族的、民俗的风格，在建筑中体现出一定地方特色的设计思潮。狭义的地域建筑指基于特定的地域自然特征、建构地域的文化精神和采用适宜技术、经济条件建造的建筑。[1] 本文所论述的整体概念上的定位是广义的地域建筑，以地域建筑的形态思索地域建筑中的文化概念，探究地域属性与现代化属性的审美走向。

建筑是一个地区的产物，在客观世界的角度中，没有所谓抽象的建筑存在，只有具体于一个地区的建筑。建筑总是存在于某一个具体的环境中，建筑的存在受地质条件、气候条件、地形条件等客观因素所制约，同时由于地域内的条件限制，所形成的文化产生的社会环境、制度、信仰最终反映在意识层面上，因此意识的投射诞生了不同的建筑形式和风格特征。[1] 传统性的地域建筑受到当地客观世界的物理环境限制，在工艺与技法方面，人们利用有限的材料及匹配社会生产力的工具建造建筑，同样的传统地域性建筑中功能性常常被作为基础，首先满足人的基本需求，空间的布局和装饰及家具的陈列才随之匹配。功能在传统建筑中又必须以结构方式表现，为此建筑中的形式不过是表象，随着社会生产的进步，社会制度的更替，人民的需求日益变化，对建筑品质的要求不断提升，民众对于居住空间的需求也在提高；宗教对于信仰的敬畏及提升影响力的追求；特权阶级对于展示自身优越性，垄断资源的地位体现，便对旧功能的不满暴露出来，使得建筑在同一地域不同时空下，在不断地被促进，功能的"进化"改变建筑的结构，促使形式的转变。这种转变最终会形成人群意识的共识，潜移默化地改变群体的审美。这种审美不是具体的"好"或者"坏"，而是客观存在，由主流或特权阶级所引领，在人群意识中不断地推进，形成群体共识，改变了文化潮流，为此在地域建筑上的投影。

地域建筑在审美上以客观形式存在，以主观视角诞生。不同地域之间经济发展、宗教信仰的不同，使行为意识之间具有差异性，不同地域的文化对其他地域的文化无法理解或接受，以审美的差异化所展现。为此，地域建筑成为地方独特性的展现，在漫长的历史中，种族的迁徙与文化碰撞，逐渐将地域文化相融合，致使在不同时期不同地域中，建筑又有其独特的联系性，审美的差异性在文化的融合中不断缩小，地域建筑在保留地域特色的同时又具有建筑之间的共同性。

（二）地域建筑中的文化内涵——以陕西民居形态为例

传统的地域建筑是综合地域的自然环境、人文、政治、宗教信仰形成的民族特点所建造符合当地物质与精神需求的建筑形态，建筑的构建中凝结了人民的智慧与勤劳。伴随着生产力的提升和外来文化的入侵，原有的认知世界被打破，传统建筑的弊端也逐渐显现，例如工期时间长、人力物力的消耗，不能迎合新时代的功能以及精神需求，在这之中我国的地域建筑也不断受到冲击进而发生演变[2]。我国的地域建筑是以农耕文明为基石的华夏民族文化孕育的产物，是面对世界生态文明潮流的自我修复与回归。在历史的不断进程中，地域建筑的形态变化不断受到游牧民族文化的影响，在原有农耕文明的基石上，逐渐演化成独具地方特色的建筑，仅以陕西为代表的民居建筑便以地域划分为三个大类：关中民居建筑、陕北民居建筑、陕南民居建筑。

关中地区特指西北地区东函谷关、西大散关、北萧关、南武关范畴之内的富庶之地。以朴实厚重、端庄稳重、不失华丽为其地域民居建筑典型的外在特征；由于受日照影响，以狭长窄长院落为主、单坡屋顶、厚重墙体组构成地域性的狭长窄院地域技术范式；传统文化中的仁义礼智信的道德观念与关中地域建筑的形态和空间尺度皆成为关中民居外在特征形成的内在基因。陕北民居建筑：因为其特殊的地理位置，文化因素与历史条件等多重原因的导向下，指基于农耕为主、游牧为辅的西北黄土高原中心地带，以继承中原四合院文化为主，异域性文化为辅助，并且部分地域建筑与近代传入的西方文化相互融合的靠崖式、下沉式、独立式窑洞民居形态。陕南民居建筑：地处秦巴山区具有显著特征小流域文化圈的地域民居建筑，是荆楚文化与巴蜀文化冲击融合的多元地域民居建筑形态。地理环境气候与文化属性，使其建筑类型与功能与陕西其他地域呈现不同的建筑特性，文化类型的不均衡使陕南的院落建筑呈现天井院、前店后宅、石板房和吊脚楼多种院落与独立单一建筑类型。

综上，以陕西民居为代表的地域建筑反映出当地的技术、环境及人文生态，形成地域性的独特文化内涵，在局部地域的范围中以差异性与共同性存在，显示出文化的变迁与碰撞，展现出对于不同地域建筑的审美形态。

二、现代性建筑中文化内涵的转变

基于传统建筑在现代条件下的诸多不足，许多地域将传统建筑直接否认，而采用新型现代化建筑。这种表面上似乎是一种简单有效的规划模式，却抹杀了当下地域的独特文化，同时降低了地域之间的差异性，削弱了地域建筑独有的特色。

近代以来，我国的领土不断地受到外来殖民侵略者的入侵，在这种入侵下，被迫形成一种文化的传播与碰撞。在由西方世界主导的意识中，现代建筑不断对中国的传统地域建筑群产生冲击，一方面是由以基督教为文化核心的意识形态的冲击所致，另一方面现代工业化以全新的劳动关系，突破了中国传统封建制度下落后生产力所带来的限制，现代建筑在侵略者的入侵下在世界范围内开花结果，为此中国地域建筑的空间不断被挤压，为了使地域建筑在现代条件下得以生存和发展，必须改变传统地域建筑的缺陷，结合当今社会状况和人们的生活习惯，建造出适应时代需求的地域建筑。同时，日本建筑与中国建筑有着相同的文化渊源，日本建筑领域中关于建筑现代化转型文化碰撞的研究最早出现在20世纪对全盘西化的反映中。以伊东忠太为代表，所著作品《中国纪行：伊东忠太建筑考察手记》[2] 及《日本建筑小史》[3] 中，伊东忠太的观点表明建筑是可以"进化"的，日本传统建筑与西方建筑源头——古希腊建筑一脉相承，盲目地在西方建筑样式的基础上作以所谓的日本化，无法创造出属于日本的新建筑，日本的传统建筑可以像古希腊一样演变成现代建筑，所以有必要在日本自身传统建筑中的精神和形式特征的基础上，利用先进技术发展日本建筑。[4]

借以日本建筑的转变视角来看中国地域建筑所面临的问题在背景上有一定的一致性，但在后来的发展中，中国由于近代的坎坷历史进程，在建筑领域的停滞以及对外来观点的摄入局限性导致中国建筑领域在一段时间内的发展方向并不统一，在经历经济发展、百花齐放的年代后，对于地域建筑的现代性又重新引起重视，一些政策因素也让大众在认知方面重新审视传统建筑，引导地域建筑创作的趋势与技术、时代发展、思考的关系，以现代性与地域建筑为联系，依托思想演变的方向，间接作用于建筑创作的发展。通过对建筑现代化现象的分析，得以分析出建筑发展的一般规律。[3]

三、地域建筑中的文化现代性

（一）地域建筑适应现代文化性

文化决定着建筑的进程，并通过建筑本身影响着建筑元素的表达，可以追溯其文化的起源。这样建筑更像是中国传统文化的载体、媒介。文化反映了建筑文化的正统性、稳定性和普遍性，而地域文化则反映了建筑的独立性，正是在地域范围内生活的世代人民通过文化的传承创造了属于自己的地域建筑文化。而实现现代化最关键的因素在于现代文化在当地的正统性，建筑现代化也是如此 [5]。实现现代化的途径就是以现代化的形式诠释传统建筑文化的内涵，作为传统文化在近代的外延以上文所述中的日本地域建筑适应现代化的方式来看，在中国地域建筑化的视角下可以借鉴，但绝不能照搬。目前国内有众多地方进行地域性文化保护，建筑、旅游、房地产业逐渐受到重视，并在原本的现代化建筑上强行拼接地域文化的元素，其结果自然是不言而喻的。地域建筑并非不能让群众接受，而且在地域建筑的基础上，如何融入现代化元素，在不同于历史过去的文化范围下，地域建筑不应当简单地被复制出来，在文化现代化的条件下，突破单个聚落研究的局限性，在地域生态环境的基础上，强调地域建筑的共性特征是地域的形态特征文化是现代文化的融合。以胡月文博士在《人地关系视角下河西走廊地域建筑生态文化》中所提到的以河西走廊为代表来看，历史上四次农业的发展推动了游牧民族向农业的转变。生产生活方式的发展，在此基础上促进了农耕聚落环境的快速发展，造就了游牧毡帐篷的"行国"文化逐渐转变为定居的地域建筑。在区域发展中，区域人口承载能力决定区域的发展繁荣，地域的正负比例与繁荣发展成正比，反之则亦然。[5] 从此例看来，地域建筑并非一成不变，在受到外来文化入侵以及客观因素的冲击下，地域建筑仍然具有其功能和符合当地地域的意识形态。

（二）文化现代性下的地域建筑

通过文章上述列举的例子来看，地域建筑的特征随着时间的推移会不断演化，但是不会随着文化的移动而移动。无论在哪里，其地域风格都是某一地域社会发展的产物，具有深刻的社会意义、社会根源，历史根源和地理根源。特别是人类生产生活的产物、民俗文化等非物质文化遗产文明对自然条件的依赖是明显的，这种依赖关系在建筑文化和居住文化层面是完全体现出来的。由此，我们明白了地域建筑在审美趋势上始终与地域文化息息相关，而在受现代化思想遍布的全球，文化已经完成充分的现代性思想洗礼，但是对于旧有的传统文化，所映射传统文化的地域建筑并未充分地适应现代化的生活，多数地域建筑给予群众的感受仍是一种古典、传统文化、旧社会时期的建筑物，并非一种存在于现代城市群中的建筑。也有一些建筑物以简单的拼接来试图展现现代性与传统性的融合，其背后所呈现的传统文化与现代性在大众认知中仍是完全切割的概念，而这一概念的模糊所得出的结果便是在建筑的投影，审美的趋势仍未能理解传统文化的现代性转变。近年来，随着文化遗址保护及文化复兴等政策影响，传统文化及地域建筑重新引起大众的重视与认同，并且如西安大唐不夜城、山西平遥文化中心、陕西渭南韩城历史街区等地区尝试以新的方式去传播传统文化，但是对于地域建筑的现代化层面，仍然多用于保护旧址及复原的态度。

地域建筑的趋势始终是需要依靠现代性的技术去"进化"出来的，历史上的地域建筑也是在时代的浪潮中经历文化的不断冲击，在固有的状态下被冲击赋予新的文化内涵，当地域建筑被新文化改造后逐渐又被地域所固有的客观因素所中和，形成一种调和了两种文化的新形态的地域建筑。这一过程在历史中就如同世间生命轮回一般的普遍规律周而复始，不断以螺旋上升式"进化"。之所以称之为"进化"是因为从建筑的发展历程中我们可以看到，地域建筑正如生命"进化"一般，在漫长的历史中演变，甚至可能会在形式上有较大的改变，但是本质上仍然会回归到初始的功能形态，不过是多了些作为文化视角下的差异性。这一结果反映了即便在地域建筑发展的新文化下有异化的可能性，或者对于新文化的误解，偏离了地域建筑本来的功能或形态，但终归会在长期的地域客观条件下将地域建筑理论及形态拉回到良性的轨道，继续引导地域建筑的发展。同样的，由于社会现实的变化速度往往快于理论解释，这种社会变化我们并不能去干涉，但也可以从中看到一些异化的现象。从这一方面来讲我们可以更早地做出思考与相应的反应。过去的道路与现在的道路本质上是一致的，这也是我们所能在地域建筑发展上做出的应对，而从中可以窥见的是地域建筑的审美趋势必然是与地域建筑文化在现代的体现。

四、结语

民族和现代的思辨是时代催生的产物，一方面，有着几千年历史的中国建筑绝不是毫无价值的，也远不是一个自然发展的学科。另一方面，现代主义对历史的无情批判态度是工业时代的理想诉求和乌托邦式表达，但并非实践的完美标准[6]。这也告诉了我们现代性文化下的发展是具有地域差异的文化，过度地在地域建筑中强调现代性的思想与技术会被其同化而缺失了自身的独特地域性，会形成一种固化或者被同质化的建筑，这种建筑是否还能称得上地域建筑则有待推敲，现代性的文化与技术可以促进地域建筑的发展以及文化上的思辨，但是中国地域建筑的发展始终要以自身的地域文化为本体，不可偏离传统的文化语境，而这则是需要我们在进程中逐渐自我实践和探索的。在这一过程中，对于地域建筑的审美而言，人文环境是文化传承的基础载体，遵循地域建筑形态与现代性之间的协调发展，注重文化现代性下地域建筑的正当性与适配性是未来地域建筑审美的趋势。

参考文献：

[1] 胡月文. 丝绸之路——河西走廊生态与地域建筑走向 [D]. 西安：西安美术学院，2014 (3)：1.

[2] 左婷. 地域建筑现代化的功能和形态探究——以楚雄彝族民居建筑为例 [D]. 昆明：云南大学 2015 (6)：61.

[3] 范天宇. 近代东北传统建筑现代化现象研究 [D]. 长春：吉林建筑大学，2017 (6)：61.

[4] 俞左平. 日本建筑现代化进程中文化的碰撞与融合研究 [D]. 杭州：浙江大学，2019 (6)：61.

[5] 胡月文. 人地关系视角下河西走廊地域建筑生态文化 [J]. 建筑与文化，2015 (4)：49-52.

[6] 高亦超. 历史的螺旋——从现代和民族的"调和、异化、回归、再调和"看中国建筑现代化进程 [J]. 华中建筑，2021 (1)：21-24.

陕西关中民居石刻艺术更迭与传承研究

孙亦凡 张豪

西安美术学院

摘要：源于黄河流域的"关中"地区素有"八百里秦川"的美誉，是中华文明的发祥地之一。关中物华天宝、人杰地灵，曾有十三朝建都于此。深厚的历史文化底蕴形成了丰富的传统民居建筑，也孕育了关中民居特有的建筑文化。关中民居建筑中的石刻艺术正是在这种特定的地理环境和文化因素下赋有色彩、与众不同。关中民居院落空间中无不体现着石刻的艺术与语言，本文在关中民居石刻的历史文化视角下，对石刻的装饰类型应用与技艺手法进行阐释，通过了解关中石刻艺术的更迭与演进实现石刻艺术在当下的保护应用与价值体现，在传承中创新更好地"古为今用"，为石刻艺术在关中地区乡村振兴的建设中提供意见。

关键词：关中民居；石刻；装饰类型；传承保护；更新应用

一、关中石刻的民俗历史文化背景

（一）自然环境因素

关中位于陕西省中部，属暖温带半干旱半湿润气候，地处亚洲夏季风边缘，北靠黄土高原，南邻秦岭，地处我国南北与东西的枢纽地带，地层出露齐全，地质结构复杂，矿产资源丰富，为关中民居建造提供了丰富的石质原料。关中地区自西向东长约 360 公里，区域总面积 39064.5 平方公里，形成一个西窄东宽，近似月牙形的盆形区域。渭河贯穿中部，将其分为南北两个部分。由于河流的不断冲刷、地形的高差、泥沙的沉淀等因素，关中自然而然地形成了以河流阶地和黄土台塬为主的地貌特征。河流两岸的冲积平原地势平坦、土壤肥沃、气候适宜、水源充沛，优越的自然地理条件吸引了人口的聚居，促进了农业的发展，在关中特有的材质肌理下形成了赋有特色的乡土建筑群。随着时代的发展，基于当地居民的世代积累与传承，关中传统民居在特有的材质肌理下形成了本地的风格，民居建筑装饰构件上也更为各式各样、风格迥异。以砖石雕刻建筑艺术构件为载体的石刻类型应用也便附上了本土性的独有特征。关中地区特殊的地理环境、悠久的历史和丰富多彩的民俗文化，结合民间艺术家和工匠们运用他们的聪明才智，为陕西关中传统的砖石雕刻装饰图案以及中国传统民居雕刻装饰的蓬勃发展做出了贡献，大放异彩、源远流长。[1]

（二）人文历史因素

距今约 20 万年前关中地区就有人类活动居住的迹象，这里拥有众多新石器时期的文化遗址，仰韶文化和龙山文化等也出土了不少石质构件，在半坡遗址房屋柱脚侧部斜置的扁砾石就是柱础石的原型。仰韶文化是分布在黄河流域的新石器时代文化，距今 5000~7000 年，这说明柱础的出现至少也有五六千年的历史。[2]关中地区自古以来就是富饶之地，享有"八百里秦川"的美誉。先后有十三个朝代建都于此，历史文化底蕴浓厚，影响深远。

优越的地理条件使得关中地区成为历代王朝的天然粮仓，借助山川河流所形成的天然屏障使其创造了辉煌灿烂的历史。首先，关中地区利用渭河平原优越的自然条件，形成稳定的农业经济，发展成为全国的政治经济文化中心，通过其影响力使文化辐射周边。关中地区长期以农业为主且受儒家文化影响，利用地理区位优势长期处于安定的自然环境中，民俗艺术中表现出质朴、细腻、雅致的区域文化特征。其次，作为重要的交通枢纽，关中是古代"丝绸之路"的发源地，这就延展了不同地区

宗教习俗文化的渗入，各类文化在本土建筑艺术风格上兼容并蓄，外域的人物、动物形象较多地出现在雕刻艺术上。再次，不同时期的文化反映在关中石刻艺术表现中体现了陕西及关中地区典型的美学思想，以及深厚、鲜明的地域文化。唐朝以后砖石雕刻逐渐成为民居建筑艺术的主流之一，发展的规模及趋势使其技艺愈加完善。直至明清时期，民居建筑石刻工艺更为纯熟，以至成为一些大户人家不惜成本装点门面的必备之物。最后，由于关中这一特定的区域，沉稳的政治环境一直和民间的豪侠民风互相交融在一起，随着时代的演进与发展在人们的心里逐渐沉淀，形成关中特定的稳重、豪气、拘谨、自由、顺服、刚毅的民居建筑风格，从民居建筑整体到砖石雕凿细节也都无不体现着由淳朴到娇奢再到秩序，到达鼎盛后最终又回归到淳朴的演变与递进。

二、关中民居院落石刻装饰类型与技艺手法

（一）石刻装饰类型及载体

关中地区石刻艺术既有着深远的文化内涵，又具有当地民族文化认同感。随着时代的不断发展，石刻装饰艺术也具备了一套完善的体系。无论是从其表达对象、本土文化及外来文化的多元融入，还是从题材、造型及技法的纯熟程度，都使关中民居石刻艺术文化流光溢彩、源远流长。这也就形成了以门枕石、柱础、拴马桩、上马石等为主的石刻建筑装饰艺术载体。门枕石的类型丰富、形态各异，主要在民居建筑中起到驱邪镇宅的作用。关于门枕石的起源说法不一，根据建筑结构与技术发展的历史规律，门枕石在脱离了原始穴居以后逐步发展形成，至少在三千年前的殷周时期就已经出现了。[3]门枕石按照民居建筑等级也可以大致划分为门狮、抱鼓石、门墩。他们的造型以及雕花图案主要象征门第富贵，同时也有吉祥避邪、祈求多子多福、岁岁平安的含义。关中民居多以木柱为主要承重结构，为了防潮，其下端往往加设石质柱基，造型丰富、题材广泛，呈两至三面，用于门廊或独立造型表现，外部轮廓用回纹、云纹、卷草等富有民族地域特色的石刻纹样，给人以含蓄内敛、严谨庄重的艺术感受，形态逼真、生动细腻，独具艺术表现力（图1）。关中地区由于经济贸易的往来和游牧民族文化的入侵，许多大户人家的民居建筑其外部常设置拴马桩以及上马石，不仅具有实际作用，

图 1 石质柱基

还象征了宅主的财富与地位，同时被赋予了镇宅驱邪的意味。关中民居石刻的装饰造型与纹样不仅体现了匠人们的智慧以及高超的技艺，还体现了关中人民对美好生活的向往、追求与探索，是我国传统文化中的"活化石"，也是精神文化与物质文化的结晶，对弘扬和保护本土民居建筑具有历史性的研究意义。

（二）关中民居石刻的营造技艺手法

关中民居石刻材料多以秦岭石、青石等为主。关于石刻手法，《营造法式》规定共有四种，即剔地起凸（高浮雕及圆雕）、压地隐起（浅浮雕）、减地平钑（平面浅浮雕）和素平（平面细琢）[4]，常见石刻的工具有契子、锤子、梅花锤、钢条仔、剁斧、扁子、刀子、哈子、墨斗、尺子、画签、线坠等。

1. 浮雕

浮雕既有绘画艺术的平面感，又具有雕塑的立体感，同时又利用光影加之高超的匠艺，精巧灵动、层次感强。此类手法在关中民居中应用广泛，关中民居建筑中的拴马桩柱身雕刻、入口照壁的雕花等都运用了浮雕技法，题材丰富，寓意祥瑞（图2）。

图 2 柱面雕花

2. 线刻

线刻运行以阴阳两线结合找形的雕刻手法往往与浮雕联系紧密，线刻石浮雕亦称"石刻画"，这种手法在关中地区最具代表性的拴马桩、抱鼓石等石刻上都有所体现，所呈现出的卷草纹、水云纹、回纹等装饰纹样等更加突出了石雕作品所要表达的主题，生动丰富，耐人寻味。

3. 圆雕

圆雕又称为"立雕"，通常可分为单体圆雕和复合圆雕两大类，是一种可以多维度呈现的艺术表达作品。观赏者可以全方位、多角度地去欣赏和品鉴。关中民居建筑中的圆雕主要应用在某一雕刻作品的局部，

如拴马桩的桩首部分尤为精彩，主要为狮、人、猴或人与动物的混合造型，其形态各异，惟妙惟肖。最引人注目的是以狮子或以驯狮胡人的桩首为主的造型（图3），也是在拴马桩中数量位居前二的类型。其中狮子蜷曲扭动的形态和表情都雕凿得栩栩如生，人物的体征神态、衣纹服饰等的刻画都细致入微，也凸显了圆雕更具备细节表现这一特点。关中民居中的各类石雕构件往往综合应用了上述多种表现手法，来实现对所选题材的完美呈现，从而造就了关中民居独特的石刻文化。

图 3 驯狮胡人姿态拴马桩

三、关中民居石刻艺术的更迭与演进

（一）关中地区自身的文化演进

关中地区文化建立在当地以农业性质为主的自然经济基础上，是一种典型以农为本的农业文明社会，且陕西关中地区曾有十三个朝代建都于此，历史文化悠久，底蕴深厚，秦、汉、唐文化对其历史影响尤为久远。秦汉时期关中地区的浮雕和线刻技法便发展得十分纯熟，不同时期的石刻作品中反映了特定时期的生活、社会特征，留下独特的历史符号。关中石刻艺术以关中民居为基础，石刻艺术作品多体现在民居应用方面，其代表类型大致可分为三类：柱础、门枕石与拴马桩。[5] 建筑石雕的需求为石刻艺术的展现提供了舞台，石刻题材内容丰富、典雅细腻的表现也反映出关中地区的美学思想，在工匠的手下这些石刻艺术跨越千年仍有流传。

民居中柱础作为最早出现的石刻品，其年代可以追溯至新石器时期。先秦时期大抵用鹅卵石作为柱础；秦代开始已有整颗石头作为柱础，质朴简单，简单的柱础做成素面的方形或鼓形，汉代已有类似覆盆、反斗等样式的柱础，但形态仍较简单。佛教的传入为关中文化注入了新的元素，在原本的柱础形态基础上又增添了人物、狮兽、莲瓣等形态，既反映了文化的多样性，也展现出石刻技术的进步。柱础不仅在形态上有所变化，在饰面上关中的匠人还增添了多样化的题材，如麒麟、人物、蝙蝠，以祈求家宅安康、阖家幸福等美好的朴素愿景（图4）。

图 4 柱础

关中民居石刻艺术的代表之一便是丰富多样的门枕石，门枕石原本是古建筑中用以支撑院门稳定的支撑结构，在脱离穴居时代后，门枕石便逐步发展形成。民居建筑多就地取材，因此关中民居建筑多以木柱为主要支撑，且为保持木材的稳定与防止雨水的侵袭，又多以石制品作基础。门枕石造型各异，丰富多样，但多为关中民居中辟邪镇宅的象征，且不同身份等级的住宅，也能通过门枕石来划分。关中门枕石中抱鼓石缺乏元代的记录，明代的抱鼓石以元代为造型基础，并加入自身的时代特征，清代则基本上以继承明代为主，并融入自身游牧民族的文化元素（图5）。

图5 左: 狮子门枕石 右: 石鼓门枕石

在三类石刻艺术中拴马桩是关中民居石刻里的代表，是关中独有的文化石刻品，由于拴马桩现存最早的是关中民俗博物院收藏的元代拴马桩，所以以元代以后的演变为主要论述。拴马桩的分布反映了具体时代的社会现状，关中地区是陕西历来较为发达的区域，大量的商路、贸易都曾汇聚于此，并自宋代政治中心南移后，政治方面所带来的压迫骤然减少，石刻艺术在本土的接受程度提高。宋元时期，关中贸易活动频繁，马匹作为主要的交通工具，随着商业活动的增加，拴马桩数量随之上升。受元、清时期的统治者为游牧民族的影响，拴马桩石刻的艺术被大范围接受。至民国时期，受工业革命影响，马匹逐步被汽车代替，拴马桩的石刻艺术也逐渐退出历史舞台。

（二）外来文化的传播与浸染

外来文化是关中文化演变不可磨灭的一环，自汉代丝绸之路起，唐代对外的贸易往来频繁，宋代之后更是政治中心南移，游牧民族文化大量入侵，关中文化无时无刻在历史中融合与碰撞。

陕西关中民居文化是由当地陕商文化与儒家思想共同影响下构建形成的，因此在建筑形态与装饰上深受影响。以陕西最具有代表性与独特性的拴马桩为例，丝绸之路的开通，使关中地区成为重要的交通枢纽与贸易中心，来自中亚、西亚等域外文化不同于中国传统儒家文化，拴马桩中大量以"胡人"为造型，其中通过"胡人降狮"造型的拴马桩说明了游牧民族的精神特点与关中文化的融合形成了新的符号，这本身就说明了石刻艺术发展中文化之间的融合，因此形成了独特的关中石刻艺术。但现实情况下，外来的元素与原有的文化无法快速吸收融合，受到政治压制，在明清以前更多石刻艺术品上的文化融合也会有一种异样的"拼接"形态。

关中地区文化由于传统政治中心所存在的压制性，地域儒家文化与土地崇拜的信仰，使石刻艺术的接受程度始终处在一个较为薄弱的层面。自宋代政治中心转移后抑制性减弱，元代统治后，以元大都为中心，不同区域受到不同层次游牧民族的文化影响，逐渐与关中文化融合并沉淀下来，在时间的催化下，至明清后期逐渐形成展现于石头上的雕刻技艺，成为石刻艺术。关中民居中的石刻艺术体现了关中乃至陕西地区典型的美学，同时又展现出跨越时代的民族文化融合思想。[6]

四、关中民居石刻的保护传承与应用价值

随着我国改革开放40余年的经济发展，传统民居建筑在不断的城镇化建设中逐渐消失。原有民居石刻艺术也随着建筑构件功能的更迭而逐渐消失。关中传统民居与石刻艺术本身所具有的文化价值，如何在新时代承载和弘扬民居建筑的文化内涵？

从当下国家乡村振兴战略的视角下重新审视关中传统民居石刻艺术，如何发掘乡村的民居建筑文化遗产资源，特别是作为建筑构建的石刻遗存？其存在的原有"土壤"已经发生了环境与功能的位移，而新的乡村民居中建筑院落样式的千篇一律，追其根源无非是文化意识的淡薄与追求效率等利益影响下的营造技艺缺失。

首先，实现原有石刻遗迹的在地保护。当下民居建筑中石材已经不再作为民居中重要的建筑构件存在，亦不再承担传承与寄托传统文化精神的作用，民居建筑更多的是满足使用功能需要。对民居石刻遗迹以原有功能位置重建修复或是以陈列的方式展示在乡村环境中，形成新的乡村公共空间环境。

其次，在这种快餐式的观念下，民居建筑的完全功能化，不再承载地域风格和文化特征，石刻文化的功能转译势在必行。乡村振兴带来的产业结构变化和消费理念的变化，是当下关中民居石刻保护传承的关键要素，利用关中民居石刻艺术背后的历史文化与精神价值促进乡村文化产业的发展，传统的民居建筑理念需要更新，石刻艺术所蕴含的精神价值让我们以新的视角去审视乡村的发展，发掘出乡村人居环境中新的物质文化载体。

五、结语

乡村文化遗产的保护与传承不只是口号，也不能是一种单纯依靠建造博物馆才能使其存续的方案。在国家新一轮乡村建设的大背景下，乡村文化振兴、重拾文化自信作为"乡村振兴"的重要环节，需要充分发掘关中民居石刻所蕴含的历史价值、人居文化价值等来带动区域内乡村的人居环境更新。当下石刻艺术本身更多地成为文化符号去吸引群众意识的支撑，推动大众主动保护的意识，并同时促进文化创新，达到文化保护与创新带领产业发展，产业发展促进文化保护与创新的良性循环。

关中民居石刻文化是特定地域特殊环境极具风格的文化艺术形式，从石刻文化的历史背后，能看到这片土地发生的过往，石刻艺术上所雕刻的不仅仅是单纯的形态寓意与奇闻轶事，石刻上的是关中这片土地上人民最质朴的美好向往的精神追求与现实冲击的无奈与困顿。关中民居石刻艺术随着时代的更迭与演变所书写的是关中人民的历史，是土地的历史。世代更迭，关中民居文化不断受到碰撞，历经数代的传承逐渐融合，形成独特的石刻文化展现在我们面前。关中民居石刻艺术的探索与应用还在路上，希望本文能成为道路上的基石，为未来的研究与工作提供一丝绵薄之力。

参考文献:

[1] 李媛. 关中传统民居砖石雕刻艺术与内涵研究 [D]. 西安: 西安建筑科技大学, 2013.

[2] 中国科学院考古研究所. 新中国的考古收获 [M]. 北京: 文物出版社, 1961: 7-8.

[3] 朱广宇. 中国传统建筑门窗、隔扇装饰艺术 [M]. 北京: 机械工业出版社, 2008: 146.

[4] 刘怡燕. 开封山陕甘会馆建筑装饰研究 [D]. 洛阳: 河南大学, 2011.

[5] 陈华. 关中传统民居石雕艺术的审美阐释 [J]. 西北大学学报 (哲学社会科学版) 2013,1(43).

[6] 李琰君. 陕西关中传统民居建筑与居住民俗文化 [M]. 北京: 科学出版社, 2011: 135.

大理巍山古城传统民居建筑装饰公共艺术设计探究

黄腾龙 王锐

云南艺术学院

摘要： 大理巍山古城作为一个历史悠久且充满独特文化的区域，拥有众多丰富且完整的文化历史古迹、建筑装饰资源，这些装饰不仅是建筑美学的表现，也承载着当地居民的文化、信仰和生活方式。公共艺术作为面向公众的艺术品，具有公共性、艺术性、在地性的特点，对地域文化的传承创新有着重要的意义。本文将从作用、意义、方法等多个层面探索大理巍山古城传统民居建筑装饰公共艺术设计可行性，为地域传统文化艺术的保护和传承提供新的策略。

关键词： 传统民居；建筑装饰；公共艺术

一、大理巍山古城传统民居要素概况

（一）巍山古城简介

巍山古城位于中国云南省大理市巍山彝族回族自治县，古城历史悠久，在唐代是南诏国的发祥地。巍山古城又称蒙化城，城内大街小巷纵横交错，为棋盘式格局，城内传统古民居的建筑形态、体量、色调大多保留了明清时期的建筑风貌，民居建筑多采用"三坊一照壁""四合五天井""进院式"，有的则是几种形式相互混合，建筑手法和建筑营造技艺丰富，建筑为土木结构。巍山古城于 1994 年被国务院公布为第三批国家级历史文化名城。

（二）巍山古城传统民居建筑装饰资源

巍山古城内现存众多文物保护单位，目前共有 2 处省级、2 处州级和 20 处县级。其中刘家宅院、梁大小姐宅院、柯家宅院、施家宅院等传统民居建筑有着较高的文物保护级别和建筑完整性，蕴含着极为丰富的传统民居建筑装饰资源，具体体现在建筑的石雕、木雕、彩绘、瓦作等部分。

二、巍山古城传统民居建筑装饰的特点和风格

（一）巍山古城传统民居建筑装饰特点

巍山古城传统民居建筑的彩绘装饰丰富多彩，彩绘多出现在建筑的门、窗、梁、斗栱、雀替、山墙、照壁、门楼等地方，常以各种不同的色彩和精细的图案表达民族特色和文化寓意，色彩上大体运用浅蓝、绿色等冷色调，红色、金黄色等暖色调。在图案的绘制上多采用花鸟、动物、人物、神兽、植物纹、几何纹等题材及纹样（图1）。

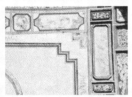
图 1 照壁彩绘

雕刻装饰可以分为木雕和石雕，在巍山古城的众多明清古建筑中，主体以木结构为主，门头木雕、窗、梁、柱、檐、斗栱、雀替等采用的是木材。石雕多使用于门框、柱、梁枋、柱础、台阶、栏板等建筑结构之上，雕刻工艺精湛，雕刻装饰多为几何纹样、植物纹样、神兽、生活场景等题材（图

图 2 门头木雕

2、图 3）。

瓦作主要分为屋顶瓦片和瓦当两个方面，巍山古城的民居屋瓦大多使用青瓦，不带装饰纹样，铺于屋顶之上，整体呈现灰色调，体现出古朴简洁的气质，可以用典雅古拙来形容。常见的瓦当多带有装饰纹样，并且有所考究，古城内的瓦当用材质区可分为琉璃瓦和青瓦两类。琉璃瓦主要运用在级别较高的建筑

图 3 照壁彩绘

之上，而青瓦则是民居的主要瓦当用材，在中国古代传统建筑中一般认为只有宫廷、官府、寺庙等级别较高的场所才有使用琉璃瓦的资格，但在巍山古城内的公共场所建筑以及富贵人家都可见到琉璃瓦的身影，侧面反映了当时巍山古城的物资水平之高。从形制层面来看，古城内的瓦当多为圆形瓦当，瓦当之上的装饰纹样可分为铜币形、动物纹样、植物纹样以及线条几何形态（图4）。

图 4 瓦作

（二）巍山古城传统民居建筑装饰风格

巍山古城传统民居建筑装饰体现了多民族融合的特色，古城内的传统民居建筑装饰融合了汉族、白族、彝族等多个民族的建筑特色，形成了独特的风格。在装饰中常见到的图案、花纹和雕刻元素，反映了不同民族之间的交流和融合。古城内的民居多为院落式，保持了大理白族"三坊一照壁""四合五天井"土木结构的特色，同时也体现了明显的明清时期汉文化建筑风格，作为南诏国的发祥地，古城保留了南诏彝族文化的历史风貌（图 5）。

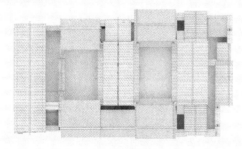
图 5 刘家宅院俯视图

巍山古城传统民居建筑装饰注重与自然环境的融合，充分利用当地的自然资源和材料，如木材、石材、土壤等。装饰元素也常以山水、花草、动物等自然景物为主题，展现了人与自然的和谐关系。在传统民居建筑装饰中的图案和符号具有丰富的文化寓意和象征意义，它们代表着人们对美好生活、幸福和繁荣的追求，也反映了民族信仰、宗教观念和道德价值。巍山传统民居建筑装饰的特点和风格展示了巍山地区独特的文化和艺术魅力，具有重要的历史价值、艺术价值和民俗价值。

三、巍山古城传统民居建筑装饰之根

（一）巍山古城传统民居建筑装饰文化根源

巍山古城传统民居建筑装饰文化源于文化信仰，具体可追溯到对自然的崇拜、对图腾的崇拜、对"土主"的崇拜以及对宗教文化的崇拜。巍山的自然崇拜包括神灵崇拜、植物崇拜和动物崇拜等几种形式。图腾崇拜是宗教的最初表现形式之一，巍山彝族、傈僳族崇拜的图腾是龙和虎，苗族所崇拜的是葫芦，傈僳族则认为自己是古代虎氏族的后裔，因此，在一些建筑装饰，比如彩绘中常常出现民族的图腾样式，是图腾崇拜的体现。彝族把南诏十三代王都奉为自己的先祖，境内先后建盖了数十座土主庙，加以崇拜，形成独特的土主文化。对宗教文化的崇拜则体现在对儒、道、释三家思想的学习及传承上。

（二）巍山古城传统民居建筑装饰含义

巍山古城传统民居建筑的彩绘装饰多运用于门、窗、梁、斗拱、雀替、山墙、照壁、门楼等部位。它通过丰富的色彩和精细的图案，为建筑增添了艺术价值和美学价值的同时也具有丰富的含义。彩绘装饰不仅是对巍山地区自然景物、民族文化和宗教信仰的表达，还寄托着人们对美好生活、吉祥和幸福的期望。

雕刻装饰以精湛的工艺和独特的图案，为建筑增添了立体感和艺术性。雕刻装饰是对巍山地区民族传统技艺和工艺美术的体现，同时也承载着文化、信仰和价值观的象征意义。

瓦作不仅具有实用功能，如防水、保温等，还在视觉上增加了建筑的层次感和艺术性。它体现了巍山地区对自然环境的尊重和与自然融合的理念。

巍山古城传统民居建筑装饰，展现了巍山地区丰富多样的文化内涵，如传统节日、传说故事、民族服饰等，展示了彝族文化的独特魅力。装饰元素中常出现的神兽、神话人物等图案，与巍山地区的宗教信仰和神话传说密切相关，表达了巍山地区人们对神灵、祖先和宇宙力量的崇拜和信仰。

装饰元素反映了巍山地区人们的价值观念和道德观念。装饰元素多体现和谐、团结、幸福等主题，表达了人们对美好生活和社会和谐的追求。装饰在巍山传统民居建筑中的应用不仅是对艺术的追求，更承载了文化、信仰和价值观的传承和表达。它们以独特的形式和符号语言，展示了巍山地区丰富的文化底蕴和深厚的历史传统，同时也为人们提供了情感认同和文化认同的空间。这些装饰元素的存在与延续，不仅丰富了建筑的美学价值，还为巍山地区人民带来文化传承和独特身份的自豪感和认同感。

四、巍山古城公共艺术设计现况

（一）公共艺术设计的定义

公共艺术设计是指在公共空间中，通过艺术手法和设计思维，为人们提供美学享受、文化交流和社会参与的艺术形式。它涵盖了在城市街道、广场、公园、建筑外立面等公共场所中的艺术装置、雕塑、壁画、彩绘、景观设计等多种形式，具有公共性、艺术性、在地性的特点。

（二）巍山古城现存公共艺术资源

经过充分的实地调研，对巍山古城现存公共艺术资源形成深入了解，发现巍山古城现存的公共艺术种类主要存在雕塑、景观设计两种形式。雕塑主要通过石雕、浮雕、铜像等形态存在，主要展现古代居民的生活劳动场景、生活环境。景观设计主要表现在人工绿植、对公共设施的美化等方面，意在美化环境及让公共设施更好地融入以古建筑为主的传统生活环境。这些努力有效营造了空间氛围，但存在同质化严重的问题，相同的做法几乎在所有被开发为旅游景区的传统古城、古镇、古村落、历史街区都可见到，给人一种似曾相识的审美疲劳。

五、基于建筑装饰的公共艺术设计其意义及原则

（一）基于建筑装饰的公共艺术设计意义

公共艺术能够促进旅游和经济发展，可以成为吸引游客和促进旅游业发展的重要资源。具有独特魅力和艺术价值的公共艺术作品能够吸引游客前来欣赏和体验，从而为当地经济带来收入和就业机会，举办艺术节、艺术展览和艺术品市场等活动也可以成为旅游目的地的重要吸引点。

公共艺术设计能够增强环境美感，为建筑装饰注入艺术元素和创意，使公共空间更加美观、有趣和富有个性，提升人们对环境的感知和满意度。

公共艺术设计具有传递文化信息的重要作用，公共艺术设计可以通过运用建筑装饰符号、图案、雕刻等建筑装饰的方式，传达地域特色、民族文化和历史传统，激发人们对文化的认同和认识。

公共艺术具有促进社区互动的作用，可以为社区居民提供参与和互动的机会，鼓励人们在艺术项目中参与创作、表达观点，增进社区凝聚力和社会互动性。

（二）基于建筑装饰的公共艺术设计原则

公共艺术设计应注重环境适应性，考虑环境的特点和背景，与周围的建筑和自然景观相协调，融入环境，与整体空间形成和谐统一的关系，公共艺术如何和谐融入巍山古城的传统古城风貌环境是设计的重点和难点。

公共艺术设计要注意其文化表达性，应体现当地文化特色和民族精神，通过符号、图案、造型等方式，传递文化信息，激发人们对文化的认同和情感共鸣，认同感是公共艺术融入巍山古城的关键，也是让当地居民接受的精神层面因素。

应注重社区参与，鼓励社区居民参与其中，包括在设计过程中征求意见、参与创作，以及在实施和维护阶段的社区参与，增强社区凝聚力和归属感，而不是对当地民众排除在外的强加，带动民众自主性，并且给予建设资金支持，"授人以渔"式的建设才是乡村社区得以振兴和可持续发展的关键。

公共艺术设计应注重创新性和互动性，通过艺术手法和科技手段创造新颖的表现形式，激发观众的兴趣和参与度，互动性应主要体现在实用性方面，给居民及游客带来便利性和舒适性，才是利于民的艺术，而不是虚无的摆设。

应注重持久性和可持续性问题，考虑材料选择、保护措施和维护计划，确保艺术作品的持久性和可持续性，以延续其艺术价值和社会效益，减少维护所需的经济成本、人工成本、时间成本。

这些原则和要素在公共艺术设计中起到指导和约束作用，确保其在巍山古城的发展中发挥积极的作用，服务于社会和人民的需求，同时注重艺术的创新性和表现力，实现公共艺术设计的最佳效果。

六、基于建筑装饰的公共艺术设计策略

针对巍山古城传统民居建筑装饰的公共艺术设计可落地性，以下是对设计可实施策略的理论分析，意在实现文化传承与创新融合、传统与现代的平衡，并考虑可持续性和社区参与。

（一）文化传承与创新融合

要尊重传统保留，重视巍山古城传统民居建筑装饰的核心元素和文化特色，运用与巍山地区独特文化相关的符号、象征和意象，如彝族族传统纹样、符号、手工艺技巧等，以展示地方特色和文化内涵。并且采用隐喻和象征性设计方式，将巍山地区的文化价值和传统观念融入公共艺术设计，增加设计的深度和内涵。在创新表达上运用新的设计手法和现代艺术形式，将传统元素与当代审美相结合，以传达新的文化内涵和艺术表达，达到文化传承与创新融合的目的。

（二）传统与现代的平衡

在工艺的运用上，使用现代材料和技术并探索新的材料和技术，如环保材料、数字化设计和制造等，结合传统工艺与现代工艺，实现创新的装饰效果。并且注重巍山传统民居建筑的外观特征，与之相协调统一，现代材料的使用能够有效增加公共艺术成果的耐久性和可持续性。做到将形式与功能结合，在传统民居建筑装饰运用的同时，融入现代功能需求，如照明、安全等，以实现传统与现代功能的平衡。

（三）可持续性

在材料的选择上使用环保、可再生材料，减少对自然资源的消耗，降低装饰过程对环境的影响。设计应充分考虑巍山地区的自然环境和地域特点，如气候、地形、植被等，确保设计的适应性。关注能源效率，考虑节能和可再生能源的应用，以减少能源消耗和对环境的影响，强调循环利用，设计可拆卸、可重用的装饰构造，以便于维护和更新，并减少废弃物产生。

（四）社区参与设计

运用社区居民、艺术家和设计师相互合作的方式，征求居民意见，共同参与公共艺术设计的规划、创意和实施过程，确保设计符合他们的需求和期望，并增强社区的参与感与拥有感，使设计成为社区共享的资源。采用社区参与的设计方式考虑社区的利益和可持续发展，是对公共艺术设计能否为社区带来经济、文化和社会效益的综合考虑，致力于实现社区的共同繁荣和发展。这也是使巍山传统民居建筑装饰的公共艺术设计可以更好地融入当地文化的关键。

（五）整体规划

在设计过程中，考虑与巍山地区传统民居建筑的整体性和统一性，确保公共艺术设计与周围建筑环境和街区风貌相协调，与自然景观和建筑环境形成和谐的关系，营造与周边环境相互呼应的视觉效果。并且建立统一的设计语言和风格，使巍山传统民居建筑装饰的公共艺术设计在各个元素和细节上保持一致性，形成整体美感。

综上所述，针对巍山传统民居建筑装饰的公共艺术设计，通过选择合适的材料与工艺、平衡传统与现代、考虑可持续性和社区参与，可以实现文化传承与创新的融合，保护和传承巍山地区的文化遗产，并为社区的可持续发展和社会参与做出积极贡献，在公共艺术设计中展现巍山古城传统民居建筑装饰的独特魅力和时代价值。

七、结语

巍山古城可谓艺术、文化、历史、工艺研究的宝库，传统民居建筑装饰作为其中极具色彩的一环亟须保护。通过公共艺术设计的方式对其进行传承和发展具有重要的意义和影响，设计能够保留和传承巍山地区传统民居建筑装饰的元素和风格，有助于保护和传承该地区丰富的文化遗产，维护地方文化的连续性和独特性，传承文化遗产，加强居民对地方文化的认同感和身份认同，增强社区的凝聚力和归属感。

公共艺术设计为巍山传统民居建筑装饰注入艺术性和美感，提升建筑空间的视觉质量和观赏价值，营造出独特而美丽的建筑环境，提升居民的生活品质。考虑到可持续性和社区参与的因素，推动巍山地区传统民居建筑装饰的可持续发展，需要激发居民的参与意识和社区合作精神，促进社区的可持续发展和共享，同时为地域传统文化艺术的保护和传承提供新的策略。

参考文献：

[1] 王懿 . 地域文化在公共艺术设计当中的应用研究 [D]. 常州：常州大学 ,2022, 2.

[2] 吴士新 . 中国当代公共艺术研究 [D]. 北京：中国艺术研究院 ,2005, 6.

[3] 梁昊 . 基于地域文化创新的城市公共艺术表达 [J]. 美与时代（城市版）,2022,967(11):71-73.

[4] 谢罗佑，王晓斐，邹洲 . 大理巍山古城传统民居适老化设计研究 [J]. 山西建筑 ,2022,48(23):57-59+68.

[5] 秦春丽 . 巍山古城古建筑装饰艺术探析 [J]. 建材与装饰 ,2020,.607(10):51-53.

[6] 郑梦瑶 . 视觉符号在中国公共艺术创作中的应用研究 [J]. 艺术大观 ,2023,156(12):91-93.

[7] 徐亦白 . 地域文化在公共艺术设计中的价值与应用 [J]. 艺术品鉴 ,2023,(3):96-99.

[8] 赵一静 . 公共艺术中的材料应用研究 [J]. 明日风尚 ,2022,(20):187-190.

[9] 吴松 . 中国公共艺术"被公共"现象研究 [J]. 公共艺术 ,2022,78(3):34-39.

[10] 张玉雪 . 大理巍山回族民居建筑装饰纹样研究——以东莲花村马如骥大院民居建筑为例 [J]. 城市住宅 ,2021,28(7):145-146.

浅析巍山古城刘家宅院民居建筑装饰的艺术表现

张凯 黄腾龙 王锐

云南艺术学院

摘要：以巍山古城刘家宅院民居建筑装饰为研究对象，以实地调研的形式对其民居建筑装饰进行深入研究。分析巍山古城刘家宅院的基本概况、历史背景、建筑装饰特点，详细总结建筑装饰类型、建筑纹样的元素类别、应用范围、装饰工艺等。同时探究刘家宅院民居建筑装饰与当地文化、地理环境、宗教信仰之间的联系，从而更深刻地了解当地民居建筑装饰的文化内涵。

关键词：巍山古城；刘家宅院；民居建筑；装饰艺术

巍山古城位于云南西部哀牢山麓红河源头，是南诏国的发源地，充满浓厚的地方历史文化特色。作为中国历史文化名城，古城的建筑始建于元代，并在明朝时期由著名风水师重新设计建造，至今依然保持着古朴的面貌。巍山地区是云南推行土司制度时间最久的地区之一，其悠久的历史孕育了众多寺庙和观景点，与多样化的自然景观相得益彰。古城内的民居多采用院落式建筑，保留了大理白族独特的"三坊一照壁"和"四合五天井"的土木结构特色。

一、巍山古城刘家宅院民居概况

刘家宅院位于云南省大理市巍山古城南街 8 号，坐西向东，共三进院落。建筑始建于清末民初，是巍山古城内保存最完整的古民居之一。刘家宅院是当年巍山刘、杨等四大家族的老宅之一，其他三家因种种原因均已不复存在，刘家宅院于中华人民共和国成立后改为县供销社管辖，从而留存下来。2005 年 11 月，刘家宅院建筑被巍山彝族回族自治县人民政府列为县级文物保护单位。

刘家宅院的前院由三方房子一堵墙构成，这在大理地区被称为"三坊一照壁"。照壁不仅有采光的功能，还蕴含着中国人喜欢吉祥寓意谐音的理念。其中，"照"意味着兆头良好，能够招财进宝；而"壁"则具有辟邪的寓意。从三坊一照壁穿过走廊，来到后院是一个四合院。四方房子围绕着中间的大院子，也称作天井。四方房子相交，在建筑的四个角落便形成了四个天井，再加上庭院中间的大天井，便形成了大理地区建筑所特有的"四合五天井"格局。然而，这座宅院最独特之处在于超越了传统的"四合五天井"建筑理念，形成了"四合六天井"的建筑格局。（图 1）。

图 1 建筑轴测图

房屋主人在建造刘家宅院时非常注重建筑风水理念。尽管刘家宅院有着超过 180 年的历史，但与巍山古城六百多年的历史相比，刘家宅院仍显年轻。在房屋建盖初期，宅地周边早已有许多建成的房子，所以土地的使用上受到了很大的限制。但屋主既希望保持整体建筑的黄金比例，又想要宽敞大气的房屋，这就不得不解决土地不足的问题。屋主通过一些小技巧完美地解决了这一问题，打开南边厢房房门，里面仅仅是 70 厘米的过道，从外面看，房屋七弯八拐，非常不规整，但是走进来看，会发现建筑整体符合传统建筑的中心立体透视美学。巍山地区的四合院本应是走马串角楼的建筑形式，通过楼梯将所有的房间串联起来。由于南边的房子空间有限，无法支持楼梯的建造，所以只能在四合院的漏角

处增加一个楼梯。但楼梯的增加会破坏建筑的空间环境，阻塞院子里的气流。为了解决这个问题，屋主巧妙地在楼梯两侧制造了两个天井，这便形成了刘家宅院独特的"四合六天井"的建筑格局。

二、巍山古城刘家宅院的建筑装饰特点

刘家宅院民居建筑常采用木材、石材、砖瓦和彩色泥土等装饰材料，建筑的装饰工艺注重细节和精湛的手工技巧，常见的工艺包括雕刻、彩绘等，这些工艺表现出高度的艺术水平和独特的风格。

（一）丰富多样的装饰纹样

刘家宅院的建筑装饰纹样丰富多样，主要包括植物纹样、动物纹样和几何纹样。这些纹样以其独特的形态和寓意，赋予建筑以生机和美感（表 1）。

丰富多样的装饰纹样   表 1

装饰 纹样	纹样元素
植物纹样	卷草、莲花、牡丹、竹、松、梅、兰、竹、菊、水仙、荷花等
动物纹样	龙、凤、麒麟、虎、仙鹤、鹿、鱼、蝙蝠、雄鸡、虾等
几何纹样	回纹、云纹、菱形纹等
其他纹样	八仙、寿字纹、喜字纹、福字纹等

1. 植物纹样

植物纹样的装饰源于人们对大自然的崇拜，人们为了使得美好的事物能够长久被保留下来，开始逐渐地把一些植物纹样运用到建筑的装饰中。在刘家宅院民居建筑中，很多的建筑结构以及墙面、地面等地方都可以看到植物纹样的装饰，凡是有好寓意的植物，都被运用不同的表现形式搭配可以显示本民族和乡土特色的纹样，在建筑中呈现。

例如：象征"纯洁"、寓意"吉祥"的莲以雕刻或彩绘的方式出现在刘家宅院的建筑装饰中；莲花纹样多出现在刘家宅院的照壁、墙绘、门窗和梁枋等位置，以其婀娜多姿的形态和鲜艳的颜色，为建筑增添了高雅和祥和的氛围（图 2）。象征着富贵、繁荣和美好的牡丹通过精细的雕刻和绘画，展现在刘家宅院的墙面、石雕、门窗等细部，为建筑带来了华丽和庄重的氛围（图 3）。竹作为中国文化中的象征性植物，代表着坚韧、清雅和谦逊。在刘家宅院的装饰中，竹纹样常见于照壁、墙绘等地方。通过精巧的雕刻和绘画，将竹子的形态和节节生长的形象栩栩如生地展现出来，为建筑营造一份自然、平和的氛围（图 4）。水仙（图 5）、卷草纹（图 6）、梅（图 7）、兰（图 8）、菊（图 9）、荷（图

10）等花卉也被很广泛运用于刘家宅院的装饰纹样中。水仙象征着高洁和清雅，多出现在刘家宅院的彩绘和雕刻中；卷草则代表着福寿和幸福，在刘家宅院的梁枋、照壁、门楼、墙面等多处被运用。

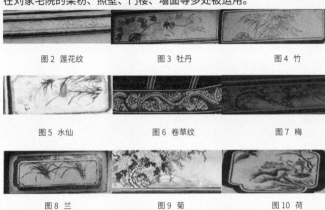

图 2 莲花纹　　　　图 3 牡丹　　　　图 4 竹

图 5 水仙　　　　图 6 卷草纹　　　　图 7 梅

图 8 兰　　　　图 9 菊　　　　图 10 荷

这些植物纹样在刘家宅院的装饰中不仅展示了白族和彝族文化中对自然美的崇拜，同时传达了对吉祥、繁荣和幸福生活的向往。通过巧妙的表现形式，植物纹样为刘家宅院带来了自然、和谐和美好的文化内涵。

2. 动物纹样

刘家宅院的建筑装饰中运用了多种动物纹样，其中包括龙（图11）、凤（图12）、鱼（图13）、雄鸡（图14）、虎（图15）、仙鹤（图16）、鹿（图17）、蝙蝠（图18）等。这些动物纹样被精心地应用于建筑的各个细部，展示出丰富的文化内涵和寓意。

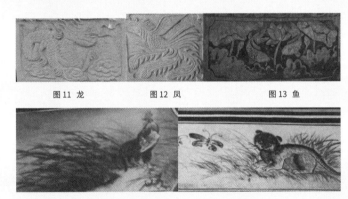

图 11 龙　　　　图 12 凤　　　　图 13 鱼

图 14 雄鸡　　　　　　　　图 15 虎

图 16 仙鹤　　　　图 17 鹿　　　　图 18 蝙蝠

龙作为中国传统文化中的重要象征，代表着权力、吉祥和神秘。在刘家宅院的装饰中，龙纹样多见于梁枋、雀替、垂瓜柱和墙面等地方。龙的形象通过精细的雕刻和绘画，展现出威严、灵动和神奇的氛围，象征着家族的尊贵和繁荣。凤作为中国传统文化中的吉祥之鸟，象征着美好、幸福和吉祥。在刘家宅院的装饰中，凤纹样常见于门楼、墙面等位置。凤的形象通过细腻的雕刻和色彩的运用，展现出高贵、优雅和祥和的氛围，代表着吉祥和美好的未来。仙鹤作为中国传统文化中的祥瑞之鸟，象征着长寿、祥和。在刘家宅院的装饰中，仙鹤纹样多见于照壁、墙面彩绘等处。蝙蝠纹样的运用在刘宅的建筑装饰中寓意着好运、富裕和幸福。蝙蝠的发音与"福"字相近，因此被视为带来福气和好运的象征。同时，蝙蝠也被认为是瑞兽之一，与家庭的繁荣和团圆有着密切的联系。通过在建筑装饰中运用蝙蝠纹样，刘宅传达了对家庭幸福、繁荣和吉祥的美好祝愿。动物纹样还出现在建筑的屋顶上作为建筑装饰性构建，被称之为"脊兽"，古人用作辟邪和镇宅使用。

通过运用这些动物纹样，刘家宅院的建筑装饰展现了对吉祥、繁荣和幸福生活的追求。这些富有象征意义的动物纹样不仅彰显了建筑的美学价值，也承载着巍山白族和彝族文化中的深刻内涵。每一种动物纹样都以其独特的形象和寓意，在刘家宅院的建筑装饰中，为观者带来了视觉和心灵的愉悦与感受。

3. 几何纹样

刘家宅院民居建筑装饰上，运用的几何纹样有回纹、云纹、菱形纹等，几何纹样作为一种抽象表现形成的独特纹样，有写意、写实等多种表现手法。刘家宅院的建筑装饰上的几何纹样单独出现，或是通过二方连续和四方连续的方式出现，独特的表现方式给人以美妙的观感。

刘家宅院中最具有代表性的是云纹，云纹作为我国最具有代表性的建筑纹样之一，通常被运用于建筑、服装和器具上，在刘家宅院中云纹主要出现在照壁和墙面装饰上，部分木雕和石雕上也有云纹的运用。刘家宅院民居建筑装饰云纹的表现手法分为两种，一种是自然的表现，另一种就是几何形的表现，层次感和立体感丰富，十分生动。这些纹样不仅丰富了建筑的视觉效果，也蕴含着深厚的文化内涵。每个几何纹样都有其独特的形状和寓意，使刘家宅院的建筑装饰充满了优雅、祥和独特的魅力。

（二）细致精湛的工艺

刘家宅院的民居建筑装饰注重细节和工艺的精湛。无论是雕刻、彩绘还是建筑构件的制作，都经过精心的设计和精细的工艺，展现了工匠们的技艺和匠心（表2）。

巍山古城刘家宅院建筑装饰公司　　　　表2

工艺	装饰部位	常用题材
木雕	门楼、门窗、梁枋、雀替、垂挂柱等	植物纹样题材、动物纹样题材、几何纹样题材、八仙题材、文字题材
石雕	柱础、墙面、栏杆等	动物纹样题材、植物纹样题材、几何纹题材
彩绘	照壁、墙面等	植物纹样题材、动物纹样题材、几何纹题材、八仙题材、文字题材、风景题材、人物题材等

木雕被广泛运用于门楼（图19）、门窗（图20）、梁枋（图21）、雀替（图22）、垂挂柱等部位，其精美的雕刻和独特的纹样展示了巍山地区木工艺术的独特魅力。巍山古城作为南诏国的发祥地和都城所在，在南诏国时期，人们就很擅长对木材进行雕刻，雕刻技法已经非常高超，而且做到了装饰性、实用性和艺术性的高度统一。

图19 门楼　　　　图20 门窗　　　　图21 梁坊　　　　图22 雀替

由于建筑材料的特性不同，大多木结构建筑都会使用石头作为建筑的柱础（图23）、墙面、栏杆等部件，不仅可以加固建筑，还可以利用材料的特性美化建筑，所以对石材的装饰性也有了更高的要求，匠人们在石材构件的表面上进行艺术处理，使简单的石材变为一件艺术品，随着时间的发展石刻和石雕在古建筑中所占有的地位也在逐渐提高。刘家宅院的建筑石雕常见于屋顶的脊兽、柱础、墙面的雕刻以及庭院的石雕装饰，通过石材的坚固和

图23 柱础

纹样的精细表达了建筑的稳重和庄重。同时也运用很多石材对建筑进行装饰，利用石材的质感，用石刻和石雕的艺术创作手法在房屋门框、梁柱、楼梯、栏杆等部分进行装饰。

刘家宅院的彩绘装饰是其民居建筑中一项重要的装饰形式，它不仅是一种装饰手法，更是一种文化表达和传承的方式，广泛应用在宅院的照壁（图24）、墙面等部位。彩绘在刘家宅院的装饰中起到了多重作用，它为建筑增添了美感和装饰效果，使宅院更加绚丽多彩。采用丰富的色彩和细腻的绘画技法，

图24 照壁

通过各种图案和纹样的运用，展现了屋主的审美追求。同时彩绘在刘家宅院中具有象征意义，反映了刘家宅院所处地域的文化特色和民俗风情。

三、巍山古城刘家宅院建筑装饰与当地文化、地理环境、宗教信仰之间的联系

刘家宅院民居建筑的装饰深受当地文化的影响，巍山地区是彝族等少数民族聚居的地方，其独特的民族文化和传统价值观贯穿着建筑的装饰设计。装饰中常见的图案、纹饰和符号反映了彝族文化的特点，如花卉图案象征幸福和丰收，动物图案代表神秘和守护等。

巍山地区的地理环境特点也影响了刘家宅院的民居建筑装饰。巍山地区地处高山峡谷之间，自然环境壮美而多样。建筑装饰中常见到山水、云雾、江河等元素的表现，以及对大自然的崇拜和尊敬。同时，地理环境的多样性也反映在建筑的材料选择上，例如使用当地的石材、木材和彩色泥土，与周围的自然环境相协调。

巍山地区的居民多信仰宗教，如佛教和道教等。这些宗教信仰也在刘宅民居建筑的装饰中得到了体现。建筑中常见的神话传说、神像和符号等元素，与当地的宗教信仰有着密切的联系，这些装饰既是信仰的表达，也是居民对神灵保护和祝福的希望。

刘宅民居建筑的装饰具有深厚的文化内涵和社会象征，即融入了当地的历史、传统和信仰，反映了居民的生活方式、价值观和精神追求。刘家宅院的民居建筑装饰通过与当地文化、地理环境和宗教信仰的融合，

展示了对传统文化的传承、对自然环境的敬畏以及对宗教信仰坚守的文化内涵。

四、结语

本文首先对巍山古城刘家宅院进行整体概述，其次分别对刘家宅院建筑丰富多样的装饰纹样、细致精湛的工艺对刘家宅院的建筑装饰特点展开详细的分析。通过这些装饰纹样和工艺的详细分析，深入发掘了装饰纹样和工艺背后的文化内涵，分析刘家宅院建筑装饰与当地文化、地理环境、宗教信仰之间的联系。正是由于巍山地区独特的文化、地理环境和宗教信仰，才孕育出了刘家宅院所具有的独特文化内涵和独特的建筑装饰，期望通过本研究为后续更深刻地研究巍山地区民居建筑装饰提供参考。

参考文献：

[1] 高维 . 白族的建筑与文化 [M]. 昆明：云南大学出版社 ,2020.

[2] 楼庆西 . 中国传统建筑装饰 [M]. 北京：中国建筑工业出版社 ,1999:13-14.

[3] 张佩迪 . 大理巍山东莲花村回族古民居建筑装饰艺术研究 [D]. 昆明：云南艺术学院 ,2018.

[4] 谢罗佑，王晓斐，邹洲 . 大理巍山古城传统民居适老化设计研究 [J]. 山西建筑 ,2022,48(23):57-59+68.

[5] 秦春丽 . 巍山古城古建筑装饰艺术探析 [J]. 建材与装饰 ,2020(10):51-53

[6] 刘茹 . 苗族传统民居建筑装饰艺术研究 [J]. 美与时代（城市版）,2022.(11):9-11.

[7] 龚怡婷，王锐 . 湘南地区传统古村落民居建筑装饰艺术表现探析——以桂阳县阳山古村民居为例 [J]. 中外建筑 ,2023(5):121-125.

[8] 靳梦 . 传统民居装饰的吉祥寓意及其在现代建筑中的应用 [J]. 美与时代（城市版）,2023(3):13-15.

廊道遗产文化记忆的景观再生构建与策略研究

刘萌 梁轩

重庆工商大学

摘要： 廊道遗产是我国文化遗产的一种特殊类型，具有独特性、串联性、线状分布的特点，遗产中文化记忆的景观再生构建对于地域性文化沟通融合的研究具有重要意义。廊道遗产维护的目的在于挖掘其历史过程中形成的文化和精神，为新时代珍贵遗产文化增添新的活力。

关键词： 廊道遗产；文化记忆再生；景观构建；设计策略

当今世界遗产保护运动从关注静态遗产到同时关注活态遗产，从关注个别的遗产到同时关注群体的遗产和历史环境，遗产的维护规模不断扩展。本文引入"廊道遗产"的保护理念，以西南地区重庆南岸区的黄葛古道为例，发掘提升该遗产价值，从而唤醒历史记忆的缺失，以应对西南地区因城市的快速发展造成的文化流失现状，为其注入新的时代血液。

一、廊道遗产概述

（一）概念由来

1993年由查尔斯的·弗林克、罗伯特·希尔茨以及洛林·施瓦茨教授出版的《Greenways:A Guide To Planning Design And Development》一书首次定义了与绿色通道对应的廊道遗产概念，中文翻译为"汇集了特殊的文化资源集合的线性景观，通常具有明显的蓬勃发展的旅游业、老旧建筑的适应性再利用、娱乐和环境改善等"[1]。北京大学研究团队王志芳、李伟等于2000年将廊道遗产概念引入中国[2]。

（二）重庆市南岸区南山黄葛古道

黄葛古道自唐始建，宋元明清时期皆往来商流如织，已有近千年历史，以马帮文化、抗战文化闻名，古道沿途有山王寺、古石碑、老君洞、德国大使馆旧址、文峰塔、黄桷垭老街、抗战遗址博物馆、三毛故居等诸多人文遗迹。"古时黄葛古道最初为四川驿运干线之一，是马帮从重庆进入贵州的唯一途径。目前古道梯步保留完好，古道由青石板铺成，景色秀丽，参天古树，廊道纵深将考古、宗教、人文、传统文化等天然风景、人文景观融为一体，是重庆独具历史特色的登山步道，也是传统街区的代表"[3]。

二、廊道遗产的景观再现构建

在黄葛古道廊道遗产景观再现构建过程中，需保持古道历史文化遗产的原真性，而非一味地追求"遗产原态"的真实。用正确态度来实现原真性，能正确认识廊道遗产的内在属性和真正价值。黄葛古道的景观再现构建，一方面需要确保古道整体结构和所处的环境的完整性，另一方面还需对古道所承载的文化遗产完整性作考量。

（一）整体路径构建

廊道遗产的线性特征决定了此概念与路径的密切联系，良好的路径保护是廊道遗产必不可少的内涵之一。路径建设可将廊道遗产沿线分散的文化遗产资源整合，充分展示黄葛古道的发展轨迹，充分还原遗产资源的历史氛围，凸显古道整体遗产保护的完整性，向前来游玩的人们讲述古道从繁荣到衰落再到复兴的历史故事。

据考证，黄葛古道也是众多"五尺道"的一条支路，因其道路宽为五尺，所以史称"五尺道"。该历史遗迹道路的顶层石阶是唐代第一次开山凿石形成的，随后经过千百年的磨损，多次整修，使"五尺道"逐次降级，而后换成条石，这展现了黄葛古道经受了沧桑岁月的洗礼，焕发出历史韵味。如今黄葛古道的道路承载作用已与古代不同，古代它是川渝通往云贵等地的一条重要交通要道，如今是集历史、文化、观光、休闲等功能一体的市民闲散游径。

对于黄葛古道这种历史路径，大多是石质路面或土质路面。无论是哪一种路面，在进行保护开发时需对原有路径进行适当调整，严格遵守原真性原则，尽量按原有历史风貌恢复，不是进行不符合场地环境的现代化翻修。

（二）自然景观（古木风景）构建

南方廊道遗产景观中，许多珍贵的古木自然遗产是当地的根与魂，如黄葛古道中的多种古树名木、古道两侧近千年高龄的黄桷树等，郁郁葱葱，记录着古道的时代变迁，见证了古道往日的辉煌与落魄。

在廊道遗产的景观再现构建中古木风景是不可或缺的存在，可将其引入自导式的古道解说，前来游玩的人们可以通过讲解的标识去科普自然知识，了解古道中所存在的多样生态系统、各自特征、功能与价值等。将古道的树木、植物等逐一挂牌：名字、科属、特性科普给游人。在千年古道中植物生长繁茂必然也少不了动物，可将古道常有的动物、昆虫的种类、习性等标识出来，进行动物类知识的普及。

（三）建筑房屋（住户、商业业态）构建

在黄葛古道的中后段，汇聚了许多商铺、地摊、集市等商业形态，有独立存在的散落古道，也有汇聚一起所形成的规模性黄桷垭古镇，该古镇在古代商贸交易中有着重要作用。如今再现古道古镇当时的风光特色，少不了最具特色的穿斗式民居、吊脚楼等，原有建筑特色更好地展现出了黄葛古道的历史氛围。历史性建筑空间或多或少遭受了岁月的侵蚀，很多建筑已成危房，将原有功能进行恢复或功能置换，保证以后的安全使用。针对性地择取古道旁几栋具有历史价值的建筑物，将其恢复原有的使用功能，如驿站、祭祀场地，或开发为展现古道文化的遗产展览馆、陈列馆等，更好地发挥其价值的同时，也保护了历史建筑。

（四）人文载体（塔碑等）构建

黄葛古道沿途除了自然景观外，还有岩石上的无字摩崖、功德碑、文峰塔等历史、人文载体，都在诉说着黄葛古道神秘的过去。对于这些保存完好的有价值的石碑、石刻，现存外观需进行保护和修复，部分时间侵蚀损毁严重的，可查询文献对样貌进行复原再现，将它的历史以趣味性的展板标识并展示出来，增加互动体验感。

（五）廊道遗产景观再现的文化构建

黄葛古道历史悠久，同时孕育了不同的文化：道教文化、马帮文化是古道的特色。在古道上留存着近千年的道观"老君洞"，因古道地理构造的独特性，古人在黄葛古道用石刻的方式记载着宗教、艺术等多方面的历史，是古道异常珍贵的物质文化遗产，因此可将道教文化贯穿路径始终，在崖壁、石墩等处均体现石刻艺术的魅力。马帮文化也是历经千年的古道不可缺少的文化记忆，曾是一个时代的印记，而如今随着城市的发展，马帮这种运输形式逐渐消失在人们的记忆里。为唤醒人们对古道的回忆，增添活力，可采用马帮雕塑、互动装置的形式穿插在古道的路途上，增加文化氛围，同时在雕塑、装置旁采用导视牌讲解文化内涵等，游人在进行探索互动的同时了解相关知识。

三、廊道遗产更新活化设计策略

（一）保留历史遗迹（修旧如旧）

在古道的沿途存有许多历史遗迹，保护以及修复这些遗迹资源，可以反映出古道独特的历史风貌，在黄葛古道的沿途有几个历史性建筑外立面因年老失修而破败不堪，不仅不能更好地展现古道的历史风貌，还破坏了古道的形象，应对其进行修复。在对这些历史遗迹进行修复及古道沿途部分重新设计时要注意，应该坚持"修旧如旧"的原则，恢复其原有的外观、颜色、材质等，重现古道往日风景。从黄葛古道向上攀登，在古道沿途节点处也可采用速写的形式表现出古道沿途的景观，展现古道独特的景观魅力。

1. 构筑物

在古道中广泛运用古道特有的文化资源，如马帮文化、道教文化，以及小鸟、松鼠、兔子等具象的构筑物，并成为古道景观风貌的重要表现形式，给人们营造了一种轻松自然的体验氛围，带来不一样的视觉感受和审美效果。对动物植物的形象进行模拟表现，结合少量的文字描述，更具有趣味性、互动性，激发游人的探索欲，更向游人们普及了相关知识。这类构筑物在材质的选择上，可采用石头质感或木质、仿木材质等，更符合周围环境。

2. 栏杆

因黄葛古道的地理位置处于山腰，栏杆贯穿整条线路，栏杆的种类也在不同的路段发生着变化，有木质、原石、铁艺等，不同材质打造了不同的视觉效果和氛围感觉。木制栏杆的取材相对容易，木制栏杆与古道两旁的古树相呼应，给人简单淳朴的自然感受。原石栏杆是古道运用最多的种类，结构相对稳定，后期不需过多维护，斑驳的原石展现出时间的沉积，具有历史厚重感。在两侧道路相对平坦的地方采用竹编类栏杆，增加了环境的趣味性，灵活且美观。植物茂盛的地方采用铁艺栏杆，肆意生长的藤蔓植物爬满栏杆，更凸显原生态。不同种类的栏杆交叉使用，确保安全性的同时，丰富了游人的视觉效果，增加了古道的趣味性。在挑选栏杆时，也要注意要符合周围环境，不能出现重工业等过于现代化的装饰。

3. 公共艺术

运用古道的遗产文化构建公共艺术景观是更新活化黄葛古道的重要手段。运用古道的马帮文化可在古道上设置马帮文化相关造型的环境艺术小品，反映古道文化内涵。运用相关雕塑等公共艺术再现古时繁荣景象，将古道过去的历史抽象化、符号化运用在古道中的装饰物上。

（二）当下生活方式的设计植入

1. 带孩子出游已成趋势

随着国家"三孩"政策的实施，黄葛古道在景观更新活化的建设中也要密切关注亲子设施的构建，在节点处可设立亲子游乐场，来满足亲子游客的多元化需求，增强游玩体验。在古道中穿插互动体验科普区，激发孩童的探索欲望，满足他们对事物的好奇心，增强父母与孩子间的互动体验，增进情感交流。

2. 朋友圈心理，拍照打卡留念

近年来，互联网和新媒体平台发展迅猛，当代年轻人也更愿意在互联网上分享自己的喜好、经历、看法等，社交媒体的普及使线上交流占据了当代人们的生活，这种依托于网络的情感也推动了人们心理活动的转变，到哪里都要拍照"打卡"成流行趋势，毫不吝啬地将自己的生活展现在他人面前，不发朋友圈就等于没出去游玩。

为满足现代年轻人的心理体验，可在古道风景优美的节点设立观景平台或公共艺术等，形成古道的点状空间，供游客们观景休息的同时也满足了拍照打卡的需求。在观景平台或公共艺术的造型结构、材料等方面，要考虑它是否符合周围的环境，要对周围的环境进行细致观察，从而才设计出拥有古道特色并与周围环境相互映照的人文构景。

3. 参与性心理，满足求知欲

随着科学技术的进步，设计的表现形式也主张多元化、平民化，这使人们的参与性心理也愈发强烈，对黄葛古道的多处历史文化遗留进行全面整合，将这些历史资源点状分布在古道各处，构成参与性活动区域，例如打造一个互动参与性的植物拼图、科普翻翻乐等。

四、结语

廊道遗产文化记忆通过设计手段让景观再生，在保护和修复具有文化意义的遗产同时，使线性区域生态得以保护和恢复，为区域注入新的活力，焕发时代魅力。它不仅适合黄葛古道廊道遗产，对于其他同质的廊道资源区域亦可。本文通过景观设计视角切入对廊道遗产概念的探讨，期望对廊道遗产的价值保护有着更好的设计展现，让它在旧地重新焕发魅力。

参考文献：
[1] 郝晓娟 . 重庆缆车地域景观体系保护及再利用研究 [D]. 重庆：重庆大学 ,2018.
[2] 王卓 . 基于遗产廊道理念的重庆都市区抗战遗产的整体性保护与利用 [D]. 重庆：重庆大学 ,2018.
[3] 曾曦 . 重庆南山登山健身步道景观规划设计研究 [D]. 重庆：重庆大学 ,2011.

注：本文为重庆市高等教育学会 2021-2022 年度高等教育科学研究课题（CQGJ21B052）阶段性成果。

有机更新视角下城市老旧社区微改造设计研究

张景俞 章波

重庆工商大学

摘要： 现阶段随着我国城镇化建设的快速推进，老旧社区改造作为城市更新的重要组成部分因其独特的街巷伦理和文脉记忆，对地方文化的保护和延续意义显得尤为重要。本文在城市更新的视角下将"微改造"作为设计策略，基于老旧社区原有的规划设计和建筑周边环境进行空间的多元化、功能化的设计改造。探索社区文化植入旧城更新优化的更多艺术创造的可能性，将社区居民作为设计的主体，围绕他们搭建一个更利于沟通交往的活动空间，以激发老旧社区发展活力使街巷记忆活化。目的是提升居民生活空间质量，塑造历史院落、旧城记忆与现代社区交流的新窗口。

关键词： 有机更新；微改造；老旧社区；记忆活化；场域精神

一、引言

（一）研究背景

由于近年来城市的高速发展，城市存量数据累年递增，新旧区环境品质出现较大落差，老旧住区的消落影响了居民生活与健康质量的提升，关于旧城更新微改造的研究逐渐受到了专家学者和社会的重视。早在 1979 年吴良镛先生就提出了城市"有机更新"的理论构想[1]。随着我国城镇化建设的快速推进，老旧社区改造作为城市更新的重要组成部分因其独特的街巷伦理和文脉记忆，对地方文化的保护和延续意义显得尤为重要。旧城街巷空间是交通功能和生活功能兼具的场所，也是老年人进行交流活动的重要场所。

在城市化不断更新的背景下，2014 年新华社发布的《国家新型城镇化规划（2014—2020 年）》和 2015 年的中央城市工作会议，提出了中国城镇化要从"盘活存量"和"城市更新"的角度出发，我们的社会进程已由存量时代替代增量时代[2]。国家政策和社会形势的变化都共同推动城市发展由外延扩张向内循环的转变，各个地区的城市建设逐渐由供给向存量转变。老旧社区的出现是一个动态而又无法统一定性的过程，由于建成的时效性，导致了每个社区陈旧程度的差异。旧城是城市区域间发展不平衡形成的城市化现象，它既是独立的个体又是城市中的一部分。一方面，旧城的空间肌理大多和城市形成连续的形态关系，肌理结构层次丰富明了。另一方面，这些"自然生长"的旧城区，功能混合、交通便利，与城市一直保持紧密的联系与互动，是城市文化与生活有机、丰富多样的体现[3]。

（二）研究意义

1. 从理论研究的角度出发

随着城市规划的完善，旧城中心地区面临着土地资源稀缺的问题，因重新改造成本比较高已经不能适应现今的居住区发展需求，未来的趋势则是微改造方向的空间提升设计。国内学术界对这种新型更新模式的研究较少，且山城老旧社区空间微改造设计的研究基础薄弱。因此，本文重点在对城市老旧社区实地调研的基础上，运用有机更新理论，通过分析当前现状，旨在为旧城社区空间提升方面注入更多的改进思路，有利于设计思考的深入以及理论的发展。

2. 从实践价值的角度出发

一方面在有机更新背景下，旧城作为更新的主体在城市化背景下面临着千篇一律的外观、缺乏地域特色、功能单一等同质化问题。本研究通过自下而上的需求反馈进行个性化改造，注重老旧社区环境、经济、文化的综合发展。另一方面从研究对象上，本研究从老旧社区的空间尺度方面强调小、微，将城市老旧社区剩余空间、畸零空间、闲置空间充分发挥其优势和潜力，加强"自然生长"的旧城区，功能混合、交通便利，与城市一直保持紧密的联系与互动。

二、有机更新的发展趋势

1. 宏观引导模式

以政府政策和财政上引导为主，主要针对生活环境破败、居住水平低的城市衰退区，针对其公共空间缺乏、基础设施缺乏等现实情况，进行规范化整理以满足居民对功能的需求，为衰退区域带来可持续发展的动力，让老旧社区得以再生和延续。

2. 自下而上模式

以居民自发设计为主，主要针对城市中结构定型较早的区域，居民根据个人需求采取自发性的社会活动潜移默化地深入改造。这种方式可以通过小规模、小尺度的改造，提升本地居民生活环境的同时更好地满足居民共享共建的需求。

3. 社会资源介入

以高校介入（教学实践和社会服务）、公共艺术（"三师"进社区）微介入的方式，相较于传统的大拆大建要求更加完善的城市结构，更加注重对城市的保护和可持续发展，各项要素根据社区功能的需求和时代的要求进行调整和改造。

三、老旧社区"微更新"的必要性

首先，就经济价值来说，历史建筑空间之所以留传至今，必然还留存一定的功能价值，或者说仍能在一定程度上满足现代社会的功能需求。其次，就文脉价值来说，新建的现代空间对历史空间文脉关系的影响决定了区域整体文化价值的保持或者损失，这取决于环境设计师抽象思维意向下的设计策略和研究路径（图1）。具体"微更新"必要性如下所示：

第一，缓解社区空间与居民使用的矛盾：我们面临旧城改造的主要问题是住宅区的老化与居民对城市公共空间和多样化生活的需求日益增长的矛盾，贯穿于城市发展的全过程（图2）。

第二，梳理交通安全问题：改善老旧社区的消防、防盗、防滑等安全隐患，提高居民的安全感和舒适度。老旧居住区具备了具有历史价值的建筑、景观和地域文化生活的特征，在改造策略方面需要针对使用功能提出行之有效的方案。

第三，服务全龄化问题：改善老旧社区的无障碍设施、卫生间改造、电梯配置等适老化问题，提高居民的便利性和尊严感。经过时间的洗礼，旧居住区改造的首要目的是适应社会的发展和满足居民日常生活的需求。

第四，社区凝聚力问题：改善老旧社区的公共活动空间、服务设施、文化氛围等社区问题，提高居民的归属感和参与度。老旧社区更新如何实现对历史文化、民风民俗等文化的提炼、归纳、表达，从而形成浓厚的在地文化特色。

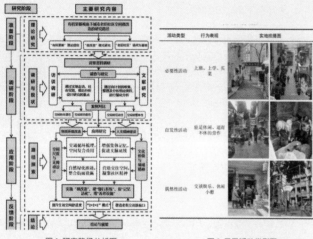

图1 研究路径分析图　　图2 居民活动类型图

四、更新策略

（一）挖掘在地文化，激活老旧社区活力

在新时代的开放型经济和先进的设计理念中开发探索服务区建筑的代表性，创造出有连续性的、可持续发展的、大众喜闻乐见的文化图腾。一味地照搬和简单提取文化符号是片面的、主观的、独立的自我变现，从美学的角度出发高质量的审美需求是第一要素，尊重地域文化的基础上充分挖掘本土性的文化要素，加强抽象化的文化符号作为信息的载体进行宣传引导，加深视觉符号对大众的传播。以重庆市沙坪坝区山洞街道老菜市场片区为例，以数十年形成的市场经营环境为需求基础，衍生出家家户户门前的买卖伏案，在过去用于展示消费平台，由于新兴城市发展吸引片区青壮年人群外迁，伏案定位也变成喝茶、下棋老年人群集的社交平台。为了延续伏案平台的作用，回溯老街巷的历史记忆，可将老菜市场经营文化注入其中进行小巷文脉延续，通过墙绘和环境小品展示的方式打造一条回溯儿时记忆的网红街道，在促进消费的同时解决中老年人下岗"再就业"的问题，吸引周边居民区购买和游览兴趣，重塑老菜市场片区多功能性外摆，成为买方与卖方之间、家庭成员与访客之间的互动。

（二）增进邻里情感，提高居民生活质量

对于街巷社区而言，以门前庭院包括门头越来越需要营造一个舒适的互动空间，可以提高邻里居民的积极性，提高社交效率。尤其是以瓷

器街为典型的街道，与其他社区而言不再是中规中矩的模式，而是针对门前庭院空间布局的多样化微改造设计。

在人与人交流的层面打破了很多独立私密的老式筒子楼社交功能独立化的形式，功能与形式之间存在联系，共享交流空间以退台和外摆为基础的都是开敞式设计，在开敞的长廊空间里得到室外与家庭内部的互动，不仅视觉上更加开阔舒适，也能有效促进交流沟通。根据各自庭院门口空间的不同功能、人数需求，休闲区可以是灵活多变的。以老菜市场为主的商用晾晒架代替立面墙壁，一定程度上呼应了作为商居两用街巷的通透性和半封闭性。从社会伦理的角度出发，在这个空间中把人与社会、伦理与社会提升到舒服的位置。它隐含地表达了空间之间的互动，人与人的交流活动在舒适的环境，也打造了使居民愿意停留、主动消费的社交娱乐场所。

（三）打造宜居韧性城市，增强城市竞争力

街巷空间因有限的面积和较为压抑的进深，需要在空间内推和外扩中把握人流交通和社交距离的尺度，保证空间对人心理或生理需求的合理性。针对具有特殊空间带来的特殊需求，需要将社会伦理中的人际交往带入围合空间，把握人际界限在街巷狭窄范围内如何权衡的问题（图3）。

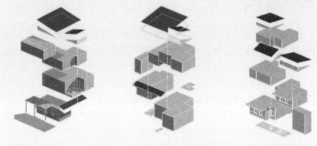

图3 外摆空间分析图

街巷外立面优化与当地环境相协调，既要通过建筑特色展现时代变迁所带来的文化底蕴和风土人情，还要关注人与自然的因素，关注自然品格的生活空间。利用《街道美学》中街道与建筑物的宽高比例算法，当 $D/H<1$ 时，随着比值的减小会产生接近之感，山洞街道老菜市场片区的街巷尤为如此，在道路狭窄的空间中极具展示功能的外摆空间就显得非常重要，利用垂直绿化、花境的方式表达尊重自然、顺应自然、保护自然的基本准则，打造宜居韧性城市，增强城市竞争力韧性城市。

五、结语

最后，关于旧城更新优化的重要源泉是人文活力，山洞街道的街巷伦理和居民生活环境的历史变迁是密不可分的，微改造其实与居民的生活质量息息相关，这是对社会价值与经济效益的平衡。居民记忆热情的不断激活，居民民生幸福感的不断提升，建立不同年龄段甚至不同地域之间人与人的联系，让更多新鲜的面孔走进老城、认识老城、留在老城。我们每个人都身处于时代发展的浪潮之中，每个人的时代记忆都将被现代化的城市所湮灭。每座老城在时代的进程中也需要寻找到属于自己的底蕴留存，属于旧时光，也更应该属于未来。随着我国坚定文化自信过程的深入，人们生活水平和审美标准相应提高，也应更多地对在地的生态环境、文化环境、产业结构、功能业态、社会心理等软环境进行延续更新。

参考文献：

[1] 吴良镛. "菊儿胡同"试验后的新探索——为《当代北京旧城更新：调查·研究·探索》一书所作序 [J]. 华中建筑，2000, (3): 104.

[2] 国家新型城镇化规划 (2014—2020 年)[J]. 农村工作通讯，2014, (6): 32-48.

[3] 张海花. 城中村微更新模式与设计策略研究 [D]. 重庆：重庆大学，2020.

矿业废弃地景观生长性设计策略研究

王仕超 白梦华

重庆外语外事学院

摘要：随着我国经济的快速发展，迅速发展的城市建设需要不断地开采各类矿产资源作为支撑。目前我国矿业开采破坏的土地资源数量十分巨大，破坏面积也日益严重。如何重新唤醒矿业废弃地的生态活力、激发场域价值、促进矿业废弃地所在资源型城市转型并延续至后续发展情况已成为目前所亟须探讨与研究的问题。本文对矿业废弃地景观生长性的设计方法进行策略研究，突出动态性特征，构建矿业废弃地场地景观改造"保护—改造—再开发"的生长模式，为新时期矿业废弃地景观改造提供设计策略理论支撑，为今后矿业废弃地景观生长性改造提供可行的设计实践方向参考。

关键词：矿业废弃地；景观设计；生长性设计

一、研究背景

（一）时代发展下的矿业废弃地发展现状

目前，我国经济快速发展，迅速发展的城市建设需要不断地开采各类矿产资源作为支撑，开采作业的各项活动导致生态环境包括土壤污染、水土流失、植被破坏等问题也随之产生。后续的社会转型出现了大量的城市矿业废弃地，如何重新唤醒矿业废弃地的生态活力、激发场域价值、促进矿业废弃地所在资源型城市转型已成为目前所亟须探讨与研究的问题。

（二）景观设计中对时间变化的考虑不足

同时，现今的景观设计大多呈现的是暂时的、固定而相对缺少变化的内容，相对较少考虑到景观作为空间组成部分中时间维度的变化因素。从过去到现在再到未来的时间维度上景观都能够展现出与设计之初不一样的空间感受，从简单的物质变化到历史文化的演变，都能够从时间维度中体现景观生长变化的设计魅力。

二、景观生长性的相关概念

（一）景观生长性

景观生长性就是指以时间维度、生长变化为设计内核，使景观能够在时间下呈现出生物生长变化生态性和动态性的设计手段。传统的景观设计中对于时间维度的方向是考虑不足的，场地建成后意味着景观静态的终止。而一个真正完成的景观设计，能够随着时间的推移形成景观差异。除了当下建成的设计内容，设计师还应该考虑并预设到后续随着时间推移景观的不同生长方向，让景观能够在时间因素下进行动态生长发展的变化过程。

（二）景观的生长性特征

生态特征，在景观生长性的概念影响下，景观资源在设计规划之初都需要对环境着重考虑，尤其是"绿色设计""仿生形态"等理念的提出，需要我们将环境因素充分考虑到设计流程中，将设计融入环境，尽量减少对生态环境的影响，改善环境向一个可持续方向发展，这些都是景观生长性中生态特征的体现。

动态特征，"生长"本身就是一个动态词汇，这种动态可以称之为一种"变化"。景观生长性的动态特征表现在景观场所能够在预设情况下向一个更加健全的方向发展。这种融入了时间因素的特征不仅只展现从现在到未来的景观变化，还承接了景观场地对于过去时空内容的延续，动态特征贯穿了"过去—现在—未来"整条时间主线，站在不同的时间节点上每次都能看到景观场地不一样的景观变化，景观生长性的动态特征就从这几个方面体现。

三、景观中的生长性体现

（一）历史文化的延续

景观中的生长性主要体现在场地历史人文的传承中，景观展现出来的不仅只有观赏价值或功能价值，其背后的文化价值也需要我们去发掘与继承。景观时间轴线的变化，即"过去—现在—未来"的历史人文变化，借由景观载体的呈现来体会场所的历史人文内涵，这就是一种时间的生长。

（二）生态环境的持续发展

对于生态环境的重视，研究景观场地所适宜的塑造方式，或唤醒场地生态价值，或维系场地原有系统要素的循环体系，或赋予场地新的生命力，使生态环境能够朝着一个积极的、正向的、可持续的方向发展。意义在于能够在保证生态环境和谐的情况下，顺应环境的设计内容不仅能够较长时间保证景观视觉效果，还能够缩减后期维护成本，形成既是生态的又能够持续变化发展的"景观有机体"。

（三）有机形态的生长

莱特的有机建筑理论就强调有机建筑中自由流畅的曲线造型与富有表现力的形式，有机生长本身就是对于生长性理念的体现，在形态上强化空间内容的生长特征，自然的景观应该是适应场地环境的景观，对不同的环境形成不同的景观特征，景观本身就是环境的一部分，土生土长，和环境交融在一起，变成环境的一部分。

（四）空间功能的延伸

大多数的景观空间在设计之初往往会先明确场地的功能划分，在定性下导致每一个景观区域功能性都比较单一，就像观赏区、游乐区、休闲区等都有着明显的区域划分。生长性的景观首先需要去模糊空间本身的界限，然后通过参与延伸出新的功能。景观生长性就是要能够综合这些可能延伸出来的功能需要，根据长期的使用需求预留出后续生长可变化的余地，达到空间功能的自然延伸。

四、矿业废弃地景观生长性设计策略与方法

通过前文对于景观生长性适应分析的梳理，得出了矿业废弃地景观生长性设计的可行性设计策略，抓住矿业废弃地构成要素的生长性特征，构建矿业废弃地景观改造"保护—改造—再开发"的生长模式，得出了"遗址保留与文化继承"保护、"景观环境与生态修复"改造、"空间形态与功能延伸"再开发的设计策略（图1）。

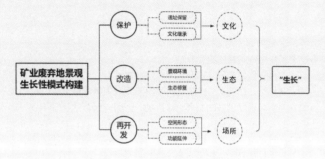

图1 矿业废弃地景观生长性模式构建

（一）遗址保留与文化继承保护的策略

矿业开采活动所留下的矿坑遗址、大型作业设施设备、职工宿舍、矿工影院、生活场地等都代表着矿业时代的历史记忆，到如今留下来的都是承载着文化内涵的矿业遗存，所以在保留选择上应对现有建筑遗址进行梳理归纳，进行综合分析评估，对结构功能、环境适应度、使用寿命等方面进行合理分析，突出矿业特色。通过新技术、新方法的运用将遗址活化，大力发展矿业文化建设，将文化继承并延续下来。

（二）景观环境与生态修复改造的策略

对于矿业废弃地的景观空间改造应尊重场地生态环境需求，将空间改造与生态修复同时纳入设计考虑。空间改造要结合场地功能进行契合设计，将形式与功能紧密贴合在一起，并预留景观功能的"生长"空间，在不破坏生态环境的基础上充分发掘场所的新功能，同时对矿业废弃地中破坏的生态环境进行修复，形成良性的生态新循环系统，保证生物多样性与生态可持续"生长"的发展过程。

（三）空间形态与功能延伸再开发的策略

空间形态作为整个矿业废弃地的形式载体，需要契合生长性特征。有机的空间形态根植于自然形态，抽象提取自然界中的形态特征并加以提炼，有效利用自然的流线造型来展现空间形态生长性的设计内容，同时在形态的确立下需要考虑到生长性空间功能的变化，使空间形态能够满足后续功能延伸的需求，强调留有余地，使其能够在延伸出来的功能下仍然能够达到适应场地的变化，成为新的形式载体。

五、矿业废弃地景观生长性设计方法

（一）"矿业文化"融入整体

对于矿业废弃地的景观改造理应进行矿业文化的传承延续，将矿业遗址文化内容转译成可视化的景观元素，再进行整体的设计内容塑造，将文化内涵融入到矿区改造中（图2）。第一个方面，通过矿业生产与矿业元素提取，再现矿业地质遗址和矿业生产过程中探、采、选、冶、加工等采矿历程，创意性设计景观及体验项目，打造特色矿山公园景观。

图2 矿业生产活动与矿业元素提取示意图

第二个方面，矿业遗址留存，将矿业生活情景再现到场地中，保留矿业废弃地结构相当完好、历史价值充分、改造价值较大的原有建筑与构筑。通过艺术化处理和景观打造，将原有建筑改造为茶苑、民宿、游乐设施等方式，提高原有建筑使用率，丰富场所业态，增加经济效益，提升改造后的服务品质。

（二）"生态修复"引导改造

以生态修复作为引导设计的主要模式，在生态环境保护的基础上，用"生态引导"低干预的方式，将矿业废弃地本身的生态修复作为景观设计的主要引导方向，具体设计方法需要遵循基本的修复内容，再依据不同地区、不同社会、自然、人文环境因地制宜，提出不同的生态修复内容，再用修复内容引导景观改造设计的方向。

（三）"生长形态"植入场地

在矿业废弃地生长性景观设计的改造中，在设计内容中可以以更为有机的形态进行场地设计，活化场地生机感，提取形态内容，体现场所想要表达的生长形态风貌。强调物质结构的自然生长，利用数字参数手段进行可视化演变模拟生长过程，与场地原始工矿建筑形成对比，保留历史遗存的同时植入新的生长模式（图3、图4）。

图3 数字参数模拟示意图　　　　　图4 形态置入示意图

（四）"移时异景"动态节点

通过对景观生长性的特征进行分析、总结、归纳，动态节点景观从时间尺度上逐一进行展现，其中包括时、天、月等短期节点变化，也包括季度、一年、五年、十年等场地整体景观生长，主要应用方法遵循以下三点内容：

1. 场地植物生长

"十年树木，百年成荫"，幼苗十年之间即可成为树木，而成为供人遮阴的参天大树则需百年，此间昼夜交换、春秋往复、岁月更替，不同时期的树木都有着不同的视觉感官特征。根据需求进行场地植被的选取，作者将场地动态节点植物选择方式归纳为以下几种：

方式一，以短期时间为主的季节性植物景观，主要选择季节性强、变化特征较大的植物景观，体现场所的生长变化节奏，突出四季变换（图5）。

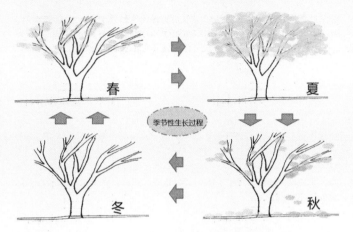

图 5　植物四季变换示意图

方式二，以长期时间为主的植物景观，通过植物的生长来隐喻时间的流逝，强调矿业文化的历史文脉，以植物生长的动态过程逐渐修复矿业废弃地的生态问题（图6）。

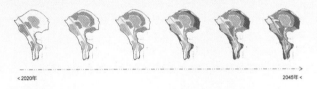

图 6　长期植物生长过程示意图

2. 物理特性变化

矿业废弃地景观生长性设计着重强调废弃地景观中的动态性，景观是能够随着时间所变化的，通过设计要素的物理特性来提前规划设计内容，例如光影、氧化、融化、堆积、风化、腐蚀等，预设后期景观方向的物理变化，真正做到"移时异景"的动态节点变化。

3. 行为参与引导

将游客行为活动带入到废弃地景观中，为游客的游览活动预留变化空间性质，在矿业废弃地景观的功能延伸过程中，强调时间作为设计师，将游客的活动行为作为主要参考因素，在场地中预设引导公众活动的景观介质，根据游客的行为参与形成场地自我生长出功能的变化内容。

六、结语

矿业废弃地作为历史欠账问题，尤其在现如今土地资源紧张、生态环境破坏的前提条件下，如何有效再利用矿业废弃地，重新活化场地新价值，是我们亟待解决的事情。在改造矿业废弃地的过程中强调生长性的变化特征，借助景观生长性设计的特征重新激发矿业废弃地的生命力并引导矿业废弃地向更加完善的方向生长发展。构建了矿业废弃地场地景观"保护—改造—再开发"的生长模式，并从文化、生态、功能三个角度出发提出矿业废弃地景观生长性的设计策略与设计方法的理论体系，实现矿业废弃地土地资源再利用，提升场地活力。

参考文献：

[1] 冯萤雪,曹颖.矿业棕地景观生态设计实例分析及比较研究[J].中国科技论文,2016,11(21):2492-2497.

[2] 韩晨平.论景观艺术的动态特征[J].装饰,2005,(6):72.

[3] 吴忠民.应当高度重视城市化的有机生长性问题[J].学术界,2019,(7):66-73.

[4] 季皓雪.复合、动态和生长性的建筑[J].时代建筑,1994,(4):27-29.

[5] 郭瀚阳,陈楚文,刘志高.采石场废弃地的景观设计策略研究[J].山西建筑,2020,46(24):138-140.

[6] 王康妮.探究景观设计中的时间元素——重视景观的生长性[J].绿色科技,2021,23(7):45-47.

[7] 周小燕.我国矿业废弃地土地复垦政策研究[D].北京：中国矿业大学,2014.

[8] 刘彤彤.可生长的景观[D].南京：东南大学,2015.

店头村传统村落环境再生设计研究与实践

章 波

重庆工商大学

摘要：乡村振兴过程中，传统村落环境景观的再生可传承地域文脉、保护历史文化遗产、激活传统村落公共空间的现代宜居适应性。本文结合文旅融合的背景，以太原店头古村落的保护更新为研究对象，针对现今村落中的潜在价值及问题进行梳理与再利用探索，从空间活力的开放性、传统文化的原真性、地域环境的适应性三方面提出空间活化策略，提升传统村落整体空间活力水平。目的是将店头村打造成一个享居、享活、享游的历史文化古村落。

关键词：市井文化；场域空间；空间栖居语汇

传统村落是中华民族历史传承的载体，具有重要的历史文化记忆、审美特色和旅游开发价值。随着国民经济的高速发展，传统村落在城镇化的进程中面临着巨大的挑战与威胁：村落人口外迁，村落"空心化"愈发明显；民居建筑年久失修与无序修建，传统村落风貌遭到严重破坏；依附于传统"农耕文明"的非物质文化遗产日渐式微。[1] 因此，对古老村落的保护与发展，对地域历史文化记忆的传承变得尤为迫切。

一、店头村石碹窑洞传统村落风貌与资源整理

（一）区位与风貌

店头村地处于山西省太原市晋源区风峪沟，距离太原市区只有20公里左右，交通十分便捷，是晋阳古城西大门的一处军事咽喉和屯兵之地。[2] 风峪河自西向东流经古村落，两边分别为蒙山与龙山，使得整个古村落布局呈自西向东线形延展。店头村以东西作为轴线，村落中绝大部分巷道都与东西轴线相对垂直。整个村落的地形西高东低、北高南低，古村落背靠蒙山，坡度较缓。建筑采用层层退台的设计手法依山而建、错落有致，形成了与地形完美结合的空间格局。村前有风峪河流过，隔河对面是龙山，收风挡气。

（二）独具特色的地域建筑

店头村东侧的民居形式主要以20世纪六七十年代的建筑为主，大部分建筑有独特的风格、保持着明清时期原貌。建筑的布局形式将店头村的通风、排水、交通流线分隔出来，无不反映出"道法自然，天人合一"的思想（图1）。

图1 村落现状建筑及环境

店头村西侧的民居形式主要以石碹窑洞古建筑为主，保留了大量

功能丰富、结构形式完整、风格独特的石碹窑洞，最早的建筑可追溯到两千年前。店头村西侧为古建筑核心保护区，核心保护区用地面积约为43450平方米。原有3000多间石碹窑洞，保存较完整的有460间，其中二层窑楼有35间（却敌楼、紫竹林寺、戏台、忠魂居、石木居、从古居等为代表）。

（三）历史环境要素

传统村落拥有丰富的传统资源，蕴含着丰富的历史文化信息。每一座蕴含传统文化的村落，都是活着的文化遗产，体现了一种人与自然和谐相处的文化精髓和空间记忆。[3] 店头村历史遗存较多，包括古寺庙（紫竹林寺、文昌宫等）、戏台、古驿道，现存历史环境要素多以石制品为主，包括石碾盘、石槽、石碑以及村落内的古井等。现仍遗存一些古树，主要品种包括古柏树、古槐树、古松树、黑枣树等。众多的历史环境要素都续写着这里悠久的历史和传统特色。

二、店头村石碹窑洞传统村落现状分析与再生设计策略

（一）现状分析

随着村民的外迁，这里已成为名副其实的"空心村"。长期以来，村落整体环境和特色建筑未受到相关部门和文物保护单位的重视，建筑长期受到风雨侵蚀和自然灾害的破坏，无人维护，存在坍塌等安全隐患；村内植被生长杂乱，未进行有效的管理与维护，村落整体环境较为破败；村内基础设施不完善，食宿配套、活动场地、停车配套不足等问题，这些都较难适应今天乡村旅游发展的要求。

（二）设计策略

1. 风貌重现——恢复历史环境

再现传统村落风貌，依托传统村落的自然环境，对村落进行整体保护。消减影响村落传统风貌的不利设施和项目，提高村落的整体环境和景观的传统特色，通过适度的节点调整和景观走廊的建设，重塑村落"山、水、古村"相融的景观文脉。[4]

2. 环境再现——融入本地自然的乡土再造

首先，延续原有的村落空间组织，保留村落原有的交通流线和空间布局，维持村落古巷道的分布、走向、宽度等，保护各巷道的传统风貌。

延续石碹窑洞特有建筑风貌，修缮以河卵石砌筑的建筑各界面以及地面铺装的材质与形式等。其次，进行景观节点的营造。对村落公共空间中景观小品的布设在风格、材质、色调、体量等方面应与周围环境协调。最后，在风峪河河道的治理中，注重对河道生态的保护，驳岸仍使用当地的河卵石砌筑，与村落整体环境协调。同时应保留原有古树周边相关生活场景等历史环境要素。

3. 文化再生——传统乡土文化的重建与创新

传统村落文化因不同地域环境、不同地域历史而呈现差异性，对村落文化的保护需要适应新的社会发展和新的功能需求，在传承过程中坚持动态优化，既保留传统文化的原真性，又在不断发展中体现它的适应性。完善文化旅游功能，恢复古驿道、古戏台等历史节点风貌，展示村落历史、民俗等多元的文化特色。

三、文旅融合背景下的传统村落环境再生设计

党的十九大提出"乡村振兴"战略，为店头村传统村落的保护与发展指明了方向。结合店头村古村落的环境现状，本次设计的重点在于保留村落传统空间，保护地域文化的原真性；结合现代乡村旅游的需求打造具有特色的开放性空间；在延续传统村落原有轴线的基础上，增加富有特色的公共空间节点，为传统空间注入新的活力。

（一）融入文旅理念，完善服务功能

设计以"山（蒙山与龙山）、水（风峪河）、田（玉米、高粱田）、园（石碹窑洞院落）、人（游客、村民、手工艺师傅）"五要素合一为理念，整合传统村落历史及现状景观资源，拟重点形成以下主要特色功能的乡村旅游：丰富的军事活动体验场地、影视活动体验中心、手工艺文化商业街、艺术家活动中心、特色窑洞民宿、窑洞手工艺体验展览馆等，融文化展览、民俗体验于一体，把这里打造成为一个可游、可乐、可居的新型传统村落。

（二）恢复村落活力，延续乡土记忆

设计从提升空间活力的开放性、保护传统文化的原真性出发，以"缘"为主题，结合历史文化背景及村落环境的空间特点，拟提供多项活动的可能性，以满足游客参观与体验的多重需求。（图2）

① 高粱玉米农田 ② 停车场 ③ 入口广场 ④ 游客接待中心 ⑤ 砌窑楼—历史展览博物馆 ⑥ 紫竹林寺 ⑦ 店头商业街
⑧ 戏台 ⑨ 从古戏 ⑩ 多功能活动广场 ⑪ 采摘农事体验 ⑫ 登山悬桥 ⑬ 水帘溶洞 ⑭ 公共卫生间
⑮ 垂钓体验区 ⑯ 水上观光悬桥

图 2 传统村落改造平面图

（1）"缘"艺——人文体验（历史文化、手工艺文化、晋商文化、民俗文化、手工艺体验馆）；

（2）"缘"生——乡村生活（采摘体验、垂钓体验、田园种植体验）；

（3）"缘"享——生态体验，享居（客栈、民宿）、享活（活动广场、庙会）、享游（乡村慢行、观光）。

（三）介入乡土文化，重塑文化自信

乡土文化扎根于生产生活，是村民精神层次的追求，同时也是新时代创新的沃土，充分利用好乡土文化元素，并将其作为灵感的源泉，是今天乡土景观建设的重要突破口。

1. "缘"艺——紫竹林寺节点

店头村地方性的民俗文化、活动、节庆等，赋予店头村鲜活的生命，形成了店头村一个又一个生动的特色展示元素。将富有特色的民俗文化传递给游客，从而激发游客的乡情与乡愁。

灯山节举行仪式主要在村落中心紫竹林到戏台之间，展示主体结构为"三点一线"。三点即紫竹林、中心广场、戏台三个功能节点，一线则为连接这三点的商业街。戏台采用与灯山、看台相结合的布局形式，再加上戏台右侧的灯山（365 个蜡烛）与紫竹林寺庙进行对望。这些要素综合形成了"缘"艺的整体文化轴线。（图3）

图 3 古村落的戏台，是重要的文化继承与传播场地

2. "缘"生——垂钓体验、采摘农耕体验节点

乡村生活必定伴随着乡村体验，此区域为一个下沉的亲水平台。游客可以在这里享受钓鱼体验，享受乡村自然气息，享受田园生态。此区域为店头村入口的垂钓体验区，它不仅有着垂钓体验的功能，还有着散步、休憩、观景的体验（图4）。

图 4 垂钓体验

此区域为店头村后的采摘农耕体验区,主要提供体验当地农作物农耕与果树采摘。(农作物:玉米、小麦、高粱;果树:苹果树、枣树、梨树)(图5)

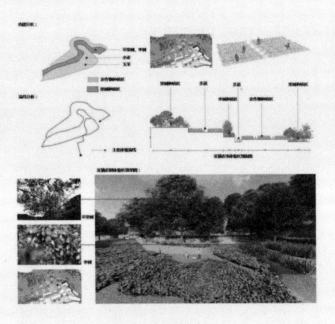

图 5 采摘农耕体验

3."缘"享——享居、享活、享游

(1)享居:店头村村落中的古民居主要以层楼式的石碹窑洞建筑为主,它们以单体窑洞组成基本单元,在水平及垂直方向以多种方式串联组合,形成了院落共享、生活共享的空间,这种组合方式极具空间特色。

(2)享活:整个店头村缺少一个可以聚众活动、表演的场所。设计根据石碹窑洞建筑群落的布局现状,拟在店头村最中心的场地建造一个多功能活动广场,既是农忙时村民打谷晒粮的场地,又是闲暇时村民文化活动的中心。(图6)

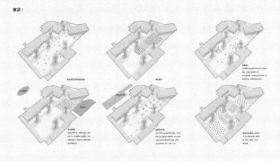

图 6 享活

(3)享游:设计设置了4种游客赏玩路线(文化展示路线、乡村体验路线、游玩路线、观景路线)来满足不同人群来店头村游玩的需求。

通过对店头村进行建筑风貌更新与景观功能更新,改造乡村文化景点,提升村民文化认同度,从而吸引村里的青壮年回村创业,促进乡村社会与经济的良性发展。

四、结语

在文旅融合背景下,乡村振兴的途径有许多,其中特色文化的发掘和文化空间的提升是乡村振兴的关键点,有特色的建筑文化和符号可以满足人们对旅游更高的精神要求。独具历史韵味的店头村传统村落,是今天业界学者、军事爱好者、影视活动爱好者、摄影爱好者探寻历史文化记忆的独特载体。在乡村振兴文旅融合发展的宏观背景下,村民积极响应,这里已逐渐有了复苏的景象。期望通过对村落环境风貌的整治、传统民居的修缮、公共空间的修复,为村落产业发展和观光旅游奠定一定的基础,通过规划设计的介入,再现店头村有2000多年历史的军事古堡的生机。

参考文献:

[1] 柳红波.人力资本视野下非物质文化遗产保护的微观机制研究——以四川理县桃坪羌寨为例[D].成都:四川师范大学,2012:42-43.

[2] 如意.山西店头村风峪关隘的风采[J].中华民居,2014,10:104-107.

[3] 仇保兴.深刻认识传统村落的功能[J].村委主任,2013,5:8-9.

[4] 吴冰鑫,邓宏.巴渝传统村落的空间特征与保护策略研究——以重庆巫山县龙溪镇为例[J].创意设计源,2018,6:67-72.

注:本论文为2022年重庆市教育委员会人文社会科学研究项目(22SKGH233)阶段性成果。

那文化影响的道路形态分析
——以东信村为例

林海根 莫钟裕

广西艺术学院

摘要：本文以具有那文化代表性的隆安县东信村为研究对象，将那文化影响因素分为了以下三点：农耕文化、生态观、农耕经济。进而对该村屯道路形态进行分析，道路呈现了曲折狭长性、中心发散式、环绕包围性。东信村道路形态深受那文化影响，使道路呈现自然系统般的形态，富有生命力。研究道路形态特征并发现矛盾对宜居环境的建设有重要价值，同时发展那文化，对于践行发展乡村振兴、提升我国文化软实力、增强民族自信心有着重要作用。

关键词：那文化影响；隆安东信村；村屯道路；道路形态

一、那文化的内涵及东信村基本情况

（一）那文化的内涵

"那"，在壮语里是"田"和"峒"的意思，泛指田地或土地。那文化本质上就是稻作文化，与水稻的时间联系已成为整个壮族文化提取的关键。在悠悠历史长河中，壮族祖先通过一些神话传说，赋予了稻谷生命力和神奇性，比如在广西崇左龙州县比较出名的《九尾狗》（又称《谷种与九尾狗》）的故事，大致的意思是：有一只九尾狗冒着生命危险去到天宫，用尾巴粘来谷种到人家，这才有了谷种的播种、发展。随着科技的发展，中国科学院的韩斌等人在《自然》杂志上发表论文，称人类水稻种植的历史溯源在广西[1]。壮族学者梁庭望也指出，早在 10000 年前，壮族先民就将野生稻驯化为栽培稻，从而在我国稻米文化中加入了珠江流域的起源理论[2]。综上所述，"那文化"是指中国农业文明时代，通过长期的人工培育，驯化野生稻和栽培稻，通过历史的再生产，逐步形成以稻田为基础的文化，而那文化中涵盖了关于稻田的一系列衍生物，最主要则是农耕文化，其次为农耕经济、生态观等。

（二）东信村基本情况

广西壮族自治区南宁市隆安县是我国历史最悠久的水稻种植区之一，有骆越民族最古老的稻作文化，在"那"文化中，隆安县是以"那"命名最多的地区，122 个自然村被命名为"那"，比如那廖、那落、那坝、那下等。近年来，通过考古发现和专家学者的研究，广西隆安县以其独特而丰富的文化民俗遗迹成为"那文化"的中心。东信村地处于隆安县城厢镇东南约 35 公里，属丘陵地区。共有 20 个自然屯，22 个村民小组，总户数 651 户，总人口 3060 人。耕地面积 3705 亩（其中水田 1111 亩，旱地 2594 亩），人均耕地面积 1.21 亩。林地面积 47181 亩。东信村 22 个自然屯零星分布，其中以村委会为中心而聚居的村民小组最多，其余则东零西散地分布于东信村四周。东信村 22 个自然屯中，除去五个瑶族自然屯，其余全是壮族自然屯。从村委实地考察中，发现东信村聚落形态为不规则状，且聚居最为密集的区域位于聚落中心上方，各屯之间分布较为分散，且基本围绕着农田分布。由表 1 和图 1 得知，农用地及生态用地占总体用地类别的主要成分。由此可推测得出，东信村中部及东侧居民活动较为密集，是围绕传统稻作而建立的聚居，故为那文化的典型村落。

序号	类别	面积
1	耕地保有量	419.24
2	永久基本农田面积	485.49
3	生态保护红线规模	2682.61
4	乡村建设用地	46.83
5	农村宅基地面积	36.76

隆安县城厢镇东信村 2020 年土地利用情况（单位：公顷） 表1

图 1 农用地 / 生态用地 / 乡村建设用地比例

二、那文化对道路形态的影响

（一）农耕文化影响

分析道路过程中（图2），发现了村落道路依据农田而变化，整个路网是被山—田—聚落包裹的形态，形成了独特的道路秩序层次感，富含街道美学中的图形与背景的可相互调转性，同时具有中式的曲线浪漫[3]。用传统划分空间定义上的内部空间与外部空间去分析，对形态特征上的观察可看出稻田是宏观意义上的外部空间，具有自然的曲线韵律。

图 2 道路农田影响

图 5 村落地形卫星图

由此可以得知,村落道路深受农耕文化影响。通过分析道路主要受到稻田的布局而主动性变化(图3),由此推断农耕文化影响对道路形态起到了关键性作用。从建筑文脉角度去分析,建筑文脉受地理气候、民族文化、生活习俗、历史演变等的影响,对聚落这一个系统进行分析农耕文化的影响显得更为明显,那文化聚居具有独特的自身文化识别性,道路形态上也是对农耕文化的合理化反映[4]。那文化包含了农耕文化,而农耕文化是那文化不可或缺的一部分。

由此得知,村落道路还受到地形的影响,起决定性作用,体现了那文化的生态宜居观,是对于地形本身去尊重及适应形成的适应化结果。由于稻作发展力不足的原因,因地制宜则选址较大的平原为聚落中心(图6),并继续向外寻找较为平缓的地形发展,除经济性考虑没有依山而建之外,也是农耕文化的驱动下先民更需要在平原种植稻谷进行生存,是各方面习俗适应自然形成的结果,如民俗、节日、知识决定了当地居民选择平原,进而形成那文化的生态宜居观念。因此,考虑地形因素是生态观影响下的结果。

图 3 局部村屯航拍

(二)生态观影响

通过卫星图及实地调研,再提炼地图分析(图4、图5),东信村的路网结构依据地形进行变化。在提取道路路网时可发现,除村屯中心有较大平原形成较为密集的交通网之外,其余的道路分支距离村屯中心较远,以及向公路的延深较为崎岖,从根本上来说是受到地形限制。由于地形的限制,村屯之间的距离也取决于地形,东信村山脉居多,平原较少,聚落会建在更为分散的盆地中。路网也会沿着山脉进行自然的弯曲。

图 6 航拍那廖上屯地形

道路还受居住区的影响,是围绕着居民的基本生活需要及宜居环境追求的体现。从路网分析可以看出,道路围绕着人类住宅进行环绕穿插布局,进行互相联系,但人类居住区又与稻田紧密联系、和谐共存,在居住区又穿插着农田,体现了良好的生态宜居环境(图7、图8)。在进行实地考察中可见,在道路中人类居住区与自然生态环境和谐共存的美好景象,山、林、田、人和谐共处。综上所述,生态观是那文化的重要组成部分,仍然体现为受那文化影响的村落道路。

图 4 道路地形影响

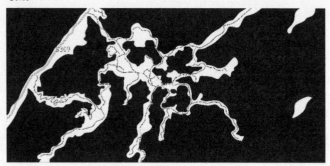

图 7 村屯局部聚落风貌

图 8 村屯局部航拍风貌

（三）农耕经济影响

村落还受经济发展的影响，其中以那文化为核心的农耕经济影响最深。由道路路网形态分析得知，向外扩张的道路较为崎岖，但同样也体现出极强的生命力。弯弯曲曲向外扩张的道路体现了那文化先民艰苦奋斗求发展的可贵精神，农耕经济需要发展，需要获取更多的良田，故村落道路像树的脉络一般，以汲取更多的资源和土地进行耕种劳作。道路止于省道二级公路，是向外界输送稻作经济作物及那文化交流的新鲜血液的体现。经过路网提炼分析（图 9），在得到向外的稳定交通，道路形态就开始趋于稳定，并向内继续发展农耕经济。

三、那文化影响下的道路形态特征

进一步通过东信村土地利用规划图得知（表 2、图 9），现有乡村道路与交通设施用地占乡村建设用地的比例为 5.93%。依据前面的分析及实地考察等研究手段，笔者得出道路的形态主要具有以下几个特征。

隆安县城厢镇东信村乡村建设用地分类及面积比例　　　　表 2

序号	乡村建设用地分类	面积（公顷）	比例（%）
1	农村宅基地	36.76	63.89
2	乡村产业用地	16.24	28.22
3	乡村公共管理与公共服务用地	1.13	1.96
4	乡村道路与交通设施用地	3.41	5.93

（一）道路呈中心发散式

由路网提取得知，整个路网中心地带道路较为密集，且向四周方向都有延展，而道路角度反映的是道路延伸的方向及拓展范围，呈四周发散式布局的目的是进行各个村屯聚落的连接，而向东的道路则主要是进行对于主要二级道路的连接谋求发展，道路的延展形态更具有目标性（图10、图 11）。

总体来看，可以看出道路的中心发散形式都是在利于中心聚落的发展且与周边聚落相互补足，再输送经济向外，显得格外具有生命力，类似于细胞之间的养分进行互相输送及与外部连接，是那文化对于农耕经济发展起的作用。

图 9　东信村土地利用规划图

图 10　东信村道路路网　　　　　图 11 聚落地形卫星图

（二）道路形态具有曲折狭长性

道路的狭长性是道路在不同外部制约条件下拓展模式的体现[6]。依据之前类型学对路网的提炼分析，以及通过卫星图对主要村屯之间的直线距离测量（图 12）和主要村屯及 S309 省道之间实际行驶距离的分析（表 3），可得出结论，村屯之间距离较为 长，大部分村屯之间距离达到 5 公里以上，甚至有部分村屯将近达到 10 公里，是那文化及现实因素如地形、现代经济发展等的综合作用下形成的结果，也是在不断地扩大距离范围开垦良田从而利于农耕经济的发展。同时，道路的曲折度是道路延伸过程中适应外部条件的体现，道路多在山地曲折迂回而向外发展，尤其是在路网的东南侧路段表现得尤为明显，地形的高差变化多、农田形态的不规则状、多个聚落组团的不规则状，致使道路呈现抖动式曲折状，其顺应了地形的变化、农田的形态、聚落的形态，是那文化内涵中的生态观及农耕文化、经济的影响。

图 12　道路直线距离测量及方位角

（三）道路具有环绕包围性

道路在村屯聚落处为环绕包围式形态。此外，还对于山地地形及农田呈现了包围式形态，其更有利于交通上的可达性。对聚落的包围是利于居民的来往交通缩短地理距离，对山地地形的包围是对自然环境的顺从，对农田的包围是更好、更快地进行耕种作业。根本上来说，依然是那文化中的生态宜居观及农耕文化、经济的体现。

主要村屯及 S309 省道之间实际距离测量表（单位：公里）　　　　表 3

序号	名称	S309	内可	那廖	陇荷	陇茗	陇旺	甲芝	垌平
1	垌平	3.0	4.1	1.9	5.6	2.3	4.1	5.3	0
2	甲芝	8.2	9.5	7.9	9.4	3.1	1.6	0	5.3
3	陇旺	7.0	8.3	6.1	8.2	1.9	0	1.6	4.1
4	陇茗	5.1	6.4	4.2	6.3	0	1.9	3.1	2.3
5	陇荷	8.5	9.7	7.5	0	6.3	8.2	9.4	5.6
6	那廖	3.4	4.6	0	7.6	4.2	6.1	7.3	1.9
7	内可	1.3	0	4.8	9.8	6.6	8.5	9.5	4.3
8	S309	0	1.3	3.4	8.5	5.1	7.0	8.2	2.9

四、研究意义及未来展望

通过研究我们可以更加明晰那文化对道路乃至聚落的影响，提升那文化的影响力及内在驱动力价值，为乡村振兴提供具体方向，在探索中发现问题及矛盾，以学科群的视角为打造宜居环境提供可行建议，并做出更为合理化的调整措施[7]。从其发展趋势观察，道路的形态发展是自发的，是各种条件综合作用形成的，但在新时代语境下，并不是最理想的。如今的道路形态发展使得各村屯距离相距甚远，多个村屯及省道之间的距离达到了 5 公里以上，对当地居民之间的交流产生了无可厚非的影响，延长了通勤时间，降低了当地居民的幸福感[8]。应当进行适当的人为干预，改善道路形态对通勤时间的影响，拉近居民彼此之间的距离，增强文化、经济等各方面联通，共建美丽宜居乡村。

在可预测的未来，文化的重要性与日俱增，地域特色文化也在设计中更凸显其重要性，在设计过程中对于地域文化较为全面的研究必不可少，那文化的价值及影响力在中华大地乃至全球将更加熠熠生辉。

参考文献：

[1] 李雷莉 . 广西少数民族图案纹样的"那文化"探究 [J]. 艺术家 ,2021,(5):142-143.

[2] 覃圣云 . 那文化在当代社会的传承与思考 [J]. 传播与版权，2020（1）：144-146.

[3] 卢原义信 . 街道的美学 [M]. 南京：江苏凤凰文艺出版社，2017:127-140.

[4] 陶雄军 . 广西北部湾地理环境与建筑文脉 [M]. 南宁：广西人民出版社，2013:5-7.

[5] 吴良镛 . 人居环境科学导论 [M]. 北京：中国建筑工业出版社，2001:240-241.

[6] 杨涛 . 不同形状类型乡村聚落道路平面形态量化研究 —以陕南地区乡村聚落为例 [J]. 陕西理工大学学报（自然科学版），2022, 38(1)：58- 64.

[7] 谭文勇，江媛，彭小霞 . 西南山地住区道路形态的变迁与启示 [C]// 中国城市规划学会，杭州市人民政府 . 共享与品质——2018 中国城市规划年会论文集（17 山地城乡规划）[M]. 北京：中国建筑工业出版社 ,2018:259-268.

[8] 吴江洁 . 城市通勤时耗对个人幸福感与健康的影响研究 [D]. 上海：华东师范大学 ,2016.

基于莫里斯符号语境下壮锦品牌应用设计研究

张梦棋 梁志敏 林海

广西艺术学院

摘要：本文将查尔斯·莫里斯符号学观点为理论框架引入以广西壮锦纹样文化为标志的品牌设计，探究广西地域非遗类文创品牌设计的创新方法，以符号学为出发点，探究莫里斯符号与壮锦的关系、壮锦与品牌应用设计的关系、归纳出莫里斯符号与壮锦应用设计的关系，以广西壮锦为实例开展应用设计实践研究。通过分析壮锦内部的文化符号，提出壮锦既是广西文化符号的载体，又是广西物质文化的本身。最后将广西文化符号通过语义、语形、语用三个维度将广西品牌归纳为认知、设计、传播三个阶段，推动广西壮锦和广西文化符号的传播，促进中国传统文化和少数民族文化的发展与繁荣。

关键词：莫里斯符号学；广西壮锦纹样符号；壮锦品牌应用设计

一、莫里斯符号学引入广西壮锦品牌设计流程的思考

非遗的活态传承和保护是当代全球范围内的文化共识，近年来国家发布了大量关于保护非遗的相关政策，强调活态传承，发展文化产业。壮锦，是广西特有的非物质文化遗产，作为第一批列入国家级的文化遗产，它与云锦、蜀锦、宋锦并称为"中国四大名锦"，是广西少数民族传统手工艺的代表之一[1]。

美国符号学家查尔斯·莫里斯（Charles William Morris）提出符号学由语形学（Syntactics）、语义学（Semantics）和语用学（Pragmatics）三个分支学科组成，其中关于符号学的观点形成了符号学的基本框架，分别从三个分支学科中符号的形态、释义和使用研究符号的问题[2] 在莫里斯的研究基础上美国符号论美学家苏珊·朗格认为艺术是一种特殊的符号，是人类情感符号形式的创造，符号理论的不断发展，最终衍生出设计符号学，对品牌设计、装饰设计等中符号的构建和意义的阐释具有重要指导作用。

广西壮锦作为一种具有代表性和可识别性的文化资源，它是由许多文化符号和传统布艺组成的。从设计的角度来看，壮锦既属于文化符号的载体，又是非遗文化产品本身，还是设计之源。壮锦是广西众多文化符号系统的物质载体，通过设计形式可以实现文化符号的解码和传播，将文化符号的内涵通过壮锦的形式向大众传播，设计最终可以将内涵和形式更好地结合在一起，实现广西文化符号的整体化、内涵化。设计是发现问题和解决问题的过程，广西壮锦品牌设计与其他品牌有很多不同，其中最重要的就是壮锦依托文化符号的传播实现文化消费和品牌消费。因此，笔者将本次广西壮锦品牌设计过程分为发现问题、定义问题、设计开发、传播推广四个阶段，从品牌设计和地域文化两个层面入手，将莫里斯符号学观点引进设计流程，并作为广西地域品牌设计实践的指导框架，从语义、语形、语用三个维度对广西地域品牌的文化进行分析，在语义的角度分析其文化的内涵和悠久的历史，聚焦地域文化设计主题；在语形的角度分析其符号的形式特征，赋予产品其文化价值和认知价值；在语用的角度分析其消费者的文化消费观念，利用文化价值引导符号化消费，传播地域文化[3]。基于莫里斯符号学壮锦文创品牌设计流程（图1）。

首先，从语义学角度探查并梳理壮锦文化的现状，从深层次挖掘出莫里斯符号与壮锦的关系、壮锦与品牌应用设计的关系，归纳出莫里斯符号与壮锦品牌应用设计的关系，解读其中的内涵意义，从而开展调研壮锦品牌的市场需求与设计方法的构思，发现问题、关系，并定义问题、链接符号学与壮锦之间的关系，归纳设计问题与设计概念；接着从语形学的角度选取壮锦的文化符号，分析文化符号元素的形态和构成，凝练

成符号的形式特征，进而采取结构、提取、编排、重组等设计手段，将装进的文化符号故事转化为可被感知、接受、理解的品牌形式，赋予品牌文化价值；最后，从语用学的角度设计产品的品牌传播体系，确定壮锦品牌的消费模式，设置文化的场景宣传，引导文化符号消费，丰富文化概念。通过设计流程重新梳理壮锦品牌，以系统的设计方法实现壮锦品牌文化符号意义的解释、形态呈现与传播使用，从根本上提升壮锦品牌的文化价值[4]。

二、以广西地域文化展现以壮锦为核心要点归纳

（一）语义学角度解读并梳理壮锦文化内涵，聚焦设计主题

从符号学的角度来看，艺术作品可以被看作一种语言符号，同时它本身也可以被看作由多种符号结构组成。莫里斯认为艺术符号可以看作类象符号，类象符号指的是被指对象和本身具有某些相同特征，其独特性在于符号本身就可以传达某些社会价值[4]。壮锦上面的纹样在早期产生的时候只是壮族人民对客观事物的看法，或者说可能是对审美的一种向往，随着社会的发展，壮锦的多少与纹样种类样式就成了当地人民夸富的资本，由此就产生了壮锦各种各样的纹样，也搭建了符号学与壮锦之间的关系。

艺术来源于符号，符号造就了艺术。根据莫里斯符号学的理论思考广西壮锦符号文化的品牌设计，首先需要将广西地域以及壮锦上面的纹样进行纹饰符号内涵分析，解读壮锦背后符号的含义。将背后的文化含义定义为广西地域文化符号，依照文化符号作为设计的重要前提，使设计师把注意力从壮锦符号本身的编排转向到壮锦文化的内涵，设计需要充分从文化层面对广西壮锦文化进行梳理，概括其最具有代表性的符号形式，结合受众需求把文化符号和壮锦更好地结合在一起，最大限度地将形式和内涵做到完美化。在语义学的视觉下，确保文化符号融入到品牌设计当中，使壮锦品牌能够成为受众解读地壮族文化符号的重要载体。

（二）语形学角度提取壮锦文化符号的形式特征，赋予品牌认知价值

以壮锦文化为主题的品牌设计应用在设计层面需要更多地关注现代人对产品的需求，从符号学的角度选取大众可以接受并且能够认知的广西地域文化符号，提取具有代表性的美学特征、运用抽象、结构、重组等设计手法形成高度提炼的视觉元素，进而确定产品的风格、结构形式、载体等。接下来依照文化符号吸引受众群体，使受众从主题体验、文化

体验、感官体验、纹样符号体验、视觉体验、情感体验及综合情境体验等七个体验路径得以感受，最终满足受众群体的情感需求和文化需求。从而更好地提升产品的实用价值、审美价值和品牌价值。

（三）语用学角度引导壮锦品牌的符号消费，传播壮族文化

相对于一般的品牌设计而言，纹样符号品牌设计更具有其特殊性，即带有传播文化的特殊功能。在新时代的背景下，文化消费比起之前的产品消费更具有说服力，是因为文化背后的"符号意义消费"，通过文化符号价值的建构使消费者在符号消费中获得文化消费的作用，新的背景下这就是人们更愿意为文化价值买单的原因。只有将广西地域纹样文化凝结起来然后赋予符号意义、赋予品牌价值，结合新媒体的作用形成一种新的视觉体验，才能不断巩固广西地域壮锦品牌的固有的形象。

在品牌应用设计方面符号学只是其中一种方法，文化符号的品牌设计需要地域特有的文化元素，品牌设计作为一种产品的媒介，一定要依托于文化内涵，只有将文化内涵经过符号的转化才能更好地运用和传播。[5]面对优秀的广西壮锦文化，活态传承是提升产品附加价值最好的办法，也是传播优秀地域文化的有效途径，如何做到活态传承就需要分析文化符号与品牌的产品设计之间的关系，得出品牌下系列产品设计是实现地域文化与创新设计相结合的重要方法[6]。

三、广西壮锦品牌设计实践

本文尝试以广西壮锦品牌设计实践为例，以图1所示的设计流程为指导，具体说明如何从语形、语义、语用三个维度将地域文化符号的解读、认知、传播与品牌设计紧密结合，为广西壮锦品牌设计的要点提出奠定基础。

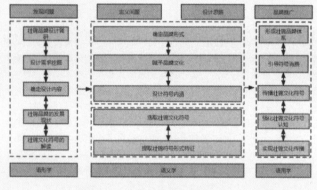

图 1 基于莫里斯符号学壮锦品牌设计流程图

（一）发现问题阶段

此阶段主要集中在对壮锦品牌设计的现状调研、设计需求的挖掘上，从而确定设计主题。通过大量文献资料与实地调研，了解到目前广西壮锦品牌设计现状。

(1) 广西壮锦纹样文化积淀深厚，壮锦种类丰富多样，但是未形成统一的格式与统一的认同感。(2) 壮锦产地主要集中在广西的靖西、南宁、宾阳一带，生产区域分布较为零散，导致整个产业比较分散，相当一部分企业仍处于初级阶段。(3) 壮锦产品单一，创新不足，从壮锦发展至今大多数是生活用品和工艺品展现在人们的面前，纹样、色彩、纹路、样式、色彩都是比较传统化，并且同质化特别严重（表1）。

壮锦种类特征分布图　　　　　　　　表1

壮锦纹样类别	纹样类型	文化内涵
几何纹样	点线面组成的方格、三角、八角菱形、圆形、多边形等有规则的图纹	几何纹样作为意象表达，显示的是图腾观念或者某种秩序感
艺术字纹样	寿宁纹、囍字纹、回字纹、井字纹、田字纹、王字纹、山字纹	汉文化吉祥寓意图案中的一种表现形式——艺术字，在壮锦文化上也有存在
植物纹样	崇拜花	生殖崇拜观、人丁繁衍
动物纹样	各种动物造型的纹样	青蛙是雷神的儿子、十件壮锦九件凤，活似凤从锦中出
主题纹样	壮家人编织过程中从来不是单一纹样	组成一个主题性的纹样以表达壮家人的情感文化

（二）定义问题阶段

根据大众的需求，在构思设计主题的时候一是要强调广西壮锦的符号特色；二是着重选择耳熟能详、易于转化的文化符号；三是选择性价比较高、实用性较强的品类。经过总结归纳，将广西壮锦品牌设计的主题定为"壮美广西"。

针对已整理的壮锦文化符号按照其语义、语形并结合受众需求筛选，对于体现为具体视觉形式的文化内涵符号，主要采用现代设计手法进行解读、提炼视觉符号。

针对壮锦设计完成后在品牌方面的传播，需要使用大量的多媒体平台，通过不同媒介最快地传达壮锦品牌，在产品的具体推广方面，利用AR、VR 等先进技术构建出虚拟符号场景，让大众体验当时壮族人民如何勾勒出壮锦纹样的劳作场景和生活场景，通过这种体验让当代人可以感受到壮锦纹样的魅力所在。

四、结语

莫里斯符号学如何在壮锦品牌设计中应用是我们值得去深思的问题，本文仅仅做了很少的研究，对于当下的问题，笔者还需要在接下来的壮锦学习中继续探讨。当下，广西各地应该做好统一性整治，将壮锦统一化、具体化、品牌化，只有这样才可以强调文化的特殊性，凸显广西地域文化的特色之处，抓住设计重点、突出文化内涵同样也是最为重要的。本文从莫里斯符号学理论语境下的语形学、语义学、语用学三个维度将广西壮锦品牌设计做了设计流程，接下来笔者打算从设计等方面体现广西壮锦的文化，为地域文化品牌设计提供一个具有创新性的视角从而推动广西壮锦文化的发展。

参考文献：

[1] 刘古月 . 广西壮锦非遗文化品牌建设研究 [J]. 西部皮革 ,2022,44(6):38-40.

[2] 李淳 , 孙丰晓 , 焦阳等 . 基于莫里斯符号学的地域文化文创产品设计研究 [J]. 包装工程 ,2021,42(20):188-195.

[3] 黄博韬 , 魏煜力 . 基于莫里斯符号学的非遗类文创产品设计——以南通蓝印花布为例 [J]. 设计 ,2023,36(4):38-42.

[4] 张良林 , 洪庆福 . 莫里斯美学符号学思想探析 [J]. 苏州大学学报 (哲学社会科学版),2015,36(2):166-171.

[5] 况宇翔 , 李泽梅 , 黄倩雯 . 基于知识图谱的文化创意产品研究热点和趋势分析 [J]. 包装工程 ,2020,41(18):154-164.

[6] 杨玲 , 李洋 , 陆冀宁 . 面向地域文化的系列化产品创意设计 [J]. 包装工程 ,2015,36(22):100-103.

"一分钟城市"理念下桂平骑楼街区更新策略

莫钟裕 林海根 陶雄军

广西艺术学院

摘要：城市历史街区能较完整地反映该城市某一历史时期的传统文化风貌与历史特色，同时也是现有的重要存量空间。然而，在城市更新背景下，存量空间的提质改造与未来城市人居环境发展的相关内容却鲜有探讨。本文以广西壮族自治区贵港市桂平市五甲街为研究对象，基于未来人居环境发展动向和"一分钟城市"理念中对于未来街区的规划构想，结合实地调研和文献研究等方法，分析该骑楼街区的现状问题，提出了适应该街区特质的更新策略：注重街区环境优化，提高街巷空间品质；注重产业优化，激活街区商业业态；注重服务机制优化，以科技赋能街区空间。以期提高街区人居环境质量，增强居民的认同感与归属感，也为具有类似特征的城市历史街区更新提供新的思路和借鉴。

关键词：一分钟城市；桂平骑楼街；街区更新；未来街区

一、引言

从 2012 年至 2022 年的城镇化率发展趋势可以看出（图 1），城镇化率明显放缓。国家的"十四五"规划明确城市更新行动是一条"将建设重点由房地产主导的增量建设，逐步转向以提升城市品质为主的存量提质改造"的内涵集约式高质量发展的新道路。因此，在城市更新的背景下，像骑楼街区这样的城市历史街区成为打造城市新形象，提升城市文化内涵，实现人们对于高质量人居环境需求的重要载体[1]。

同时，城市人居环境的内涵随着城市发展和社会生活需求增多变得越来越丰富。未来城市人居环境发展动向可以从近年来世界人居日所发布的主题和我国社会现状与建设实践推测得出，即围绕"人口老龄化""科技赋能""房企转型"展开，向着"全年龄层覆盖""智能化""生态化"发展。其基本遵循了以人为本、可持续发展、公平性等原则（图 2）。

首先，以广西壮族自治区贵港市桂平市五甲街作为研究对象，除了该街区具有地方性历史文化内涵，是城市重要存量空间以外，还具备居民人口结构偏向老龄化、街区环境治理和公共服务亟待提高改善等未来人居环境建设应当考虑到的实际问题。因此，将该街区作为对象进行改造与更新有一定的现实意义。其次，基于未来城市人居环境发展动向，又以"一分钟城市"计划对于未来街区发展的规划构想作为理论支撑和技术支持，使得本次研究具备一定前瞻性。最后，通过实地调研和文献研究等方法，解读该骑楼街区的现状问题以及真实需求，提出适应于该骑楼街区的更新策略，将更能满足居民对于高质量人居环境的需求，增强居民对于所生活街区的认同感与归属感，形成与未来美好融合的新生活模式，并为该骑楼街区以及其他具有类似特质的城市历史街区提供新的更新规划思路[2]。

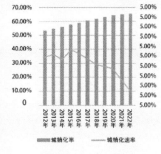

图 1 历年人口及城镇化率统计
（图片来源：国家统计局）

图 2 世界人居日主题

二、"一分钟城市"理念及其优势

（一）基本概况

2020 年，瑞典首次提出了"一分钟城市"计划，又称"街道运动"。这项计划允许当地居民共同参与规划，通过工作坊和社区协商，控制多少街道空间用于停车或其他公共用途[3]。并使用参与了"一分钟城市"计划的 Lunar 设计公司所设计的街具产品配合落地（图 3）。这个街具的概念源来于："乐高""宜家""我的世界"游戏等事物，所以以这些街具具有搭建、拆解、重建、增补等功能，是一个标准化、模块化、易拆卸的设计产品。它由硬松木制成，于 2021 年正式推出，是一套能适用于各种标准停车空间的街道家具，这些街具还可以灵活嵌入街道并根据绿化、休憩、老人或儿童活动等空间需求做出适应性调整，也可以独立设置，或者延绵整条街道（图 4）。

图 3 瑞典"一分钟城市"概念图
（图片来源：网络）

图 4 瑞典"一分钟城市"街具图（图片来源：网络）

截止到 2021 年末，该项计划在瑞典的斯德哥尔摩四条街道收获实践成果并撰集成册。目前，该项计划仍然如火如荼地进行，另外还有三个城市也即将加入。计划到 2030 年，实现瑞典的每一条街道都得到重新思考和改造，并且都是健康、可持续和充满活力的愿景。

（二）"一分钟城市"理念的优势

"一分钟城市"计划不同于 2020 年全球爆发公共安全问题时最热门的"十五分钟城市"概念。"十五分钟城市"的目标是建立一个网络化的城市空间，让居民能够在出行十五分钟的范围内满足至少90%的生活需求，实现去中心化城市的愿景。然而，在实践中，"十五分钟城市"的建设大部分还是自上而下的政府行为。同时，该概念下的网络化城市相对比较庞大，还需要考虑具体到每条街道和人的关系，颗粒度相比之下太细了，从投入和产出比例来看，这显然不是最优解，最后只能停留在倡议上 [4]。而"一分钟城市"的规划构想，其实就是将"十五分钟城市"概念下构建的较大网络化生活空间分解为数百个街道，以最小的规模进行改造。这个"一分钟"并不受字面意思限制，仅从街道层面考虑，意在表达街坊邻里的关系。

在当下，战略性打造街区空间同样对未来具有深远意义。尽管更小的规模意味着无法满足"十五分钟城市"所提及的满足90%的生活便利，但是却能让你与邻里的关系更加亲密，这样的街道文化正是形成城市文化的关键。"一分钟城市"理念配合街具将人的需求落实，而根据需求不同，同一街道也可以有不同的更新方案，例如加入季节性的元素或加入街区特色文化。相比千篇一律的永久方案，这种临时性的街道装置或许更受人青睐。

三、"一分钟城市"理念在国内城市更新中的可行性

（一）我国城市更新建设实践

在国内，也有类似于"一分钟城市"计划的实践，称为"口袋公园"。2022年7月底，住建部发布《关于推动"口袋公园"建设的通知》（以下简称《通知》）。《通知》中提到要坚持以人民为中心的发展思想，充分认识"口袋公园"建设对于拓展绿色公共空间、方便群众就近游园的重要作用，要持续为群众办实事，推进2022年全国建设不少于1000个城市"口袋公园"。"口袋公园"的建设，选址比较灵活，利用城市的"边角料"打造绿色空间，给城市增添绿意。

虽然"一分钟城市"计划和"口袋公园"都意在打造便民空间。但前者，更致力于增进邻里关系，塑造街区文化，面对未来城市人居环境"全年龄层覆盖""智能化""生态化"的发展趋势更为贴合。而后者，功能结构较为单一，同质化严重，适应可持续发展能力较弱，很难有创新空间。

（二）"一分钟城市"理念在骑楼街区更新中的可实施性

由于历史发展背景的影响，大部分骑楼街区的街巷空间较为狭长，骑楼建筑较为密集；且城市的迅猛发展，致使骑楼街区当初的城市功能不再，生活环境也逐渐衰败；还有人口结构变迁、人文情怀缺失等因素，都限制了骑楼街区的活化更新和人居环境质量的提高。

而"一分钟城市"计划中模块化的街具能够较为灵活地嵌入狭长的街区空间，形成人与城市衔接的过渡空间，刺激当地居民进行户外活动，增进邻里关系，培养街区文化；"一分钟城市"理念中允许居民共同参与街区空间规划的原则，以及街道家具有覆盖全年龄段需求的功能特性将有效提升街区生活环境质量，从而稳定该骑楼街区的人口结构，避免人口大量迁出，骑楼特色人文彻底流失。特别是在当下，进一步增强街区空间的韧性与可持续性，将会更好地顺应时代的发展。

四、桂平五甲街概况

五甲街位于广西壮族自治区贵港市桂平市西山镇，郁江和黔江交界处以西，是桂平市南北走向的城市次要道路。五甲街北起桂平市基督教会，南接城市主干道人民东路，全长约200米，街道宽度为7.5米左右 [5]。五甲街骑楼建筑风格为岭南常见的南洋风格，为典型的商住一体性质（图5）。

桂平五甲街骑楼兴盛于民国时期。在明末清初的战乱后，桂平市井萧条，门可罗雀。桂平是珠江水系中比较重要的一个县城，位于黔、郁、

图 5 五甲街区位分析图

浔、三江口，因此，当时的官府决定依靠水陆资源"招商引资"，招徕广东等地的商人定居行商，盘活桂平水运经济。直到民国时期，五甲街、上股街和下股街等街巷形成了规模成熟的骑楼街区，一度成为桂平最繁华的中心区域，由此带来的水运繁华一直延续到20世纪90年代。

近年来，桂平市城镇化发展进程迅猛，而未对骑楼街区采取保护措施，任由居民拆改搭建，大多数骑楼已经不复当初模样，其中下股街更是已被夷为平地。直至2021年，贵港市发布《贵港市第一批历史建筑保护利用规划》（以下简称《规划》），《规划》中将五甲街、上股街在内的桂平骑楼街区统称为桂平城中骑楼，并进行保护管控、维修修缮、活化利用等规范化管理。桂平市五甲街得以保留，亦成为留存得较为完整的骑楼街区。

五、调研方法与桂平五甲街现状分析

（一）问卷调查法

在桂平市五甲街的实地调研中，分别采用线上和线下两个渠道进行数据的收集，并对该骑楼街区各个年龄层居民采取抽样调查。共获取有关五甲街区更新问题问卷63份，有效问卷57份，无效问卷6份；其中，大部分问卷来自于五甲街居民，少部分为五甲街周边居民。通过问卷调查法，作者对该街区居民的生活状况和居民对更新骑楼街区的建议等一系列问题进行详细的询问与记录并整理成数据（图6、图7）。

图 6 五甲街调查问卷流程　　　　　　图 7 实地调研照片

（二）桂平市五甲街现状问题

1. 城市功能衰退，人口趋向老龄化

虽然五甲街相较以前得到一定程度的管控，但是依然未得到有效的整治，衰败迹象也日益加深。相关部门的不作为导致该街区的城市功能逐渐衰退，与周边环境联系减弱，失去了原有的经济中心地位。五甲街沿街商铺质量参差不齐，业态比例失衡，不足300米的街道，仅发廊就有五家之多，餐饮店也紧挨着废品回收站，严重影响了实体商铺的体验，造成商业业态低迷，因此，商业业态亟待调整与规划。此外，由于街区居住环境质量不高，部分有经济能力的青壮年人选择外迁，骑楼建筑或直接闲置或由老年人留守，除了正常生活需要，鲜有居民走动，街区缺乏活力。

2. 通行环境欠佳，环境污染严重

五甲街附近中小学较多，作为连接人民东路的捷径，五甲街经常会因庞大的人流量和车流量拥堵。同时，因缺少停车位的规划，众多商家或居民的小汽车、三轮货车等车辆均随意停靠在路边，导致该街区的日常交通通行只能使用一半的道路，还因经营者为扩大经营面积，骑楼连廊空间也被随意堆放杂物或增加内部高度，使得连廊内部通道被打断或高低不平，减少了人们的通行空间，从而出现人、车混合现象。因此，不管是街区居民还是路过的学生行走在其中都存在一定的交通安全隐患。较差的交通通行环境间接生成了噪声污染和空气污染等环境问题，居民生活幸福感也随之降低（图8、图9）。

3. 缺少绿色空间，生活品质较低

图8 五甲街路口现状图　　　　图9 五甲街内部现状图

目前，五甲街并无绿色空间和户外休闲娱乐空间，从而缺少了适应于老人或儿童的健身器材和娱乐设施，无法满足居民对于日常娱乐活动的需求。通过调研发现，大多数居民会选择前往文化广场和中山公园等骑楼以外的地方活动，使得邻里关系日渐疏远，街区文化流失（图10）。此外，五甲街中缺乏人文景观塑造，照明、标识等设施欠佳，导致居民整体的生活品质较低，归属感较差。

4. 骑楼风貌衰败，不具人文特色

通过对五甲街骑楼建筑的考察发现，五甲街现沿街骑楼有三分之一为年久失修、缺乏管控和维护的原始骑楼，其余三分之二为有过修缮的高质量改建骑楼或粗暴改建的低质量骑楼。骑楼外立面均无序安装广告牌、空调外机、防盗窗等杂乱装置，造成骑楼立面整体现状较差。值得注意的是，因年久失修沿街原始骑楼均存在较大的安全隐患，木头结构和窗户腐蚀严重存在坍塌风险。如再不及时进行人为干预，五甲街典型的南洋式骑楼风貌将不复存在，桂平又将减少一份历史的足迹（图11、图12）。

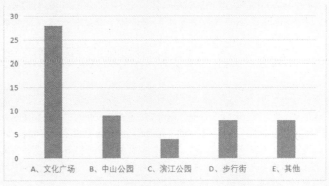

图10 五甲街居民日常户外娱乐目的地选择

图11 五甲街骑楼分析图　　　　图12 五甲街骑楼建筑现状图

六、"一分钟城市"理念下桂平五甲街街区更新策略

根据未来人居环境发展趋势和实地调研关于居民对街区未来更新设计的意见，结合桂平市五甲街现状问题的研判。针对五甲街的更新策略将从街区环境优化、街区产业优化、街区服务机制优化三个方面提出。以期该骑楼街区顺应时代发展，达成街区空间可持续发展、街区服务智能化、街区生态多样化的愿景，增强居民对于街区生活环境的幸福感。

（一）注重街区环境优化，提高街巷空间品质

1. 嵌入街道家具，活化街巷空间

为延续五甲街的历史文脉，建设街区文化，改善生活品质，增强当地居民的生活幸福感，需激活街巷空间，活化街区氛围，形成可持续发展的城市过渡空间。具体来说，就是遵循"一分钟城市"理念，即：居民参与街道空间规划的原则，灵活利用街具嵌入合适的街道路段和闲置空地，以街区绿岛的形式，为街道提供一个或多个可供居民自由支配服务功能的绿色休闲场地。换言之，它将承载居民对于街道车辆停车位、绿植种植、公共座椅等多方面需求。此外，街道家具具有标准化、模块化、易拆改的特性和搭建、拆解、重建、增补等功能，将适用于绝大多数的街道空间，并根据居民需求的改变，定期调整，又或是融入街区特色文化，实现"一街一色"，打造出可持续发展的街巷空间。在本文五

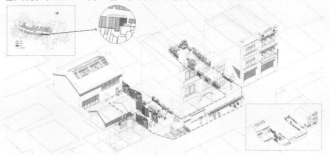

图13 五甲街街区街具设计意向图

甲街的设计节点示例中，还考虑了将部分老旧且特色不明显的骑楼进行拆除并联系街区中已有的闲置空地等实际现状，配合道路外的街区形成一个范围较大的活动空间（图13）。

从调研结果中得出，五甲街有87%的居民同意在街区中推行汽车限流，且有87%的居民赞同将家庭主要交通工具替换成小型新能源汽车和电单车。因此，利用街道家具打造过渡空间，既提升了街巷空间品质，又可实现汽车限流的构想。如本文研究场地五甲街，街道实际宽度约为7.5米，将街具统一标准，占据街道宽度2.5~3米，并不妨碍街道正常的通行功能，人的活动空间与车辆通行空间也得以区分、隔开，较好地实现了人车分流（图14、图15）。而通过限流刺激街区居民完成新能源交通工具的更迭，五甲街片区的噪声污染和空气污染将大幅降低，构成一个低碳、绿色、可持续发展的骑楼街区环境[6]。

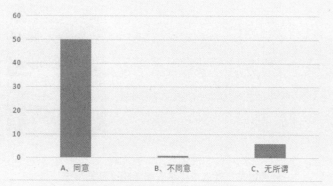

图 14 五甲街居民对推行汽车限流意愿

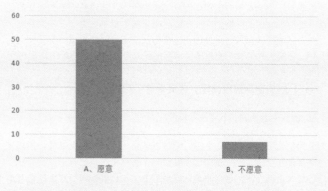

图 15 五甲街居民对汽车更迭意愿

2. 活用理念，整治骑楼风貌

"一分钟城市"理念，意在通过呼吁居民积极参与街区建设，从而凝聚街区文化，增进邻里感情。以街道家具为载体，凸显人文关怀和可持续发展。虽然该理念当前并未明确针对街区建筑本身进行规划与构想，但针对骑楼的整治和管控，依然可以采用"一分钟城市"理念的核心精神实现对五甲街骑楼的更新与再生。当前，对于城市历史街区更新的做法，很大程度上是政府自上而下的方式，这就忽略了老街区居民们的人文情感，居民对于更新改造后的效果往往不买单。因此，无论是街区环境的改善还是街区建筑本身的更新，都不应该完全忽略公众的想法。此次，关于五甲街骑楼的更新问题，43%的居民希望骑楼改造力度适中，36%的居民希望骑楼改造力度较小（图16）。从而，进一步得出五甲街骑楼的三个改造策略：针对衰败的原始骑楼，抓住南洋风格的基本特征，以修复原有风貌为主；针对高质量改建的骑楼，应清除私人改建、

杂物等现代结构和产物，融合南洋元素，恢复骑楼基本风貌；针对低质量改建骑楼，需挖掘改造可能性，结合骑楼元素，以新代旧[7]。这些骑楼再生策略，很大程度上确保了骑楼特征的修复和文化的延续（图17）。

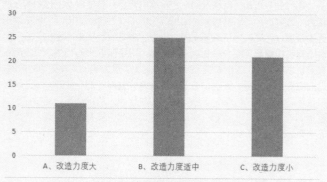

图 16 五甲街居民对骑楼改造力度意愿

图 17 五甲街骑楼改造效果图

3. 塑造人文景观，宣扬骑楼文化

人文景观的塑造，可以促进五甲街街区文化的建设，增强居民甚至是桂平公众对于家乡的热爱和文化的自信。在不对骑楼本身进行破坏的情况下，可通过街道家具作为设计载体，融合骑楼文化和骑楼元素设置街区互动装置。也可以通过举办"骑楼文化节"的形式，利用街道家具的特性和功能，结合老式电话亭、老式公交站台、老式灯具等道具设施，将街具空间打造成一个"年代小场景"，吸引人们来一场温馨的时空之旅。这样充满意义和趣味性的改变，既迎合了新时代信息网络的发展吸引青少年的关注，促进在骑楼商业消费，又可借此契机宣扬桂平骑楼街的文化，可谓一举多得。

（二）注重产业优化，激活街区商业业态

从宏观的角度来说，街道家具的生产、运营、管理、维护以及作为举办相关活动的载体，街具本身的实施在直接投资外就可以提供许多的就业机会。从微观的角度看，在不改变居民对于基础设施需求的情况下，将街道家具的装饰、宣传等服务租赁出去或者直接与周边文化、旅游、消费等产业融合，可产生巨大投入，进一步激发街区商业活力。同时，街道家具与骑楼街区的居民生活、城市品位等密切相关，依托街具进行公益教育、公益展演等公益活动，也会带动一部分经济效益；而将部分街具空间打造成为极具特色的网红打卡地，也会产生相应的蝴蝶效应[8]。

（三）注重服务机制优化，以科技赋能街区空间

在信息可视化的时代，智能电子设备成为人们日常生活中不可缺少的物品，因此，通过科技网络渠道，针对骑楼街区进行管理和服务，并不只是臆想。街道家具的实施，可以更好地对骑楼街区进行服务。具体来说，就是设置街区维护客户端，构建"街区管理中心—街区居民—外来游客"的基本模式，将信息展示屏等智能化技术安装在街具中，让街道家具成为连接管理中心和公众的枢纽。居民或游客都可以通过登录客户端将关于街区的建议、需求和评价发送出去，而街区管理中心可以控制此客户端以同样的形式解决街区问题和发布大小通知，完成实时更新，避免了文件张贴的麻烦和居民投诉无门的状况。通过这种模式，也能间接提升居民对于维护骑楼街区卫生、安全等方面的责任感，并积极配合管理中心骑楼街区其他方面的工作，营造和谐、多彩的社区氛围，促进城市文化建设。

七、结语

本文以贵港市桂平市西山镇五甲街为例，探讨了在未来城市人居环境"全年龄层覆盖""智能化""生态化"的发展趋势下，骑楼历史街区的活化与更新问题。以"一分钟城市"理念的未来邻里、绿色共享、构建街区文化为核心，街道家具为设计载体，通过研究和分析五甲街的现状和当地居民对于改造更新的需求状况，提出了五甲街更新的三个策略，分别从五甲街的环境、产业、服务机制三个方面提升街区空间品质，激活街区商业活力，优化街区生活环境，打造一个与未来美好融合的新生活模式。以期构建高质量城市人居环境，延续桂平城市记忆，彰显其独特的文化内涵。

参考文献：

[1] 王蒙徽 . 实施城市更新行动 [J]. 智能建筑与智慧城市 ,2020(12):001.

[2] 张渝,万艳华 . 人文关怀理念下贵港骑楼街区更新问题与策略 [J]. 城市建筑 ,2022,19(15):57-62.

[3] 杨慧,李翌,张殊凡, 等 . 卷无可卷：瑞典推出"一分钟城市"规划 [J]. 城市开发 ,2021(2):82-84.

[4] 创新区研究组 . 嫌 15 分钟生活圈不够？瑞典做了 1 分钟生活圈！ [EB/OL].2022-11-29/2023-06-11.

[5] 肖亮,吴立珺 . 骑楼主题街道改造设计探讨——以桂平市上股街与五甲街为例 [J]. 四川建筑 ,2018,38(4):38-40.

[6] 何子淑 . 电动汽车发展对能源与环境影响研究 [J]. 时代汽车 ,2023(3):104-106.

[7] 常青 . 存旧续新：以创意助推历史环境复兴——海口南洋风骑楼老街区整饬与再生设计思考 [J]. 建筑遗产 ,2018（1）：001.

[8] 杨庆贤,宋广涛,赵晓英等 . 打造"口袋公园" 以微空间改善大民生 [J]. 城乡建设 ,2022(23):64-65.

泉州民居建筑元素在展示设计中的应用探究

黄培琛

广西艺术学院

摘要： 泉州作为闽南地区的中心，在历史的进程中不断融合各类文化，并形成了以红砖、红瓦、木材为主的极具特色的建筑体系，影响深远且广泛。本文针对泉州民居建筑元素进行探究，剖析其形成、内涵及意义，并以中国闽台缘博物馆为案例，对其整体建筑、室内空间等设计内容进行具体分析，探究泉州民居建筑元素在展示设计的应用方法及其意义。

关键词： 泉州民居建筑；建筑元素；展示设计

历史悠久的泉州是闽南地区重要的文化中心，在古代社会稳定、经济繁荣、文化发达等背景下，泉州的民居建筑得到了空前繁荣的发展，形成了自己独特的建筑风格。展示设计是一门综合性的艺术设计，通过运用艺术设计语言，对空间与平面的精心创造，使其达到完美沟通的目的，这样的空间也被称为展示空间，而博物馆是当代重要的文化载体和宣传媒介，两者的联系是密不可分且息息相关的。传统文化传承下的博物馆展示设计，应更注重地域建筑文化的运用，使地域建筑文化与博物馆展示设计两者间的交流与互动更加频繁，这更有助于丰富博物馆的展示设计，也为地域建筑文化的传承提供了新的载体与办法。建筑是最能够体现一个地区文化特色的重要因素，而博物馆是凝聚一个地区文化底蕴的场所，两者的关系应该是紧密相连且不可分割的。当前，我国拥有大量规格不同的博物馆，但真正做到充分展示地域特色的博物馆并不多。许多博物馆只注重其藏品的质量与数量，从而忽视了博物馆的建筑形态和展示效果，造成了其形式上的单一，以及缺乏地域特点，从而变得千篇一律。虽然有些博物馆包含了地域特征，但其在设计的形式上缺乏特点，使其无法很好地展示地域文化。将地域文化中最具特征的建筑元素运用到展示设计中，能够最大限度增强当地居民的归属感，唤起其情感共鸣。这不但符合了展示设计中信息传播的要求，而且避免了展示设计形式语言的千篇一律及地域文化内涵缺失的倾向，也突出了本土建筑作为地域文化的主体地位，更是增强展示设计效果及丰富其文化内涵意义的重要手段。近年来，将地域建筑元素运用到展示设计中的设计实践呈上升趋势，针对该领域的学术研究也在逐年增多。

一、泉州民居建筑元素的起源及应用意义

（一）泉州民居建筑的起源

泉州别称"鲤城"，历史悠久，自秦汉以来，中原战事繁多，促使北方士民接续南迁。由于北方士民的迁入，切断了闽越本土文化的发展，同时也带来了中原高度发达的政治、经济、文化等内容。在社会安定、经济繁荣和文化发达的背景下，使得泉州的发展进入了稳固的成熟期。

建筑作为地域文化的象征，它本身便是地域文化的一个代表元素。在社会稳定发展的大背景下，泉州民居建筑的发展也是如火如荼。其中泉州民居建筑的一些特征，例如插梁式构架、坐梁式构架、红砖技术等早在宋代已形成雏形，但由于福建面海背山的地理条件，限制了其与内地的联系，使得当时北方士民所带来的中原建筑在一个相对封闭的区域内发展，从而使一些古代的技术与做法得以延续，例如梭柱、虹梁、上昂、皿斗、板椽等做法一直能够延续到明清，但这些古代特征宋代以后在北方却已日渐消失。在悠久的发展过程中，泉州的民居建筑根据地理

条件和不同需求从而形成多种特征，有"三间张"、"五间张"、洋楼、骑楼、土楼等建筑类型。其中以"三间张""五间张"的红砖古厝在泉州民居建筑当中最具代表性，整体建筑色彩艳丽、装饰丰富、风格华丽，堪称中国地域民居建筑中的一大特色。

（二）民居建筑元素对展示设计的影响

建筑是一个地域的文化载体，而民居建筑往往最能够体现一个地方历史与文化的发展状况，它是当地劳动人民智慧的集中体现，能够深刻反映当地人民的日常生活、民俗风气、心理诉求及审美观念。在漫长的历史沿革中，地域民居建筑逐渐演变为具有可辨识性的资源性特征，其不仅是人们日常的居住场所，更逐渐成为不断沉淀地方历史文化以及人文精神的文化元素，不仅能够彰显这个地域的文化内涵，是地域文化的符号及名片，还能够不断辐射及影响周围地区的文化发展。

展示设计是对展示空间的艺术创作过程，它伴随着人类社会的发展而逐渐形成。民居建筑元素作为一个地域文化的重要载体，能够时刻影响着地域文化的发展，对地域展示设计的影响也较为深远。而博物馆中的展示设计，是地域文化的集中体现，所以需要其深入了解博物馆所在地的历史文化变迁，正确处理其与地域文化之间的关系，最大限度地体现当地的文化特色，从而使博物馆的展示设计更具地域色彩、审美价值、教育意义等。民居建筑元素便是地域文化特色的最显著特征，所以大多数的博物馆展示设计都离不开运用当地的地域建筑元素，尤其是民居建筑元素，其对博物馆当中展示设计的影响是不言而喻的。

（三）民居建筑元素与展示设计融合作用

民居建筑元素与展示设计的融合，能够给予当地人民一种亲切感、归属感，引起当地观者的共鸣，不仅能够充分体现当地民居建筑所蕴含的实用功能、美学功能及教化功能，而且能避免当代展示设计中的趋同性和文化内涵的类似性，使地方的文化特点得到充分体现。将地域民居建筑元素运用在博物馆中的展示设计，能够充分利用区域性特点和文化传承脉络将博物馆打造成极具地域文化的特色展示场所。两者的充分结合，不仅能够对传承与保护民居建筑文化起到关键作用，更是对其再创性的应用和转化，还能够将其作为地域文化符号应用于其他相关领域，均有积极的现实意义。

地域民居建筑元素应用于展示设计当中，是当代展示设计寻求差异化和个性化的主要途径与方法，能够为提升地域文化内涵提供源源不断的支持。

二、泉州民居建筑的元素特征

（一）因地制宜的建材特色

泉州民居建筑中所使用的材料，主要为木材与石材，这两种材料均为本土盛产的建筑原材料。泉州本土的石材资源丰富，开发历史悠久。其中较为著名的有南安石砻的"泉州白"、惠安五峰的"峰白"、玉昌湖的"青斗石"等。泉州本土的木材种类颇多，山林盛产木材，主要用于建筑的木材有杉木、松木与樟木，尤其是高大挺直的杉木，取材方便，便于加工，其在当地的民居建筑当中被广泛使用。

在泉州民居中，最具特色莫过于建筑中的"红"元素，它来自于当地的土壤。因为受到亚热带海洋性季风气候的影响，当地的土壤主要由红壤和砖红壤构成。由当地土壤所烧制的红砖、红瓦也是泉州传统民居外观的主色调，是红砖木结构建筑的主体要素，能够与建筑中的白石、青石形成色彩上的鲜明对比，使得整体效果既奇特又和谐统一。

（二）楚楚有致的红砖外墙

泉州民居建筑中的另一大特色就是外墙的砌筑，红砖色泽鲜艳、质地坚硬且纹路清晰，用其组成多种图案放在民居建筑的外墙上，再用白灰砖缝粘合成红白线条的拼字花图案，色泽醒目，优雅动人，极富装饰特色，能够丰富建筑的美感。中国自古以来便对红色情有独钟，在古代红色便往往象征着喜庆与富贵，所以人们将其使用在建筑中。泉州人对于红色的钟爱，可能是受到了传统的影响。

红砖墙体是泉州民居的特色，也是当地最为普遍的外墙体形式，其主要由勒脚、墙身、檐边等三个主要部分组成，围护结构有出砖入石、牡蛎壳墙、封壁砖等几种做法。

（三）精妙绝伦的雕刻艺术

中国古建的突出特点之一，便是善于将建筑的各种构件进行艺术加工。泉州的传统民居建筑便是如此，其不仅对木构件进行了精美绝伦地雕刻加工，而且对于石、砖这种冰冷坚硬的建筑材质，也无一例外地在上面雕刻奇花异草、诗词歌赋、珍禽异兽、历史人物、民间传说等，内容丰富，寄托了人们当时的向往、寓意等，充满生活情趣。

泉州民居建筑中的木雕精致古雅，构思巧妙，颇有中国古典画作的意境和趣味，主要运用在构架、门窗、隔扇等部件装饰上。其内容多与木雕相似，多为寄托丰硕的内容，主要体现在建筑墙面的浮雕中，也常用于台基、大门、天井、石窗等建筑构件或作为细部装饰，技艺精巧，装饰性强。

（四）绚丽多彩的装饰装修

泉州民居建筑中的装饰多是本土居民对美好寄托的表达，其表达形式有油饰彩绘、堆剪、灰塑、交趾陶等，这些传统工艺在建筑装饰中的运用，充分展示了泉州民居多姿多彩的艺术形象。

油饰彩绘多应用于民居建筑中的木构件，彩绘内容多以戏曲故事与宗教神话故事为主，辅以擂金等工艺，能够使整体建筑色彩鲜明艳丽、

栩栩如生、金碧辉煌。堆剪多用于屋脊的正脊位置，多以高耸的人物、动物、花卉等进行装饰。灰塑则多出现于民居建筑中的水车堵、屋脊、山墙等处，装饰样式多由中国传统图案演变而来，能够起到丰富视觉效果的作用。交趾陶是一种低温彩釉软陶，采用陶土塑造形象，常用于屋脊等只能远观的部位，有造型繁多、层次饱满、色彩美观等特点。

泉州民居建筑的另一大装饰特色是以燕尾造型为主的屋脊，其正脊形状如同曲线一般，因两端尾部向上翘起而形似燕尾，所以称之为"燕尾脊"。其不仅能够发挥导流雨水的实用性功能，也造就了泉州民居建筑奇特的美。

三、泉州民居建筑元素在展示设计中的应用

（一）民居建筑元素在展示设计中的应用手法

本文针对泉州民居建筑文化元素对福建泉州、南安等地进行调研。通过考察研究，总结出民居建筑元素应用到展示设计中的设计手法大致可分为三类：空间的暗喻、材料的表达和元素的运用。

1. 空间中的暗喻

展示设计主要解决的是展示空间内的问题，对其内部的布局、风格、尺度等内容的设计与掌控是展示设计的主体，在其问题解决策略中，应用民居建筑元素是重要的设计手段之一。空间中的暗喻是指将地域元素进行剖析，并对其解构重组，以寄托寓意的手法将其运用在展示空间的内部。该设计手段的侧重点在于对地域民居建筑文化元素的提炼与解析，竭力避免照葫芦画瓢的样式效仿，力求精准融贯地域民居建筑文化中的内涵，以隐喻的手法来凸显整体展示风格。

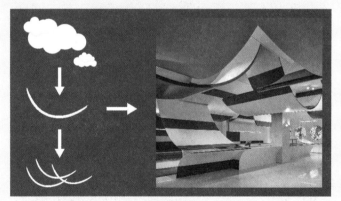

图1 新天影城内部
（图片来源：网络）

例如深圳新天影城三期中（图1），空间内部对白云的暗喻，其将天空中漂浮的白云抽象成"圆弧"的形态，丰富空间的变化，将弧形以轻盈的方式展现出来，给观者以漂浮的感觉。

2. 材料的表达

材料的表达是提升展示空间氛围效果最直接的手段，地域民居建筑中的材料元素应用于当代展示设计，能够以本地独具特色的材料语言运用来达到提升展示设计地域性的目的。地域民居建筑中的材料表达，主要包括结构、肌理、色彩等应用手法，并结合现代展示中的展陈形式，使展示空间呈现出与地域文化相结合的亲和感，从而使整体展现出传统地域风格。选择具有地域性特点的材料，不仅能够引起当地观者的亲切感，也更能彰显当地的地域文化特色，从而达到传承地域民居建筑特点和提升当地文化特色的目的。

例如安徽的清溪行馆（图2），其对于材质的掌控与变化，融合了温暖与冷静、明亮与阴翳、粗砺与精致、自然与人造，使人们在这里能够体验到不同的生活。

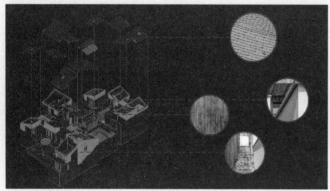

图 2 清溪行馆
（图片来源：网络）

3. 元素的运用

地域元素的运用是凸显地域文化特征的重要手段，而民居建筑作为地域文化元素的突出特征，对其的提取与应用是最为直观且最为细化的设计方法，但在运用时需注重其连贯性与形式上的呼应。民居建筑元素的提取大致包括两个方面：一是对民居建筑元素中实体资源的应用，二是对民居建筑元素中文化符号资源的提取应用。在这三类主要的设计应用方法中，元素的运用贯穿于空间的暗喻和材料的表达之中，材料的表达也是前两者的重要辅助设计手段与补充。

例如最具广西特色的桂小厨餐厅，一直以广西传统文化元素为装修设计主线，空间中呈现出众多具有代表性的地方元素。桂小厨·广西宴餐厅的正面是一座豪华的鼓楼（图3），这也是当地传统建筑的典型拓扑结构。

图 3 桂小厨·广西宴
（图片来源：网络）

（二）泉州民居建筑元素的运用——以中国闽台缘博物馆为例

本文以中国闽台缘博物馆中的展示空间作为研究对象，并从空间形式、材料语言、元素运用来阐述泉州民居建筑元素在中国闽台缘博物馆中对展示设计的应用与呈现。针对泉州民居建筑元素在展示设计中的运用表达进行分析，以此更深入地挖掘泉州民居建筑元素在博物馆展示设计中的作用与影响。

1. 中国闽台缘博物馆概述

中国闽台缘博物馆是泉州市的一个地标建筑，极具地域特色，是一座集收藏、研究、展示、交流和服务于一体的国家级对台专题博物馆，于2006年落成。该博物馆的主体建筑采用"天人合一"的设计概念，并取用"天圆地方"的中国古代哲学思维，从主体建筑到馆前广场都充分运用了泉州民居建筑文化特色，从建筑的外观设计到室内设计都在体现泉州民居建筑元素中的地域特色。

2. 建筑空间中的暗喻

博物馆的建筑外观作为展示设计的一部分，也是体现地域特征的最主要方面。由黄汉民先生主持设计的中国闽台缘博物馆，建筑外观整体呈现出类角锥体造型，顶部为圆形镂空造型，底部为方形造型，在顶部与底部间由两个红色的桥梁衔接，使整座建筑浑然天成，能够较好地表达人文精神与地域特色，同时也在表达两岸紧密相连的关系。作为以展示闽台关系为主的博物馆，其建筑通过暗喻的设计手法体现了闽台关系的延续。

在博物馆前的广场，设计有一个与博物馆建筑相互映衬的浅水池（图4），使观者一进入该场地便能够看到巍然耸立的博物馆与水平如镜的水池相互融合的景象。水池的镜面作用不但延伸了空间，还能够将观者的思绪引向历史与未来，同时也表达了海峡两岸人民"同根同源"的空间暗喻。

图 4 中国闽台缘博物馆正面
（图片来源：网络）

博物馆建筑作为展示空间的一部分，无论是明喻或隐喻的形式，都需要在外观造型上体现出一定的地域特征，从而避免出现在设计上的千篇一律。中国闽台缘博物馆在建筑设计上吸收了泉州民居建筑文化，并运用了隐喻的手法表达了闽台关系的紧密联合，以及两岸一家亲的观念。在整体空间中保持风格的统一，在局部又根据实际需要做出了相应的调整，促使博物馆与泉州民居建筑文化更好地联系在一起。

3. 建筑材料的表达

材料语言的在博物馆中的表达运用是展现展示设计地域特征的最直

接方式，集中使用地方特色民居建筑材料，不仅能够凸显展示空间的地域建筑特征，还能在建造实施时大大降低人力、物力的耗损。中国闽台缘博物馆在材料的选择及运用上，都充分挖掘当地民居建筑特点，从建筑表皮、广场地面、展厅内部等，都采用了当地最具特色的民居建筑材料。设计师通过对建筑材料的提取再利用，注入个性化的设计语言要素，使观者能够在材料与泉州民居建筑文化之间建立起一种和谐的自然关系。

在建筑外立面上（图5），选用了泉州地区最具传统文化特色的民居建筑中的红砖、红瓦，并与当地盛产的花岗石搭配使用，在色彩质感上形成了鲜明对比，其在造型上并没有直接生搬硬套泉州传统民居建筑样式，而是用了暗喻的设计手法表达了该博物馆的内在文化底蕴。这一突出的地域特色，也不断影响着台湾地区的建筑。这些元素的运用，不但有助于提升博物馆展示空间的文化内涵，还能够获取台湾人民心理上的亲近感，从而达到心理上的认同，促使台湾人民在参观时能够产生强烈的文化归属感。

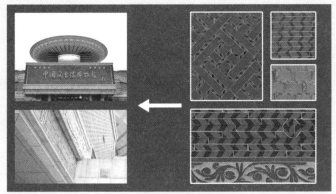

图5 中国闽台缘博物馆细节

（图片来源：网络）

博物馆前的广场（图6），充分展现了泉州民居建筑的地域特色，以极富特点的"红"为基本色调，与当地天然石板材的颜色进行搭配，运用了泉州民居建筑中地面铺装的拼贴装饰手法，分隔出醒目的图案，远观如同一张巨大的地毯，与博物馆建筑浑然一体，形成材料语言上的呼应，在馆内的大厅也出现了相同的装饰手法。

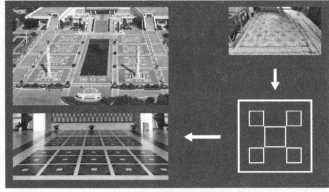

图6 中国闽台缘博物馆细节

在博物馆的建筑内部中，也充分利用泉州民居建筑元素红砖、白石作为材料语言的运用。例如博物馆的屋面、中庭、走廊、回廊、墙面等，都运用了泉州民居墙体中最具特色的"出砖入石"，以及馆内三楼的"抬轿拐角"场景墙面的装饰（图7），采用了泉州民居工艺中的红砖错缝叠砌法等。这些直白的材料语言表达手法对展馆展示空间的文化宣传效果起到较好的作用，有助于引起当地观者的情感共鸣以及提升对其他观者的吸引力。

图7 "抬轿拐角"场景

在材料的表达中，具用地域特点的色彩运用是增强展示效果的重要设计方法之一，其能够在风格统一的基础上寻求变化，并更好地体现地域文化内涵。中国闽台缘博物馆的整体色彩搭配参照了泉州民居建筑的搭配方式，其主要色彩大致分为三类：红、灰、黑，并针对博物馆建筑的特点进行了重新选择与搭配。主色调是由红砖构成的红色，应用于大部分的主要墙体，在建筑外观及室内展厅中运用较多，用于烘托环境氛围，提升展示空间对观者的亲和力。其次是白色调，是由泉州本土特色石材构成，主要起衬托主色调的作用，在建筑中构成交错舒展的线条，增加了建筑空间的延伸感，装饰作用的线状色彩又能削弱展示空间的厚重感。黑色则作为次要配色，主要以点状装饰出现，分布在建筑空间的细节处。

中国闽台缘博物馆提炼出了泉州民居建筑中材料语言的精华，并对其进行恰到好处的运用与表达，使其成为一座传统建筑与现代建筑完美结合的博物馆建筑典范。

4. 地域元素的运用

地域民居建筑元素是构成地域性文化资源的重要组成部分，博物馆作为传承与保护地域性文化资源的核心机构，在其构成要素中融入具有地域民居建筑文化是必不可少的。其中最为有效的办法便是运用特有的地域民居建筑元素来贯穿展示空间，对传统民居建筑元素进行分解重组，并提取其文化符号进行抽象化呈现，这既是对博物馆传承与保护地域民居建筑文化的基本手段，也是符合现代审美所需，避免千篇一面的困扰。中国闽台缘博物馆吸收和运用了许多泉州民居建筑元素，并利用其在现代博物馆的展示空间中实现了泉州民居建筑再生与传承。

在建筑外观上，首先是馆前广场红砖装饰的铺陈运用，体现了泉州民居建筑中红砖铺装的风格。在广场通道上，左右两排对称的灯柱上的吉祥纹样和"闽台缘"字样，运用了泉州民居建筑中堆剪、灰塑的装饰手法，是由泉州德化花瓷片制作而成。无论是在色彩上还是蕴意上都能够与博物馆的整体保持一致性，达到了烘托气氛和鲜明主旨的作用。其次便是主体结构中用来连接"天圆地方"的红色斜台阶面，充分展现了泉州传统民居建筑中"三间张""五间张"屋顶的特色。再者是转角、出入口等位置的处理，运用了红砖、白灰拼贴组成多种拼字花图案，丰富了建筑装饰的细节，其也是泉州民居建筑墙面装饰最常用的手段。广场上燕尾造型的卧碑和大厅顶部的燕尾造型灯具（图8），是吸收泉州民居中"燕尾脊"元素，并将其针对现代展示设计进行转化和利用的最显著特征。在博物馆广场斜阶处的卧碑，也是"燕尾脊"的形式，由磐石雕刻而成。在博物馆大厅内玻璃采光穹顶下的灯具，是以极具现代风格的铝制材料与对"燕尾脊"元素的提取再利用，使之将现代材质的美与传统形制的美合二为一，从而对观者展现出视觉上的美感以及强烈的引导感。

在博物馆内部，大厅、中庭、走廊、回廊、休息区等公共区域墙面都采用了泉州民居建筑元素中最具特色的"出砖入石"，其是泉州民居

图 8 中国闽台缘博物馆细节

建筑中特有的墙面装饰形式，具体方法为利用不同形状的红砖、石材交错堆砌而成，利用不规则结构，使墙面展现出厚重、古朴、拙实的独特美感。红砖、白石两者色彩的鲜明对比，恰到好处地在展示设计中体现出空间的缓和与冲突间的张力。"出砖入石"以其独特的形态与特色，一直以来都是泉州民居建筑元素中的典范。除了"出砖入石"以外，另一种最具特色的墙体装饰莫过于"蚵壳厝"，"蚵壳"意指牡蛎壳，"厝"乃房屋之意，也就是以牡蛎壳墙为主的墙体围护结构，是泉州民居建筑中独特的景观。位于馆内三楼的"乡土闽台"展厅中，便有复原的"蚵壳厝"墙体，为观者们提供了解和体验其韵味的机会，从而向观者们传达其美感和意蕴。

位于博物馆二楼平台的两个石雕墙壁，是泉州民居建筑元素中石雕构建技艺的具体体现，也是泉州民居建筑重要的装饰手段。这面巨幅石雕墙的内容，不仅包括海峡两岸共同敬仰的妈祖女神，还有泉州的风景名胜、民间艺术，更有台湾地区的文化内容，由此多角度地呈现闽台两地深厚的历史渊源，也起到了点明博物馆主题思想的作用。

位于博物馆中庭两侧的主题展厅出入口，其设计借鉴了泉州民居建筑中门、窗的"凹寿"形石雕装饰元素，其形状繁复、技艺精美，步入其中，犹如缓缓走进泉州传统民居一般。在展示空间内部的立柱、屏风、隔断、通风口等多处也同样运用了此种设计手段，这也是实用性与观赏性相结合的体现。

在展示空间的氛围营造方法中，微缩模型与场景复原是重要手段之一，选取当地最具特征的"展品"能够促使观者们产生强烈的"带入感"。例如展厅内部"抬轿场景"的场景（图9）对泉州民居建筑进行了复原，使用其建筑的典型构件来突出展示空间的地域特征，使观者能够在接近于现实的尺度环境中了解泉州民居建筑的样式与功能。此外，展厅内的微缩景观模型将原本的大规模场景缩小加以集中展示，形成极具泉州特色的建筑模型、生活场景，为观者再现原有的风貌。

中国闽台缘博物馆中的展示设计，通过大量运用泉州民居建筑元素，并结合现代设计方法和材料，充分体现了当地传统建筑的文化内涵，使地域建筑元素在现代博物馆的展示空间中以一个近乎完美的形式呈现出来。

图 9 中国闽台缘博物馆馆内细节

（三）问题及建议

中国闽台缘博物馆作为一座极具地域特色的博物馆，其由外到内都在尽可能地体现地域元素。自 2006 年开馆至今，已经接待海内外观者千万余人次，它已然成为泉州的"城市名片"。但在其内部空间，还面临诸多问题，例如展示设计的表达方式过于单一且陈旧，已经不能够满足现代的需求，内部文物、文献相对滞后，基地建设有待完善等。

此外，博物馆虽然在建筑外观与内部展示空间中对地域建筑元素的运用颇丰，但在展示设计中的地域文化表达上仍存在较多问题。例如在展览方式上，馆内的展板设计缺乏亮点，平面设计缺乏地域特色，展台展柜过于陈旧，设计方式过于单一，没有将地域建筑元素与展柜、展架形成联系，导致外部内容丰富，但内部却缺乏文化内涵。无法很好地与建筑外部以及博物馆内部公共区域形成呼应，在空间布局中，也没能将泉州民居建筑的空间布局应用其中，只能让观者感到泉州民居建筑的特点，无法感受其中更为深层次的文化内涵。

针对以上问题，本文建议在每个展示区域加入更为简化的泉州民居建筑元素，从而将每个板块串联起来，并与外部空间形成呼应。展台展具的设计，应与地域建筑或文化元素相结合，从而摆脱过于单一、陈旧的展台形式。

四、结语

现如今，地域建筑元素作为地域文化的主要发力点，在设计的方方面面无不体现，其能够很好地彰显一个地方的文化底蕴及内涵，在设计中的运用是体现地域文化独一无二的重要手段。中国闽台缘博物馆充分利用了泉州民居建筑元素，采用夸张、仿真等手法描绘出了一个两岸群众力图寻找的对乡土情感的诗歌画卷。博物馆所彰显的不仅是泉州民居建筑元素中体现的"红砖文化"，更赋予了泉州民居建筑元素作为唤醒闽台人民的身份认同感的文化符号。

博物馆对于泉州民居建筑元素的提取与运用，将传统民居以一种新的姿态重新展现在大众面前。其作为地域性博物馆，很好地体现出了当地最具特色的文化元素，为继承与发扬地域民居建筑提供了较好的借鉴手段。博物馆虽然在建筑外观和内部部分环境选择了泉州民居建筑元素进行演绎，但在展览空间内的具体展示内容仍旧过显单薄，需进一步的改进措施。

今后，在博物馆展示设计的发展中，将地域建筑元素融入其中，是彰显地域特色的重要手段，通过对地域民居建筑的文化脉络与特点等内容进行发掘，并将其融入博物馆的展示设计，从而将博物馆打造成更具特色的地域文化场所，以摆脱千馆一面的窘境，更好地发展每个地域不同的特色文化。

参考文献：

[1] 谢萧雨，杨楚君. 基于地域性文化的博物馆展示设计研究 [J]. 家具与室内装饰，2021(02):87-89.

[2] 姚洪峰. 泉州传统民居营造技术 [J]. 福建文博，2017(2):60-65.

[3] 赖世贤，陈永明. 闽南红砖及红砖厝起源考证 [J]. 新建筑，2017(5):92-95.

[4] 黄乐颖，黄汉民. 源·缘·圆——中国闽台缘博物馆创作 [J]. 城市建筑，2006(2):21-24.

[5] 韩煦，赵鹏娟，吴芊蓉，刘嘉琦. 闽南红砖厝建筑元素在现代环境设计中的运用 [J]. 美与时代（城市版），2020(3):28-29.

[6] 李含飞. 中原地域文化资源在当代展示设计中的应用研究 [J]. 内蒙古师范大学学报（教育科学版），2013,26(10):162-164.

[7] 张清忠. 金门传统建筑装饰艺术之研究——以金门山后聚落为例 [D]. 厦门：厦门大学，2012.

[8] 高颖. 数字媒体艺术在展示设计中的应用研究 [D]. 西安：陕西师范大学，2011.

[9] 纪璐. 结合地域文化资源的榆林榆溪河景观设计手法研究 [D]. 西安：西安建筑科技大学，2013.

[10] 张钟鑫. 本土化与信誉重建——泉州地区基督教会研究 (1857-1949)[D]. 福州：福建师范大学，2003.

广西纳禄村建筑装饰纹样研究与现代转译

郑恬舒

广西艺术学院

摘要： 本文以"广西纳禄村"为例，针对传统建筑装饰这一特殊纹样载体构建其纹样的现代转译模型，以符号学为理论支撑，将传统民居建筑原始装饰纹样划分为外延层次和内涵层次，进行分类剖析。通过将外延层次的指向系统进行转译，并采用内涵层次的策略进行所指系统的转译，提出相应的转译策略，为构建现代化的建筑装饰纹样转译模型提供方法。

关键词： 纳禄村；传统民居；建筑纹样；转译

一、传统民居装饰艺术创作

传统民居形成时期较早，形成的建筑模式和装饰艺术，都凝聚着当地劳动人民的智慧，同时作为研究少数民族人居环境的重要材料。当前社会发展迅速，受到现代及外来文化的影响颇多，传统民居如何在时代浪潮的冲击下传承本土文化，保持民族特色并发挥民族优势，是需要思考的问题。本文研究不仅停留在对装饰纹样的图案、色彩、制作工艺的汇总收集、内在含义的分析和直接运用上，还进一步在更新视角下，以转译的研究原理对传统纹样进行再创造、转化运用，寻找创新设计方法服务建筑及景观小品等的纹样元素更新再生，为建筑装饰艺术的转译利用提供思路。

二、纳禄村民居装饰纹样构件

罗秀镇纳禄村位于广西壮族自治区的象州县西部，地理环境优美，依山傍水，玉带缠腰。2012年底，作为第一批入选我国传统村落名录的村镇，村落内有距今三百多年历史的明清时期的朱家大院古建筑群，保护较好、建筑群现状较为完整，村落内建筑群落现代与传统相结合，主要以新建的水泥材质民居包围，且村落现以旅游为主要发展方向进行开发，纳禄村的建筑装饰纹样研究，对于岭南地区传统民居的纹饰保护与再更新、当地发展与改造起着重要启示作用。

中国传统建筑中对纹样的认识，需要结合所属建筑构件，从功能和造型两个方面综合分析。认识建筑应用部位的功能，是了解建筑纹样文化的基础，装饰纹样附着于建筑构件上，建筑构件相当于装饰纹样的载体，等同于作画的画布，装饰纹样在外形组织上必然受到建筑构件造型和材料限制，对构图和题材选择都有直接影响。而中国传统建筑与画纸、器具和织绣不同，其组成构件复杂，品类丰富多样，因此先对传统建筑构件的造型进行分析和概括是对装饰纹样研究的第一步。

（一）门簪

纳禄村中传统民居的门通常由石材作为底部门槛和抱石，木作为扇面、门框等结构，村中民居也充分保留了古色古香的岭南建筑特点。建筑大门基本都是简洁的扇面，不添加太多装饰，大多设有两个圆形门簪，用于锁合中槛和连楹，做固定用，且在门簪上也进行了精心的设计，在簪头正面有字样、符号、花卉等雕刻图案增添装饰效果，展现了明清时期纳禄村村民的劳动智慧与审美。

（二）窗

窗作为建筑的重要组成部分，主要出现在门的一侧或两侧，部分建筑也在门上方设有漏窗。纳禄村落的古建筑中窗户造型大多为方形，中间装饰造型在民居各部件中，也最为丰富多变，有动物、植物、抽象符号和组合这几种主要装饰题材，雕花精致工艺精湛。据村民说，这些基本都是手工雕制而成，细节中体现了民居主人的品位与经济水平。

纳禄村建筑装饰部位造型与功能　　　　表1

名称	部位	造型	功能
抱石			承托和稳定门板门轴、加固或安装门槛
门簪			连接构件，用以锁合中槛和连楹，装饰功能
屋脊			稳固、防火和装饰作用
门			主要是交通联系，并兼有采光、通风之用
梁托			分担梁支座的受力

（三）屋脊

传统建筑中的屋脊装饰手法十分丰富，主要以瓦、灰、陶等材料制成，有平脊、燕尾脊、龙舟脊等，次要厅室的屋脊装饰较为简单，或是采用最朴素的造型，重要建筑的屋脊装饰则要精致许多，通常装饰题材有铜钱、兽类、几何图形等。

除此之外，主要装饰部位还有雀替、隔扇门、吊筒、斗拱、额枋、梁枋、梁托、门环、门楣、余塞板、柱础等（装饰部位整理见表1）。

三、纳禄村建筑纹样造型特征及意义

"装饰，不仅赋予建筑以美的外表，更赋予建筑以美的灵魂"。建筑装饰作为建筑审美语言最为直观的表达，始终贯穿于人类建筑艺术的创作活动之中，劳动人民通过雕刻、彩绘、镶嵌、塑形等多种多样的加工方法，为建筑外部形貌赋予别具一格的美感，用鲜明的形象题材，表达了对美的追求，阐述了一座建筑所蕴含的社会意义与文化内涵，纳禄村中的建筑装饰纹样也凝聚着当地居民的智慧结晶与美好愿景。

纳禄村装饰纹样整理　　表2

装饰纹样		装饰题材	装饰手法	装饰思想
		植物类	托物象征	—
		植物类	托物象征	—
		动物类	托物象征	—
		抽象类	托物象征	避祸求福
		抽象类	—	避祸求福

（一）装饰题材

题材是指用以表现作品主题思想的素材，决定了装饰的具体造型，是我们认识建筑装饰避不开的重要环节。中国传统建筑装饰题材具有多元化的特征，朱家大院古建筑群落始建造于明代，且广西地区各族在精神上没有统一的宗教信仰，而是信奉"万物有灵"的多神崇拜[2]，故涉猎题材内容相当丰富活泼，包含范围也相当广泛。本文主要将纳禄村中考察收集的建筑装饰题材分为以下四个类别：动植物类、文字类、人物山水类、抽象类（纳禄村装饰纹样整理见表2）。动植物类的装饰中，动物类在少部分装饰壁画和建筑构件上存在，主要出现了鹿、马等形态优美的走兽和门额上的鱼跃龙门，动物类型的装饰纹样并未大面积使用，也许与当时生产力发展，劳动人民不再主要依靠打猎这一途径来确立社会地位有关，而植物题材装饰纹样作为传统建筑中的格式化题材，造型变化多且不受部件形状限制，使用范围更广，常见的有莲花、南瓜花，风格素雅，造型圆润柔美，表现出旺盛的生命力，这些当地常见的植物品种也体现了纳禄村居民的质朴；文字类多是为"福、禄、寿、禧"等

经过图案化处理的单字装饰，表达祈福纳祥的美好愿景；人物山水类相结合，以方形画幅的形式出现在建筑墙体上，古朴的笔墨表达出屋主的闲情逸致，渲染文化氛围；抽象类出现了云纹、回纹、"卍"字纹、卷草纹、螭纹、阴阳纹、八卦纹、铜钱纹，门罩上还出现了六边形的镜子和八卦装饰，能看出纳禄村当地居民对风水的了解与重视。

（二）装饰手法

装饰手法可解释为借题材表现思想内核的具体方法。装饰中对文化表达有多种形式，透露着丰富的信息，最常见的就是实物复刻，取材通常来自于现实生活中的客观题材，将其实物造型直接运用在装饰中，通过名称谐音或象征意义表达其思想内涵。谐音取意，就是在汉语读音中取相同或相近的字进行联想[3]，例如"蝠"通"福"，"鹿"通"禄"，"瓶"通"平"，"葫芦"通"福禄"等，将语言文化融合于装饰内涵中，这样的手法易于理解，易被人们接受。还有一种就是事物本身不具备的意义且无直接关联，但通过文化传播约定俗成，成为人们的习惯性联想运用[4]，典型例子有"岁寒三友"之称的松、竹、梅，因其经冬不凋、迎寒开花，这样由生物进化形成的自然现象，在文人墨客的眼中被赋予特殊内涵加以传颂，久而久之潜移默化，被人们常视为顽强生命力的象征。除了使用世俗生活和自然事物作为装饰手法的启发，还有不少古人创造出神秘的艺术形象和神话典故，并给予它们生动的生命力，这也成为中国传统建筑装饰题材重要的灵感来源之一。

（三）装饰思想

在这些建筑装饰细节中表达着人民的意识观念，明代的装饰纹样精神内涵已经发展到较为成熟的阶段，其作用力是历代经验的积累和技法的成熟[5]，在这样的"模仿""继承""创新"之中，纳禄村中的建筑装饰展现出较为广泛的理念。本文中将这些装饰主题思想归纳为避祸求福、修身养性、伦理教化、宗教堪舆四大类别。避祸求福：本着"物必饰图，图必有意，意必吉祥"的内核，吉祥作为民居装饰纹样的内在动因，凝聚着中国文化最根本的精神内涵[6]，人们对于美好生活向往和期待的一种象征，包括求"富"求"和"等设计思维，是世俗化和平民化主题最质朴的体现，也是纳禄村建筑纹样中运用最多的主题；修身养性：古人常借物抒情，寄情山水，见贤思齐，此类生动优美、造型精美的建筑装饰不仅体现了百姓日常生活中丰富的精神和审美需求，也展现了工匠们的创新意识和精湛技艺；伦理教化："成教化，助人伦"是中国古代绘画的重要理论，建筑装饰同样体现了这一社会文化功能，宣扬遵循忠孝之道、三纲五常、仁义礼让等处事原则，体现了"家国同构"是我国治国文化的思维基础，民居不仅是一户人家遮风避雨的栖居之地，也是历史文脉的遗存者与传承者；宗教堪舆：人们为了祈福纳祥，往往选择阴阳八卦图以及宗教纹饰来营造空间，寻求平安的心灵安慰。

（四）装饰审美

纳禄村中体现简约、质朴的民间之风，形式美有四条基本法则：变化与统一、对称与均衡、对比与调和、节奏与韵律。纳禄村中的装饰审美原则可以简要概括为均衡与节奏，均衡中可分为对称与非对称两种类型，对称则是极致的均衡，具有稳定、庄重、平和的特点；非对称的装饰图案则更具有变化和自由感。节奏可以以重复、旋转、渐变等方式呈现，使纹样的安排关系有主次且饱满。

四、民居传统纹饰转译更新路径

转译在创新设计中的应用可理解为以某个起始形状为模板，并根据特定规律，通过合成新的形状将原始形状作为遗传特征传递下去的方法[7]。由生物学中的转录过程引入而来，转译是指利用信使核糖核酸（mRNA）上的遗传信息合成蛋白质的过程。在创新设计中，通过借鉴这一概念，可以采用类似的方式将一种形状的特征转移到另一种形状上，创造出全新的设计作品。

刘启明博士[8]较为系统地研究了传统装饰的现代转译，并提出应用于绘画和雕塑创作，后来扩展到产品品牌识别和创新设计领域的"形体文法"演变而成的一种设计方法，主要是形体运算，并提出了从内涵和外延两个层面的相对应对策略（图1）

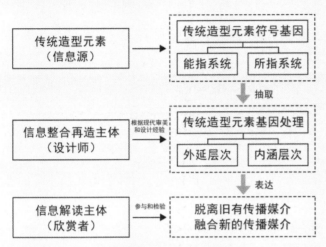

图1 传统造型元素的转译过程

基于本文针对建筑装饰纹样这一特定载体类型的纹样转译过程，建筑装饰图案创作的全过程包括五个方面：装饰部位、装饰思想、装饰手法、装饰主题和装饰美学。这些过程产生的信息属于系统的装饰部位和装饰主题，但因为装饰部位在模型中属于"旧有传播媒介"，是在装饰图案翻译过程中被剥离的部分，能指系统主要是装饰题材。所指系统是指装饰思想、装饰手法和装饰美学，但由于建筑装饰纹样的美学需要借助纹样的基因重构来适应现代美学，装饰的审美观不应成为图案的因素，而系统主要指装饰思想和装饰技巧。在转译过程中，一方面，设计师首先从多个建筑部位中提取和处理装饰纹样因子，并从可见的能指系统中提取植物、动物、人物、器具、文字和几何纹样等不同题材的纹样造型因子，通过直接引用或重构的方式实现从"物"到"物"的转化；另一方面，我们可以从那些看不见的所指系统中提取出装饰思想的内涵因子和装饰手法（如谐音取意、实物复刻）的方法因子，通过隐喻或类比的方式，实现从"思想"到"物"的转译。随后，建筑装饰纹样经过设计师根据自身的设计经验进行贴近现代化审美风格的改造，最终成功地应用于新的传播媒介中进行表达。

五、结语

转译就是按照现代审美，将建筑装饰纹样从原有传播媒介，即各种建筑装饰部位，转译到新传播媒介，例如现代生活用品，设计师需要结合现代审美趣味和自身的设计经验对传统造型元素基因进行处理。而装饰的来源相当广泛，能够表达丰富的意义，当下重视"视觉图像"，是一种更容易被人们所理解与接受的表达方式。本文希望以广西纳禄村为例，剖析当地传统建筑纹饰的外延层次和内涵层次，通过转译方法为重要的表达和解读两个层面，探索建筑装饰纹样在现代设计上的应用路径。

参考文献：

[1] 鲁晨海. 论中国古代建筑装饰题材及其文化意义 [J] . 同济大学学报（社会科学版），2012，23（1）：27-36.

[2] 熊伟. 广西传统乡土建筑文化研究 [D]. 广州：华南理工大学,2012.

[3] 陈丽梅. 汉语谐音现象的文化蕴义 [D]. 云南：云南师范大学,2006.

[4] 徐恒醇. 设计美学 [M]. 北京：清华大学出版社，2011.

[5] 王文广. 晚明社会世俗现象研究：从艺术设计视角 [M]. 合肥：合肥工业大学出版社,2021:91.

[6] 魏峰，唐孝祥，郭焕宇. 泉州侨乡民居建筑的文化内涵与美学特征 [J]. 中国名城,2012(4):43-49.

[7] 马皎. 宁强羌族刺绣纹样的转译与创新设计研究 [J]. 包装工程,2018,39(20):22-28.

[8] 刘启明. 传统造型元素在当代空间形态中的转译 [D]. 天津：天津大学,2016.

南宁市黄氏家族民居建筑群保护与传承策略研究

黄庆杰 涂浩飞 黄一鸿

广西艺术学院

摘要：南宁市黄氏家族民居建筑群位于江北大道北侧，2001 年被列入南宁市文物保护单位，它承载着南宁市的历史印记，具有独特的历史价值。随着城市化进程不断加快，该民居建筑群呈现出残败的景象。本文采用文献查阅法和田野调查法等研究方法，阐述南宁市黄氏家族民居建筑群的现状，提出针对性的保护与传承策略。

关键词：南宁市；黄氏家族；民居建筑；保护；传承

在快速的城市化进程中，城市高楼林立、用地紧张，许多古建筑被摧毁，尤其是传统意义上等级较低的民居建筑，导致城市历史印记荡然无存。有些古建筑虽然被列入保护建筑，但是没有得到真正的"保护"而导致年久失修、破烂不堪，甚至被周围的新建筑包围得严严实实。民居建筑是地域文化的体现，展现出人们的生活智慧，在建筑文化遗产中占据着举足轻重的位置。在这一背景下，对于民居建筑的保护与传承问题迫在眉睫。本文通过对南宁市黄氏家族民居建筑群的实地调研，了解其现状并分析现状问题，最后提出民居建筑保护与传承的策略。

南宁市黄氏家族民居建筑群位于广西壮族自治区南宁市中兴大桥北侧，沿江北大道而建。黄氏家族民居建筑群建于清朝时期，是目前南宁市区保存较完整的清代民居建筑，具有重要的历史价值。整个建筑群由大小不一的房屋串联而成，均为砖木结构、硬山屋顶的建筑。建筑整体低于江北大道路面，零落的青砖灰瓦，细数着南宁历史的点点滴滴。

一、研究目的、意义

（一）研究目的

本文的研究目的在于对南宁市黄氏家族民居建筑群的建筑布局、造型、材料等方面进行分析，得出其独特的历史价值与研究价值，结合建筑群现状存在的问题，从而提出保护原则及传承策略。在不损害原有建筑风貌的前提下，可以对建筑内部进行升级改造以满足现代生活的需求，也可以对建筑外部进行更新以延续建筑寿命。在面对现代简约主义与传统建筑地域文化之间的冲突，如何既保护与传承传统民居建筑而又能够符合当代人的审美需求，是传统民居建筑可持续发展的重要问题，也是本次研究的主要目的。

（二）研究意义

1. 保护传统民居建筑，留住乡愁

社会的飞速发展使得越来越多的传统建筑消失在现代人的视线中，尤其是构造简单、造价低廉的传统民居建筑，在城市高楼大厦的背景下荡然无存。传统民居建筑不仅是居民的栖息地，也是一座城市的记忆，它还承载着一个地区的历史文化，是奋斗在繁华都市人的乡愁所在。鉴于南宁市传统民居建筑数量越来越少，甚至很多传统民居建筑日渐荒废，因此对传统民居建筑的保护与传承研究意义重大。

2. 传承传统民居建筑，延续地域文化

在生活方式不断更新的时代，传统的建筑空间已不再适合当代人的生活习惯，传统民居建筑在无形中慢慢被淘汰，不断刺激着设计师想方设法改变古老的建筑空间形式，以延续传统民居建筑的生命、延续当地的地域文化。南宁市黄氏家族民居建筑群中存在着大量荒废的建筑单体，对其现状进行分析与思考，提出合理的保护与传承原则、策略是当前最迫切需要解决的问题。

3. 更新传统民居建筑，面向未来

经济飞速发展的今天，传统民居建筑文化受到猛烈的冲击，传统民居营造技艺逐渐消失，对传统民居建筑的更新活化不仅是保留传统营造技艺，更是以新的民居形象面向未来。当今社会，我们在寻求现代生活方式的同时，应该保留传统民居建筑营造的民间智慧，结合当今前沿的建筑创作手法，铸就新旧建筑更替、新旧营造手法共存的民居建筑群落。在传统建筑框架体系基础上注入新的活力，是当代建筑师在对传统建筑更新过程中必须思考的问题，也是保护传承古建筑而更好地面向未来的方式。

（三）研究综述

1. 国外研究综述

国外关于民居建筑保护的研究较早，1933 年，CIAM（国际现代建筑协会）颁布的《雅典宪章》中提出在进行城市规划设计时应注意历史建筑的保护，保留名胜古迹以积淀城市文化底蕴。1964 年，从事历史文物建筑保护工作的组织颁布了《威尼斯宪章》，这是第一部关于历史建筑保护的国际宪章，其中对历史建筑保护进行重新定义并提出对历史建筑进行分类保护。1977 年，一些规划师、建筑师对《雅典宪章》进行讨论并通过《马丘比丘宪章》，其中对民居建筑保护的概念及范围进行界定，并提出历史建筑保护应在城市化的背景下展开，两者相辅相成，在不影响经济发展的情况下延续城市历史文脉。

2. 国内研究综述

国内关于民居建筑保护的研究起步较晚，早期多以研究具有历史价值的大型公共建筑保护为主。20 世纪 20 年代，我国建筑学家开始对国内历史建筑保护展开研究。20 世纪 50 年代，国内关于传统民居建筑保

护的研究才崭露头角。20 世纪 60 年代，一些建筑学家展开对安徽徽州民居、福建土楼民居、陕西窑洞民居等传统民居的调研，引起社会各界对中国传统民居的关注。改革开放后，国内对于传统民居建筑的研究愈加成熟，涌现出不少专著、论文等研究成果，如刘敦桢先生主编的《中国古代建筑史》等。

二、黄氏家族概况

（一）历史沿革

黄氏家族民居建筑群始建于清朝，系北方人南迁经商起家建造的家族民宅，至今已有三百五十余年历史，是南宁市保留较为完整的清代民居建筑。该建筑群坐北朝南、南北通透，是典型的"天井式"南方建筑，黄氏家族民居建筑群具有独特的历史人文价值和科研价值，2001 年被列为南宁市文物保护单位。黄氏家族民居建筑群系南宁市内为数不多的古建筑群落，吸引不少市民前来拍照打卡，如今成为南宁市内网红打卡圣地。

（二）建筑风貌

1. 建筑布局

黄氏家族民居建筑群前面有池塘，后面有山坡，左边是道路，右边是邕江，恰好符合中国传统风水学中"左青龙右白虎，前朱雀后玄武"的理想居住环境。建筑群由两排建筑从南到北依次排开，逐户抬高地基以达到良好的通风环境，两排建筑之间采用阶梯衔接，阶梯层层抬高，均体现出"步步高升"的寓意。

2. 建筑造型

建筑采用硬山式屋顶，山墙与屋顶交界处悬挑两皮砖，起到防止雨水倒流的作用。建筑群两边山墙密不透风，高处零星地开着深而窄的小孔，具有强烈的防御性。前后建筑之间留有一方天井，不仅解决了每栋建筑的采光与通风问题，还起到汇集雨水及排水的作用，无形中也增加了建筑的空间层次，丰富了建筑群的建筑造型。建筑在夕阳的映衬下显得无比萧瑟，而这却是历史残留下的痕迹，必须得到传承与保护。

3. 建筑材料

黄氏家族民居建筑群整体采用砖木混合结构。建筑墙体主要采用青砖作为建筑材料，墙体下端基础采用青石板等石材以提高墙体的防潮效果。建筑柱子、梁架、檩条、门槛、窗框等构件则采用木质材料，在视觉上起到画龙点睛的效果。建筑屋顶采用传统的青瓦，点缀着朴实无华的滴水瓦当，整体呈现出简洁、朴素之美。

三、黄氏家族现状分析

（一）现状问题

多年的风吹雨打使黄氏家族民居建筑群呈现出萧条的景象，不过大部分建筑仍保留完整，甚至还有租户正常生活。黄氏家族民居建筑群呈现出的现象主要是：

（1）部分空置的房屋出现屋顶坍塌的现象。随着现代化进程的加快，黄氏家族民居建筑群的空间、功能布局已不适用于当代人的生活方式，原房主已搬离该地方而导致出现建筑墙体松动、屋顶坍塌等现象。

（2）部分对外出租的房屋被随意加建，与原建筑大相径庭。整个建筑群有不少对外出租的房屋，租户为适应现代生活而加建厨房，在建筑与建筑之间设置灶台，厨余垃圾随意堆放，墙体被烟熏出斑驳的印记，呈现出与原建筑格格不入的现象。

（3）建筑群中杂乱无章，大部分建筑内部杂草丛生，呈现出没落的景象。由于建筑群无人打理，建筑的墙角、内院、台阶基本长满了杂草，与破败的建筑形成鲜明对比，整体建筑群现状如表 1、图 1 所示。

南宁市黄氏家族民居建筑群现状分析　　　　　表1

建筑类型	数量	现状	备注
保存完好的民居建筑	22 栋	建筑墙体、屋顶、门窗等构件保存良好，建筑风貌仍保持原有的淳朴风格	
受到破坏的民居建筑	8 栋	出租的民居建筑由于不适合当代人的生活而出现加建厨房灶台、增设屋顶铝瓦、将传统木门换成现代铁门等现象	
部分坍塌的民居建筑	3 栋	建筑由于年久失修而出现屋顶瓦片掉落、梁架塌陷等现象	无人居住

（二）现状分析

1. 房屋坍塌的现象

（1）其主要原因是建筑年久远，建筑主体结构老化，尤其是木制的建筑梁架、檩条历经风雨而腐烂，长此以往则造成建筑屋顶塌陷等现象。

图 1　黄氏家族民居建筑群现状

（2）由于建筑群中住户较少，甚至有些住宅无人居住，在建筑产生破坏时未能及时修缮，长期无人打理而变得破败。

2. 房屋加建的现象

（1）有些租户在原本古朴的建筑廊道加建厨房，其顶棚材料采用廉价的蓝色铝板，在传统建筑的形象之下显得特别突兀。

（2）有些租户则是院落中采用各式各样的隔板作为储物间以满足生活需要，为了安装方便而未考虑建筑的整体性，其材料与原建筑风貌格格不入，无形中也给建筑群增加了安全隐患。

3. 建筑群杂乱无章的现象

（1）建筑群出现空置的现象而导致建筑内外无人打理，缺乏烟火气息，因此在建筑墙角、院落中长满青苔，杂草丛生。

（2）有些租户没有保护古建筑的意识，对建筑群没有一丝情感，不爱护建筑的一砖一瓦，甚至将生活垃圾堆砌在房前屋后，使得建筑群愈发萧条。

四、黄氏家族保护与传承策略

（一）保护与传承原则

1. 保护性原则

黄氏家族民居建筑群是南宁市较为重要的古建筑群，为了保留原有的城市记忆，应尽可能保持建筑原有风貌、减少对建筑群的破坏。在修缮的过程中做到"修旧如旧"，将传统技艺与传统材料传承以恢复建筑原貌。在更新活化的设计中，应该尽可能地保持建筑原样，做到"微介入"式更新活化。

2. 整体性原则

在建筑群保护过程中，应从建筑群整体观的角度探讨建筑群的保护与更新，使之与周围建筑融为一体，突出环境的整体性。对建筑单体的保护与更新不仅要在建筑群的宏观视角下进行，也要从建筑单体本身的整体性考虑，做到由宏观到微观的整体性。

3. 地域性原则

民居建筑在历史的进程中形成重要的地域文化，记录着城市的发展印记，对城市的发展起到关键性作用。在建筑的保护与更新时，一方面要考究建筑本身的地域性特征，另一方面要延续建筑的地方文脉。

4. 可持续性原则

民居建筑的本质是给人们提供居住的空间。民居建筑的保护与更新过程中，需要以长远的眼光看待问题，在不破坏原建筑风貌的基础上合理改造，使之符合当代人的生活习惯与审美习惯。同时，在民居保护过程中也要为建筑后期的更新活化留有余地，做到建筑的可持续发展。

（二）保护与传承策略

1. 适当立法保护，保留建筑风貌

黄氏家族民居建筑群是南宁市市内保存较完善的古建筑群，承载着无数的南宁记忆，是城市中不可或缺的部分。因此，对于南宁市黄氏家族民居建筑群应该适当立法保护，或者制定相关规定保护建筑的原本风貌。

2. 整体规划布局，更新活化空间

为了避免黄氏家族民居建筑群继续衰败，应该在保持原有建筑风貌的基础上适当重新规划布局、更新活化建筑空间，让建筑群得以重生。在规划布局的进程中，应从宏观层面统筹规划以分析建筑所处环境的整体性，进而在微观层面深入建筑内部设计。

3. 传承地方文脉，延续地域文化

在历史的进程中，人与建筑的相互关系成就了一个地区的地域文化，人为建筑赋予文化，建筑承载人类文明，两者相互影响。保护古建筑是保护地域文化，亦是便于后人从建筑中了解传统文化，使地方文脉得以传承。

4. 合理改造建筑，符合当代需求

传统建筑的布局已不适用于当代人的生活需求，在古建筑的保护中应适当改造以符合当代人的生活需求和审美需求。黄氏家族民居建筑群的主体结构保存完好，可以在原有建筑基础上重新装修室内空间，打造民宿、工作室等适应当代需求的空间，使古建筑真正"活"起来。

5. 适当引入产业，开发旅游资源

更新活化古建筑群并非只更新建筑外观和室内空间，应该适当引入当今流行的产业，从而开发本土旅游资源，带动本地经济效益、活跃当地文化氛围。在当今城市化快速发展的进程中，城市的快节奏需要一处净地放慢脚步，黄氏家族民居建筑群则可以充当这个角色，让市民体验南宁的本土文化与风土人情。

6. 加大宣传力度，提高市民保护意识

黄氏家族民居建筑群对于树立南宁市的城市名片尤为重要，对其保护应大力宣传，让市民对传统建筑有认同感、自豪感，从而提高市民的保护意识。在新媒体时代，应充分利用网络媒介弘扬本土文化、宣扬保护历史建筑的观念，在社会上掀起保护古建筑的热潮。

五、结语

南宁市黄氏家族民居建筑群是南宁市重要的历史建筑，反映着南宁市的历史变迁，具有一定的历史价值和科研价值。然而，随着时代更迭，老建筑的形式与功能已无法满足当代人的生活，居民搬离建筑群而留下一片狼藉，整个建筑群呈现出萧瑟的景象。与此同时，南宁市的地域风貌逐渐消失，城市历史文化逐渐缺失。因此，本研究认为，在保护原有建筑风貌、地域文化的基础上，适当采取合理改造建筑、更新活化空间以及开发旅游资源，鼓励公众参与其中，让破败的景象焕然一新。

参考文献：

[1] 张钰璺 . 基于地域文化传承的传统建筑保护公众认知策略研究——以陕西民居为例 [J]. 建筑与文化,2021(11):84-86.

[2] 甄雯 . 苏北传统民居建筑的保护与利用——基于地域文化视角 [J]. 美与时代（城市版）,2021(5):23-24.

[3] 田静 . 传统村落中民居建筑的分类保护与更新改造研究 [D]. 北京：北京交通大学,2017.

[4] 郭冬琦，李兵营，王鹏 . 关于传统村落民居建筑保护更新的探讨——以即墨市雄崖所村孙家街为例 [J]. 青岛理工大学学报,2016,37(2):56-61.

[5] 胡元妍 . 乡土建筑遗产保护视角下的传统民居保护性修缮与利用 [D]. 昆明：昆明理工大学,2020.

[6] 王娟 . 盐城传统民居建筑保护与更新研究 [D]. 苏州：苏州大学,2019.

基金项目：2022 年度广西艺术学院校级科研项目一般项目"地域文化视角下广西传统民居建筑保护与更新研究"（YB202221）资助。

艺术重构乡土

——艺术乡建的可持续发展路径研究

赵必浩

广西艺术学院

摘要： 在全面贯彻乡村振兴战略的背景下，艺术乡建成为乡村振兴的热门发展方向，但艺术在介入乡村建设的过程中缺乏体系化和系统化的构建模式，导致其发展处于困境。文章通过对国内艺术乡建的发展现状和问题进行分析，从地域文化、数字技术、可持续发展三个角度出发，探索艺术乡建的可持续发展模式并重构艺术和地域文化的联系。提出艺术介入乡村的措施和生态艺术—人文艺术—感知艺术三位一体的发展策略，为艺术乡建的发展提供新的思路和路径。

关键词： 地域文化；艺术乡建；数字技术；可持续发展

一、引言

中国乡村发展面临着许多问题，如城市化进程加快、人口流失严重、农村经济发展不平衡等。同时，地域文化作为乡村文化符号在新农村建设的同时被逐渐淡化，如何保留和发扬乡村地域文化特色，用新的发展手段推动乡村建设，成为一个亟待解决的问题。艺术乡建作为一种新型的城乡融合发展模式，将传统文化与现代化相结合，为乡村注入新活力，成为促进乡村文化发展和提高农民生活水平的重要手段。《关于推动文化产业赋能乡村振兴的意见》中提出，全面推进乡村振兴、加快农业农村现代化的必要举措。文件中指出推动文化产业助力乡村振兴，鼓励文艺创作、文化建设促进乡村的可持续发展，构建产业兴旺、生态宜居、乡风文明、治理有效、生活富裕的新农村。《"十四五"文化发展规划》中指出要加强对历史文化遗产的保护力度，加快文化的传承和数字化产业的布局，结合相关政策，探索艺术乡建的数字化路线，是探索当代乡村建设发展路径的可行之选。

但由于艺术介入乡村缺乏可行的发展模式和构建框架，导致如今艺术乡村的建设缺乏可持续性，许多乡村在艺术介入的过程中无法让艺术价值真正发挥其作用，艺术乡建的核心理念是从人文、艺术、生态等多角度出发，打造有情怀、有故事、有品位、有特色的生态艺术乡村。具体实践包括乡村文化创意产业的培育、乡村公共艺术品的创作和展示、村文化活动的组织和推广等。艺术乡建不仅可以为传统农村注入新的文化元素，还可以挖掘和发扬当地的文化特色，提升乡村的形象和吸引力，带动旅游和文化产业的发展，提高农村居民的文化素质和生活品质。同时，艺术乡建也可以加强城乡文化交流，促进城乡一体化的发展。

二、艺术乡建的发展现状和困境

（一）国内艺术乡建研究动态

艺术乡建是指通过艺术手段，将文化艺术元素融入乡村建设，以改善农村环境，提高农村居民的文化素质和生活品质，促进乡村振兴的一种形式。

通过知网数据和 CiteSpace 分析得出，研究艺术乡建的发文量逐年攀升（图 1），艺术乡建成为乡村规划和乡村振兴的热点内容，发文量自 2017 年起逐步升高，国内学者对关注的内容和方向也不断开阔（图 2），对艺术乡建领域的高频关键词进行聚类，聚类共生成 206 个节点、396 条连线、聚类数量为 6 的知识图谱（图 3），从节点大小来看，"乡村振兴""艺术介入""当代艺术""乡村建设"等关键词的节点较大，表明这些关键词出现频次较高，体现了艺术乡建研究成果的聚焦性。但研究局限于仅对艺术乡建的路径和现存问题提出策略，对结合地域文化表达和数字化发展的研究较少，如何将艺术乡建的可持续路径发展研究作为乡村的未来发展方向，具有可行性意义。

图 3 艺术乡建研究热点聚类图谱
（图片来源：中国知网）

在艺术乡建的设计研究中，国内有着许多较为成功的案例。例如，浙江省安吉县的"千岛湖艺术村"，它以自然景观为基础，融入了独具地域特色的艺术元素，成为一个深受游客喜爱的旅游胜地（图 4）。另外，位于四川成都崇州道明竹艺村依托网红建筑通过带动观光、餐饮、住宿，实现村民增收致富，其特色是将艺术与非文化结合的民间工作坊，特色资源与文创产业结合川西民居和当代艺术，构建旅游与文化体验融合的"非遗集市"，以此吸引游客和资金进入当地经济，是一项具有实践参考价值的艺术乡建项目（图 5）。

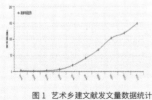

图 1 艺术乡建文献发文量数据统计
（图片来源：中国知网）

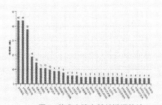

图 2 艺术乡建文献关键词统计
（图片来源：中国知网）

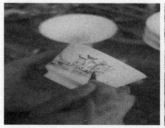

图 4 千岛湖艺术村文创（图片来源：网络）

图 5 道明竹艺村艺术建筑（图片来源：网络）

但这些项目缺乏有效的可持续发展路径，想要实现其可持续发展，需要完善其经营模式和融入新的数字化技术[1]。

（二）艺术乡建发展的问题

首先，艺术乡建项目的实施往往需要大量的资金和人力投入，对于一些贫困地区来说可能会造成一定的经济负担。其次，一些艺术乡建项目缺乏对当地的实际情况和文化特色的考量，导致建设无法达到预期成果。当本土元素未经加工创新直接贴上文化的标签，不仅是对乡土文化的破坏，更是对传统村落文化的亵渎。没有地域特色的胡乱涂鸦既破坏了乡土建筑原有的风格和空间格局也破坏了本土建筑特色。同时，一些艺术乡建项目可能会过于注重外部宣传和形象塑造，而忽略了当地的实际需求和民生问题，这也容易引发社会矛盾和村民的不满情绪。[2]

因此，在推进艺术乡建项目的过程中，需要充分考虑当地的实际情况和民生需求，注重项目的可持续性和长远发展。同时，也需要加强对于项目管理和实施的监督和评估，确保项目能够真正发挥其实用功能和艺术价值。

（三）艺术乡建的发展困境

当下乡村文化的发展存在着根基缺失的现象，且艺术乡村的建设缺乏可持续性。国内许多设计案例主要以线下艺术介入乡村的方式而缺乏线上的推广与支持，因此数字化结合艺术介入乡村是当前研究比较缺失的部分。促进信息技术与农机农艺融合应用，构建一个乡村网络艺术教学普及平台，形成"互联网＋艺术"模式，推动农村艺术的普及与创新是艺术乡建可持续建设的可行之径。[3]在社会转型的重要时期，乡村文化受到较大的冲击，价值体系受到了社会的冲击，乡村文化极度缺乏地域文化自信，盲目跟从现代化的方向进行更新和演替，导致许多有价值的村落文化遭到破坏。[4]从审美角度上来看，经济的变化祛除了对原有农业审美的喜爱，导致了乡村本土文化建设的倒退，"绝大多数农民虽然能满足温饱的基本欲望，却从根本上被定性了不可能十分富裕，达到满足引领潮流者所制定、宣扬的欲望标准的要求。"由此也为农民带来了新的压力，产生了不利于社会发展的乡村审美风尚攀比。

三、艺术介入乡村的手段

（一）智慧乡村驿站更新设计

乡村驿站是宣传和发扬乡土文化的重要场所，在为游客和村民提供休憩和娱乐的同时，智慧设备和地域艺术融入的乡村驿站景观空间，使人们能在乡村驿站与景观的交互过程中增强对乡村地域文化的识别和感知。增强了人与文化艺术的互动性和参与性，满足了人们审美与心理的需求，也向人们展示了当地乡村驿站特有的文化底蕴，以此打造有别于其他农村的特色文化名片。乡村驿站除了满足基本服务功能，还对乡村资源整合、辐射性联合发展具有重要的经济价值。[5]

（二）乡土元素的提取与运用

在设计中应充分利用乡土元素塑造具有地域性的文化景观，乡土元素是指从乡土人文元素中提取，结合乡土建筑、乡土工艺、历史典故、地方习俗等多方面元素进行客观的历史文化价值评价和现状影响力评估后选取的精神文化元素。在设计中，乡土元素可以与现代景观元素相结合，创造出融合乡土景观和现代景观特点的新景观，并通过传承与创新乡土文化元素塑造具有特色文化氛围的艺术乡村。[6]

（三）历史文化空间的保护与研究

乡村拥有深厚的历史文化底蕴，是一代代人沉淀积累的文化宝库，乡村历史文化作为乡土空间的重要组成部分，承载着历史文化底蕴和乡土记忆，是乡村场所精神的体现和发展建设的根基。[7]了解和研究乡村的历史文化空间对乡村发展历程和地域特色的根源探索具有较为重要的实践价值，构建联系历史文化空间的景观线路和场所空间对保护和发展乡村历史文化景观具有可行意义。

四、结合地域文化的乡村可持续发展路径

（一）艺铸乡愁：塑造乡村艺术文化空间

乡村艺术文化空间是传承和发扬乡土文化的标识性空间，是艺术介入乡村的重要途径（图6），主要包括艺术景观空间、艺术产业空间、艺术展示空间等，其设计中应当运用叙事性设计手法，将乡村文化记忆进行载体化。鼓励艺术家建立工作站，将地方再造的形式与内容有机整合，打造具有立体体验的文化空间。艺术文化空间旨在提升乡村文化品位、推广当地文化、促进乡村经济发展，同时也让城市居民了解和感受农村的文化魅力。[8]

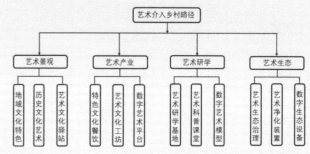

图 6 艺术介入乡村的路径

此外，乡村艺术文化空间应当融入商业元素和主题特色，适地取材，以促进村落经济和文化发展为目的，协同政府部门宣传。同时，数字技术在乡村艺术文化空间中的应用已经越来越普遍，这不仅能够为观众带来更加丰富、多样化的艺术体验，同时也能够让艺术家们更加自由地表达自己的想法和创意。比如，数字投影技术可以让观众身临其境地感受到一个虚拟的世界，而虚拟现实技术则可以让观众亲身参与艺术作品的创作过程。数字技术的融入不仅能够为传统艺术注入新的元素和活力，也能够激发更多的创新和想象力。[9]

（二）数艺共融：数字化技术的科学应用

数字化技术在地域文化传承和创新方面的应用十分广泛。通过数字化技术，可以将传统的文化艺术品、建筑、文献等数字化，以便更好地保存和传承。同时，数字化技术也可以为文化创新提供更广阔的空间，例如通过虚拟现实和增强现实技术，可以为游客和参观者提供更加丰富的文化体验，同时也可以为文化创意产业的发展提供支持。[10]此外，创新产业协同发展模式，推出更多具有特色的农村电商品牌，因地制宜地对农村特色文化产业资源进行开发，通过观光农业、休闲农业、创意农业，实现农业资源、生态环境与旅游产业的有效融合。

在地域文化的保护和传承方面，数字化技术能够提供更多的工具。例如，通过在线平台和社交媒体，可以更好地推广和宣传地域文化，吸引更多人关注和参与，进而促进地域文化的传承与创新。同时，数字化技术也可以为地方政府和文化机构提供更加精准、高效的管理和服务。[11]

（三）重塑发展：可持续的发展模式框架构建

艺术乡建的发展需要搭建可持续的发展框架，通过如何将艺术介入乡村的改造设计中，构建一个全方面、有条理的发展模式，打造艺术乡村共同体，发挥各方面人才的特长，并有效保留历史文化基因和乡村地域特色，探索一条多元化的建设道路。

在乡村设计时，以地方性文化作为主线展开脉络构建。以历史、经济、信仰、礼俗、自然、环境、农作、民俗、生活等各个方面，再以具体的线索作为基础元素展开实践，作为地方性传统来和时代衔接。[12] 并形成新的文化价值与社会形态，建立丰富多彩的"乡村共同体"社会，以期使乡村走出困境并有效解决现实问题。通过艺术机构与村集体及社会力量共同成立运营主体，在整治村落人居环境的同时植入艺术元素，通过对现有村落环境的改造再造全新的空间体系，打造以多种艺术设施、研学基地、农业旅游、配套服务等为一体的村落艺术社区。

（四）艺研共建：艺术团队介入乡村建设

在乡村的艺术建设和发展中，应当充分利用艺术团队和周边高校资源，建设"企业＋校园＋乡村"三位一体的产学研艺术基地，融合艺术的三元发展（图 7），注重生态、人文和景观感知的艺术建设，发掘乡村艺术文化符号和元素，打造独具地域魅力的艺术景观，并助力艺术产业创新和建设。[13] 保证文化产业和艺术介入的可持续开展，提高乡村经济活力，促进乡村艺术文化的长久发展。

图 7 乡村艺术景观三元构建

五、结语

鉴于国内和国外艺术乡村的研究现况，艺术乡建的发展和建设仍然存在较大的改善空间，作为乡村未来发展的可行道路，艺术乡建的发展应当更加注重地域文化的融入和数字技术的建设，艺术的介入不能仅停留在景观和文化元素上的改造，而应当更多地关注艺术的创新和在地性应用，将地域艺术不断发展为具有鲜明地域特色的文化符号，注重人文经济和各行业的相互交融，才能使艺术乡建的道路实现可持续的建设与发展。

参考文献：

[1] 戴松青 . "燕城古街"乡村景观营造——北京市雁栖镇范各庄城郊乡村景观规划设计 [J]. 中国园林 ,2016,32(1):28-31.

[2] 苏梦熙 , 田维玉 . 基于"艺术介入乡村"实践下的乡村公共审美空间逻辑与机制 [J]. 民族艺术研究 ,2023,36(1):136-143.

[3] 张海彬 , 吴晓倩 , 张海琳 . 艺术乡建参与者的主体融合与共生 [J]. 民族艺术研究 ,2022,35(5):126-133.

[4] 张颖 . 艺术乡建的多元对话 [J]. 民族艺术 ,2020,(3):13.

[5] 宋心怡 . 城乡融合理念下沣西乡村绿道驿站规划方法研究 [D]. 西安 : 西安建筑科技大学 ,2021.

[6] 李人庆 . 艺术乡建助推乡村振兴 [J]. 美术观察 ,2019,(1):22-24.

[7] 张朝霞 . 乡村振兴时代"艺术乡建"创新实践策略——一个艺术管理学的观察视角 [J]. 北京舞蹈学院学报 ,2021,(4):89-95.

[8] 余季莲 . 艺术手段介入乡村振兴研究 [D]. 武昌 : 湖北美术学院 ,2022.

[9] 闻云峰 . 艺术乡建 : 少数民族地区乡村文化振兴的实践路径——以云南省洱源县松鹤村为研究个案 [J]. 贵州民族研究 ,2022,43(4):121-126.

[10] 李慧凤 , 孙莎莎 . 共同富裕目标下乡村数字化发展的推进路径 : 一个系统性的分析 [J]. 贵州财经大学学报 ,2023(1):22-31.

[11] 辛旭东 . 乡村振兴战略下数字化公益传播的创新实践——以"腾讯公益'乡村振兴·重庆专场'"公益项目为例 [J]. 传媒 ,2023(8):73-75.

[12] 向丽 , 赵威 . 艺术介入 : 艺术乡建中的"阈限"——兼论审美人类学的当代性 [J]. 广西民族大学学报 (哲学社会科学版),2021,43(4):120-128.

[13] 江凌 . 艺术介入乡村建设、促进地方创生的理论进路与实践省思 [J]. 湖南师范大学社会科学学报 ,2021,50(5):46-58.

以建筑传承民族的技艺与记忆
——广西三江县冠洞小学改造设计实践

贾悍 李文璟

广西艺术学院

摘要： 建筑是一个地区的产物，也是民族精神文明的物质载体。通过对乡村小学的改造方案设计与实践，在乡村风貌提升政策推行的当下，探索一种能适应乡村地理环境、采用当地物料、低成本造价的模式对乡村小学进行设计改造，这种模式既能应用现代技术理念达到建筑的教育功能属性，又能运用传统建造方式让其与之周围景区环境和建筑相统一协调，达到继承民族精神与记忆、保护传统地域建筑文化的目的。

关键词： 地域性；小学建筑；可持续

今天经济正迅速发展，城市化进程加速。城市以惊人的速度发生着改变的同时，大量劳动力流向城市。正因为如此，近年来政府强调"新农村"建设，通过改善交通，转变传统经济发展模式，让城市与乡村成为一个越来越紧密的整体。社会越来越关注乡村的发展，然而国家普及的中小学义务教育，又承载乡村共同发展的希望，乡村小学就是这一希望的最好体现。如何满足乡村孩子受教育的环境要求和心理需求，留住这些孩子和教师，为他们提供一个良好的教育条件与环境就显得尤为重要。与城市的小学一样，乡村小学也应是一所现代化的小学，但又不会是一所铺张浪费的小学，它应有现代教育的属性和功能，也应体现其地域特色及当地的文化精神，所以乡村小学不仅要坚固实用，完成其教育的功能属性，还要让我们的校园充满孩子的记忆。

一、 建筑的地域性

建筑是一个地区的产物，是文明的物质载体形式。它并不是独立存在的，它的客观存在和发展，依赖于其所处的地理、气候等自然条件，同时受到宗教、哲学、政治、传统等社会因素的影响，有了这些制约，才造就了建筑的形式和风格，所以地域性是建筑的本质属性之一。生态建筑是根据当地的自然生态环境，运用一定的建造技术手段，以满足建筑使用环境的舒适度，使人、建筑、自然环境之间形成一个良性的生态循环系统，地域性生态建筑，实际上就是指生态建造技术在地域性建筑中的应用。三江历史悠久的侗族建筑，本身就蕴含了这种设计理念的答案，而冠洞小学的改造设计，从解读当地文化和建筑开始。

侗族建筑最具有普遍代表性的就是干栏形式民居，在建筑材料方面，侗寨建筑使用的材料种类并不多，除了以当地盛产的传统杉木和松木为主外，还搭配石材、瓦片、竹子等当地材料，材料之间搭配的形态与构造变化相对自由。侗族建筑的最大特点是建筑结构合理且坚固，建造工艺精湛，采用榫卯结合，任何建筑都不用"一钉一铆"。通过分析侗族建筑的形式、材料的搭配和工艺结构的特点发现，其建筑造型和表皮肌理不但构成了村落景观的地域性特征要素，而且建造的就地取材、就地加工也节省了运输成本和人力物力，赋予了其原生态的韵味。

在我们的设计实践中，既要满足学校对现代生活模式的需求，又要呈现传统的形式风貌外观及内在的民族韵味，在这样相互矛盾的要求之下，如何取舍及侧重问题，将是需要仔细考虑的一个问题。在设计中我们的评价和取舍不能脱离客观的历史条件，更不能单纯地一味重建，冠洞村寨地处三江程阳桥景区内，程阳风雨桥和其他的干栏木楼寨，是历史上农业文明对人与居住环境认识和实践的产物，它作为一份宝贵的文化遗产应当受到尊重和保护，应当被记录和传承。

二、 改造实践

冠洞小学是三江侗族自治县冠洞村寨内一所侗族小学。小学建筑位于整个村寨西边的半山腰上，平均海拔228米，与山底村寨最高处有将近22米的高差，整体坐落在一个坡顶上。冠洞小学现有六个班，学生总人数为122人，在校老师7人。学校的主要建筑是两栋教学楼，其中旧教学楼为两层瓦顶砖木结构建筑，除了按规定为学生提供营养餐的厨房还在使用外，其他教室基本已经闲置，缺乏供学生阅读和教师办公的空间。学校供学生活动的场地主要是一个落差较大的水泥篮球场和一张放在教学楼前坪的乒乓球桌。教室、教学条件简陋，卫生环境差，运动场地和设施严重缺乏且存在安全隐患。这些是学校的实际情况，也是众多乡村小学的普遍现状。（图1）

图1 冠洞小学环境和设施

在调查走访中，老师和学生提出了许多意见和期待。除了重复提到了以上发现的问题，还提及学校正面临着生源流失的问题，一部分孩子转学到了相邻教学条件较好的村寨小学，出现教师老龄化问题严重、师资力量紧缺等一系列社会问题。对于现状，老师们表达的迫切需求无非是如何留住学生、吸引青年教师、改善教学及活动条件等，孩子们则希望重新开设音乐课和美术课，雨天也能进行活动之类的具体要求。

三、设计构思与改造原则

1. 少拆除。对校内的建筑和设施尽可能地保留，少对其进行拆除，减少对生态环境的破坏和不必要的资源浪费。所以，让原有的地形不变，保留新、旧两栋建筑以及篮球场，其位置也不发生改变。

2. 提高安全性。提高校园场地内的安全性，在室外的坡道边缘设置护栏，室外楼梯加固扶手等；对老旧建筑进行安全加固和改造，提高室内使用空间的安全性能。

3. 整合场地。为解决活动场地的缺少，整合建筑周围场地。首先，增加教学楼后的活动空间。在缓坡上出挑3米，搭建一个活动平台(图2)，平台从旧教学楼后连伸至新教学楼后，在旧教学楼中设过廊，可直接通向建筑后方的活动空间，建筑与平台中间用灌木绿化带隔离(图3)。其次，将原来的室外厕所位置改放在篮球场处，重新在旧教学楼内部再建一个室内卫生间。这样的调整，既规整了学校西边的场地，可以用作学生做课间操和升旗集合的场地，这样就不必到坡下的球场上做操，降低了危险的发生率，又解决了运动场上厕所距离过远的问题。

图2 搭建活动平台　　　　　图3 绿化带示意

4. 改造旧建筑。旧教学楼为二层砖木结构建筑，屋顶为歇山顶，建筑南立面设有外廊，通风阴凉，但北面采光欠佳。建筑上下共有8个同样大小的开间，楼梯间在建筑正中间把这些空间对半分开。建筑改造的总体思路是保证方案实际的可行性与经济性，有意识地保留建筑中已有的地域性设计语言。通过调查得出的问题和需求，只对其功能性和安全性方面进行优化以及主要建筑立面形式的设计改造(图4)。

图4 建筑外立面

首先，保留建筑已有的侗寨特色屋顶，只对楼梯间位置的外立面和建筑门窗进行再设计。楼梯间的北外立面全部采用半通 透木格栅围墙，确保楼梯间全天都有自然通风和采光，每行格栅倾斜排列，有助于减弱穿堂风。在建筑的造型上，格栅的灵感源自侗寨民居上的木隔板形式，让建筑在立面上有地域性元素的延续。其次，门、窗再设计。在原来门、窗的位置和洞口的尺寸不变的基础上，将破旧的门窗拆除，采用当地

图5 改造立面示意图

盛产的杉木重做新的门和窗，保留木材原本的颜色，形式如图5所示。

最后，满足学校师生使用功能的需求进行平面布局：以保留建筑原始的柱网结构，建筑内部的楼梯形式和位置不变为前提，平面布局需思

考各个功能之间在建筑中的位置以及这些功能之间的关系。例如，增设的连通建筑前后活动场地的室内过道、教师休息室、室内厕所和杂物间的位置；厕所、杂物间、厨房及餐厅之间的位置关系，不仅在建筑立面看上去更通透，而且通道连通建筑前后的活动平台，缩短了交通流线距离；此外，一层所留出的两个开间相当于架空层，既可以作为过廊，又可以形成一个半室外的活动空间。在建筑各层的东边布置一间教师休息室。既可以满足全校老师的休息办公条件，也方便对各层教学管理厕所的布局放在西边尽头，且男女厕所的布置考虑全部在一层。因为常西晒，厕所都放在西边尽头有隔离日晒作用。厕所和厨房餐厅考虑放在一起，方便下水管道统一布置。但是出于食品卫生和防止鼠患等安全因素考虑，两者最好不要紧邻。所以，将原本在室外的柴房移入室内作杂物房，隔在厕所与厨房之间，以便解决这个问题。（图6、图7)

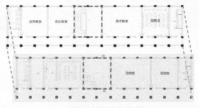

图6 建筑改造平面图

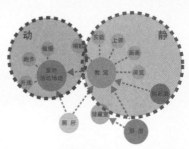

图7 建筑功能分析图

方案的构想是提炼侗族建筑本身的结构特点——桁架，作为整体建筑的设计元素。室内设计着重强调把侗族木屋架的结构形式从墙体表面

图8 室内设计效果图

图9 楼梯改造效果图

裸露出来，保留内墙材料质感，墙面直接抹灰，突出砖块的纹理感、质朴感，在室内空间体现出结构和材料的生态形式美和地域特色。设计寻找最本源的元素，其最能代表当地地域建筑特征以及民族建筑的结构之美。在平面布局中，值得一提的是楼梯间的改建，它采用U形楼梯的设计，在建筑中间形成一个小中庭，使空间显得更加开阔，但是由于梯井过大，不安全的因素过多，所以方案决定用长条形木护栏把整个楼梯井围合起来，再在栏杆上安装凸出的扶手，创造出富有光影变化的内庭空间的同时也赋予建筑一种自然生态之美。（图8、图9）

四、结语

1. 小学建筑改造应参照相关的国家标准和规范，满足建筑规范和功能要求；注重针对小学生身体、行为特点及山区的高差问题，加强建筑细节设计，提高安全性和防护性设计，改善卫生环境与学习环境。

2. 适当配备教师休息室等待遇条件，提升教师教学、办公、休息空间的舒适度，吸引更多的青年教师来乡村小学教书，留住乡村教师。

3. 尊重地方传统，延续少数民族建筑的经验与智慧，保留传统建筑的细节和文化，建筑的外观设计改造遵循应与当地传统建筑群相统一，与周边景观相协调，就地取材，减少对生态环境的破坏。

4. 以设计手段来获取造价与质量间的平衡点。

经济条件是乡村建筑改建之本源与前提，尤其是在经济水平相对较低的少数民族地区，应在降低建造成本和缩短建设工期，利用当地特有的材料和工艺，减少物料运输的成本和人工成本，增加建筑的功能性和实用性的同时，在整体建筑风格和制作细节上增添富有民族气息的构建和韵味，让民族的记忆蕴藏在儿童心灵的最深处。

2023 第六届中建杯西部"5+2"环境艺术设计
双年展作品评审专家名单

初评专家名单

潘召南	四川美术学院教授
张宇锋	中国中建设计研究院有限公司总经济师
马玮玮	中国中建设计研究院有限公司环艺设计研究院院长
孙晓勇	中国建筑装饰行业科学技术奖办公室主任
周维娜	西安美术学院教授
林 海	广西艺术学院教授
莫敷建	广西艺术学院副教授
周炯焱	四川大学教授
庞耀国	广西建筑装饰协会会长
朱建宇	广西华蓝建筑装饰工程有限公司董事长
陈智波	广西城乡规划设计院院长助理
王 娟	西安美术学院教授
黄红春	四川美术学院教授
赵一舟	四川美术学院副教授
赵 冶	广西大学副教授
邹 洲	云南艺术学院教授
杨春锁	云南艺术学院副教授
龙国跃	四川美术学院教授
胡月文	西安美术学院副教授
边继琛	广西艺术学院副教授
杨 禛	广西艺术学院高级工程师
陈建国	广西艺术学院教授
潘振皓	广西艺术学院副教授
贾 悍	广西艺术学院副教授
涂照权	广西艺术学院艺术与科技系副主任
续 昕	四川大学副教授
彭 谌	云南艺术学院副教授
杨 霞	云南艺术学院副教授
鲁 苗	四川大学副教授
蒙良柱	南宁职业技术学院副教授

复评专家名单

潘召南	四川美术学院教授
张宇锋	中国中建设计研究院有限公司总经济师
孙晓勇	中国建筑装饰行业科学技术奖办公室主任
周维娜	西安美术学院教授
王 娟	西安美术学院教授
黄红春	四川美术学院教授
周炯焱	四川大学教授
邹 洲	云南艺术学院教授
杨春锁	云南艺术学院副教授
林 海	广西艺术学院教授
莫敷建	广西艺术学院副教授
范 华	广西城乡规划设计研究院院长
庞耀国	广西建筑装饰协会会长
秦岳明	深圳朗联

论文评审专家

黄红春	四川美术学院教授
黄洪波	四川美术学院副教授
赵一舟	四川美术学院副教授
胡月文	西安美术学院副教授
鲁 苗	四川大学副教授
李卫兵	云南艺术学院教授
吴 亮	云南艺术学院副教授
马 琪	云南艺术学院副教授
全峰梅	广西艺术学院副教授

评审委员会工作组

方 伟 黄一鸿 刘朝霞 边继琛 杨 禛 全峰梅 陈浅予 贾 悍
涂照权 李寒林 陆璐 张 平 涂浩飞 王兆伟 陆俊豪 黄庆杰
李 琴 崔志强 罗孙一格

书籍设计及视觉形象设计

李寒林 陈浅予
张梦棋 孙姝昕 朱金陵 骆舒琴 黄青霞 罗鉴娟 王孝宇 戚惠馨 彭显昕

2023 第六届中建杯西部"5+2"环境艺术设计双年展
组委会

主办单位

中国中建设计研究院有限公司
中国建筑装饰协会
四川美术学院
广西艺术学院
广西美术家协会

承办单位

广西艺术学院建筑艺术学院

联合发起单位

四川美术学院
西安美术学院
四川大学
云南艺术学院
广西艺术学院

顾问委员会

李 琦　中国中建设计研究院有限公司 / 董事长
张京跃　中国建筑装饰协会 / 副会长兼秘书长
庞茂琨　四川美术学院校长 / 博士生导师 教授
伏 虎　广西艺术学院副校长 / 教授
武小川　西安美术学院副校长 / 教授
陈劲松　云南艺术学院副校长 / 教授
姚乐野　四川大学副校长 / 教授
石向东　广西美术家协会主席 / 广西艺术学院造型学院院长 / 教授
庞耀国　广西建筑装饰协会会长 / 正高级工程师
范 华　广西城乡规划设计研究院院长 / 广西工程设计勘察大师
Kreangkrai.Kirdsiri
泰国艺术大学建筑学院副院长 / 博士生导师 / 教授
Krismanto Kusbiantoro
印尼马拉拿达大学艺术与设计学院 / 副教授 / 建筑学博士

组织委员会

主 任

冯凤举　广西艺术学院建筑艺术学院 / 党委书记

副主任

张宇锋　中国中建设计研究院有限公司 / 总经济师
　　　　中建城镇规划发展有限公司 / 董事长
潘召南　四川美术学院实验教学中心主任 / 教授 / 博士生导师
孙晓勇　中国建筑装饰行业科学技术奖办公室主任
　　　　中国建筑装饰协会设计分会 / 秘书长
林 海　广西艺术学院建筑艺术学院院长 / 教授
王 娟　西安美术学院建筑环境艺术系主任 / 教授
黄红春　四川美术学院建筑与环境艺术学院副院长 / 副教授

邹 洲　云南艺术学院设计学院环境艺术系主任 / 教授
何 宇　四川大学艺术学院院长 / 教授
朱建宇　广西华蓝建筑装饰工程有限公司 / 董事长
陈智波　广西城乡规划设计院院长助理 / 战略发展投资部部长

成 员

莫敷建　广西艺术学院建筑艺术学院副院长 / 副教授
黄洪波　四川美术学院建筑与环境艺术学院环境设计系主任 / 副教授
周维娜　西安美术学院建筑环境艺术系 / 教授
陈 新　云南艺术学院设计学院环境设计系副主任 / 副教授
续 昕　四川大学艺术学院环境设计系主任 / 副教授
骆 娜　中建城镇规划发展有限公司 / 副总经理
马玮玮　中国中建设计研究院有限公司环艺设计研究院 / 院长

2023 第六届中建杯西部"5+2"环境艺术设计
双年展

成果集编委会

广西艺术学院　编

主 编

林 海　莫敷建

副主编

潘召南　张宇锋　孙晓勇　莫媛媛

编 委

周维娜　王 娟　胡月文　黄红春　黄洪波　赵一舟　周炯焱　续 昕
骆 娜　龙国跃　邹 洲　杨春锁　陈 新　彭 谌　杨 霞　谭人殊
穆瑞杰　吴 亮　王 睿　穆瑞杰　李 俊　蔡安宁　黄慧玲　黄政峰
张晓鹏　梁 轩　黄一鸿　李寒林　黄庆杰　边继琛　杨 禛　贾 悍
涂照权　潘振皓　李 林

图书在版编目（CIP）数据

生长·涌现：2023第六届中建杯西部"5+2"环境艺
术设计双年展成果集＝GROWTH & EMERGENCE
ACHIEVEMENT COLLECTION OF THE "5+2" BIENNIAL
EXHIBITION OF ENVIRONMENTAL ART DESIGN IN THE 6TH
CSCEC CUP WESTERN IN 2023 / 广西艺术学院编；林海，
莫敷建主编；潘召南等副主编 . -- 北京：中国建筑工
业出版社，2023.9
    ISBN 978-7-112-29139-7

    Ⅰ．①生… Ⅱ．①广… ②林… ③莫… ④潘… Ⅲ．
①环境设计－作品集－中国－现代 Ⅳ．① TU-856

中国国家版本馆 CIP 数据核字（2023）第 176370 号

万物生长涌现出来的丰富性、多样性、复杂性和适应性，成为万物创新的机制。从生长到涌现，是我们这个时代最好的创新逻辑，研究、理解、掌握创新的底层逻辑，会使我们具有更加强有力的创造力，并在物质世界拥有更加和谐的掌控力和协调力，在审美世界拥有更加强大的理解力和感受力。本次成果集以生长·涌现为主题，分别从无界城乡、未来社区、韧性遗产、数字建构四个主题，以设计作品和研究论文为载体，全面展现了西部地区在城乡融合发展、城市更新、文化遗产、建造技术等方面的最新成果和未来发展规划，以期为西部地区构建美好人居环境和智慧生活赋能。同时，对该专业的学科建设和改革发展提供良好的交流和提升。本书适用于建筑与环境设计专业师生、从业人员，以及对环境艺术设计感兴趣的读者阅读参考。

责任编辑：张　华　唐　旭
文字编辑：李东禧
整体设计：李寒林
责任校对：刘梦然
校对整理：张辰双

生长·涌现
2023 第六届中建杯西部"5+2"环境艺术设计双年展成果集
GROWTH & EMERGENCE
ACHIEVEMENT COLLECTION OF THE "5+2" BIENNIAL EXHIBITION OF
ENVIRONMENTAL ART DESIGN IN THE 6TH CSCEC CUP WESTERN IN 2023
广西艺术学院　编

林　海　莫敷建　主编
潘召南　张宇锋　孙晓勇　莫媛媛　副主编
＊
中国建筑工业出版社出版、发行（北京海淀三里河路 9 号）
各地新华书店、建筑书店经销
天津图文方嘉印刷有限公司印刷
＊
开本：880 毫米 ×1230 毫米　1/16　印张：22¾　字数：1202 千字
2023 年 10 月第一版　2023 年 10 月第一次印刷
定价：**238.00** 元
ISBN 978-7-112-29139-7
　　　　（41816 ）